Impulse Physik 10

für die Jahrgangsstufe 10
der Gymnasien in Bayern

Neubearbeitung
von

Martin Donat
Berthold Freytag
Walter Jordan
Melanie Nerding
Norbert Schell
Christian Wolf

Ernst Klett Verlag
Stuttgart · Leipzig

Das Unterrichtswerk **Impulse Physik 10, Bayern G8** wurde auf der Grundlage der

Ausgabe **Impulse Physik, Mittelstufe**
Autoren: Wilhelm Bredthauer, Klaus Gerd Bruns, Manfred Grote, Gunter Klar, Prof. Dr. Wieland Müller, Klaus Niemann, Jürgen Reimers, Ute Schlobinski-Voigt, Martin Schmidt, Prof. Dr. Werner Theis, Peter Wessels und Peter Wojke

sowie der Ausgabe **Impulse Physik 2** und **Impulse Physik Oberstufe**
Autoren: Reinhard Bayer, Wilhelm Bredthauer, Klaus Gerd Bruns, Hans-Jerg Dorn, Manfred Grote, Dr. Ludger Hannibal, Gunter Klar, Prof. Dr. Michael Lichtfeldt †, Michael Renner, Norbert Schell, Martin Schmidt, Peter Wessels, Peter Wojke, Dr. Frank Zimmerschied

von Martin Donat, Dr. Berthold Freytag, Walter Jordan, Melanie Nerding, Norbert Schell und Christian Wolf in Zusammenarbeit und Beratung mit Norbert Schell verfasst.

1. Auflage 1 5 4 3 2 1 | 12 11 10 09 08

Redaktion: Peter Anselment
Einbandgestaltung: normaldesign GbR, Maria und Jens-Peter Becker, Schwäbisch Gmünd
Gestaltung: B2 Büro für Gestaltung, Andreas Staiger, Stuttgart
Grafiken: Alfred Marzell, Schwäbisch Gmünd, Steffen Butz, Karlsruhe und Jörg Mair, München
Entstanden in Zusammenarbeit mit dem Projektteam des Verlags
Reproduktion: Meyle + Müller, Medien-Management, Pforzheim
Druck: Himmer AG, Augsburg

Printed in Germany
ISBN 978-3-12-772465-3

9 783127 724653

Inhaltsverzeichnis

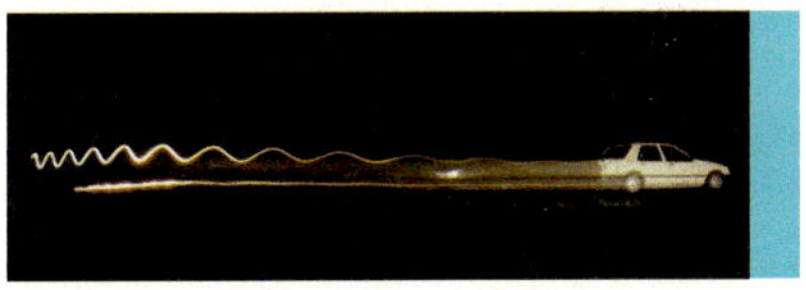

* Unterkapitel für Profilbereich NTG

Hinweise zur Gliederung des Buches

Dieses Buch soll Schüler und Lehrer durch den Physikunterricht begleiten. Es will den Unterricht mit seinen Experimenten nicht ersetzen, doch bietet es die Möglichkeit, den Lernstoff selbstständig nachzuarbeiten. Ferner enthält es interessante Zusatzinformationen und gibt zahlreiche Anregungen, um selbst zu forschen.

Die Seiten im Buch sind so gestaltet worden, dass ein rascher Überblick über deren Inhalt und den Gedankengang möglich ist. Dabei werden die Informationen nur mit den notwendigen Begriffen angeboten, um Schwierigkeiten zu vermeiden. Dies kann und soll eine Erarbeitung nach eigenen Bedürfnissen nicht ersetzen.

Vorhaben
Blauer Balken über die ganze Seitenbreite. Das Buch ordnet den Stoff in drei Themenbereiche, denen projektartige Fragestellungen vorangestellt werden. Mit ihnen kann der Stoff selbstständig, etwa in Kleingruppen, erarbeitet werden. Die Lehrkraft sollte organisatorische und inhaltliche Hilfestellung bieten. Die Stoffreihenfolge wird dann von den Anforderungen beim Lösen bestimmt.

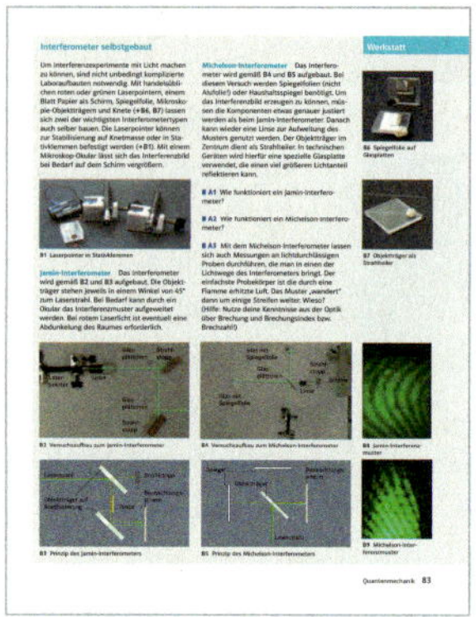

Werkstatt
Graublauer Hintergrund, blaue Fahne mit Schriftzug „Werkstatt“. Inhalt: Beschreibung der grundlegenden Arbeitsmethoden und Vorgehensweisen der Physik sowie Anleitungen zu selbstständigem Arbeiten und Experimentieren.

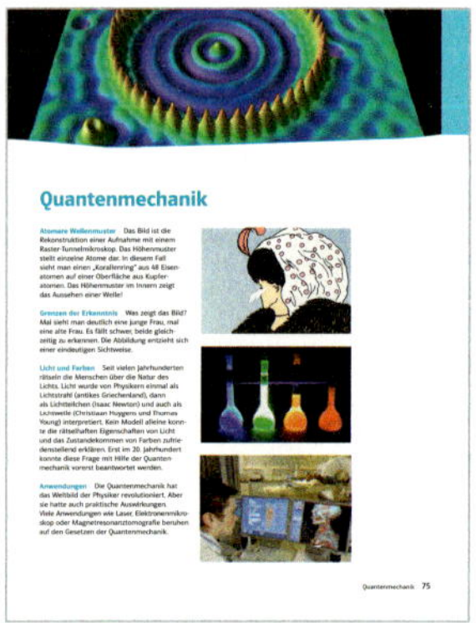

Kapitelbeginn
Abbildung mit Phänomen aus dem Kapitelinhalt über die ganze Seitenbreite. Darunter Kapitelüberschrift (siehe Inhaltsverzeichnis); die Überschrift wird auf jeder der folgenden Seiten unten bei der Seitenzahl wiederholt. Inhalt: Verschiedene Probleme, die zum folgenden Stoff hinführen.

Ergänzungen
Abschnitte oder ganze Seiten auf hellem Hintergrund. Orangefarbene Fahne mit Schriftzug „Physik überall“. Inhalt: Weiterführender Stoff sowie Zusatzinformationen zu Kontexten aus Umwelt, Medizin und Naturwissenschaften, Technik und Geschichte.

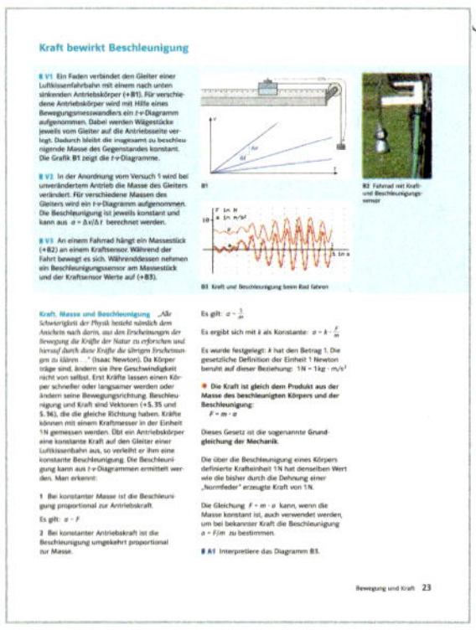

Versuche
Hellblauer Hintergrund. Inhalt: Beschreibung der grundlegenden Versuche, Beobachtungen und Messergebnisse. Anschließend Grundwissen ohne gesonderte Kennzeichnung.

Grundwissen
Inhalt: Problemgeschichte mit Begriffsdefinitionen, Erklärungen und Folgerungen aus Experimenten, Merksätzen und Fragen.

Rückblick
Am Ende eines Kapitels befinden sich, auf blauem Hintergrund und mit „Fahnen“ gekennzeichnet, zusammenfassend
- Fragen zum Merkwissen als Rückblick auf die wichtigsten Inhalte zum Selbstprüfen,
- Phänomene, Alltagserscheinungen als Bildfragen,
- Lösungsbeispiele von Musteraufgaben,
- Heimversuche,
- Fragen zu den verschiedenen Unterabschnitten des Kapitels.

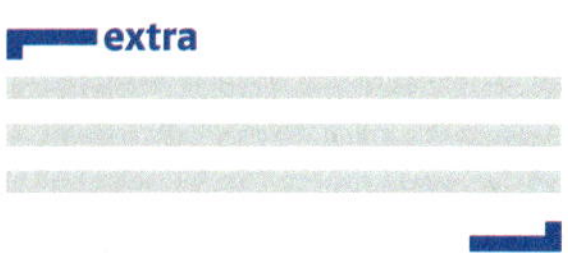

Optionale Vertiefungs- bzw. NTG-Inhalte auf den einzelnen Seiten sind mit blauen Klammern markiert.

Vorhaben **Astronomische Weltbilder**

Untersuche in „Forschungsvorhaben" den Sternhimmel bei Nacht!
- **Formuliere dein Vorhaben genau.**
- **Plane deine Experimente und führe sie sorgfältig durch.**
- **Protokolliere zuverlässig.**
- **Entwickle eine Präsentation und trage sie vor.**

Wie findet und beobachtet man Objekte am Sternhimmel? Der Orientierung am Sternenhimmel diente schon seit dem Altertum die Zusammenfassung von Fixsternen zu Sternbildern. Der Name eines Sternbildes wird durch die ersten drei Buchstaben seiner lateinischen Bezeichnung abgekürzt (z. B. Drache, lat. „draco", Abk. „Dra"). Die Sterne eines Sternbildes werden mit Buchstaben des griechischen Alphabetes gekennzeichnet, der hellste mit α, der zweithellste mit β usw. Der hellste Stern im Drachen heißt also „α Dra".

Was wird erwartet? Mit Hilfe von Sternbildern, Sternkarten und Tabellenwerken sollen Objekte wie Sterne und Planeten am Himmel aufgefunden und beobachtet werden.

Hilfen Beschaffe dir ein Fernrohr (möglichst mit „parallaktischer Montierung") oder einen Feldstecher mit Stativ. Geeignet sind erhöhte Standorte außerhalb der Stadt mit möglichst wenigen künstlichen Lichtquellen. Zur groben Orientierung bzw. Ausrichtung des Fernrohrs dienen der Polarstern sowie eine drehbare Sternkarte.

Wichtige Kenntnisse zur Lösung:
- Informiere dich über die Bedienung des Fernrohrs, insbesondere, wenn es über eine parallaktische Montierung verfügt.
- Informiere dich über die Begriffe Fixstern, Zirkumpolarstern, Himmelsglobus, Ekliptik, Deklination, Rektaszension sowie über die geografische Breite deines Beobachtungsortes und die Objekte Mond, Planeten, Doppelsterne, Sternhaufen, Gasnebel und Galaxien.
- Aufgrund der Erdrotation scheinen sich die Sterne am Himmel um die verlängerte Erdachse zu drehen (→ **B2**, S. 6). Die ver-

B1

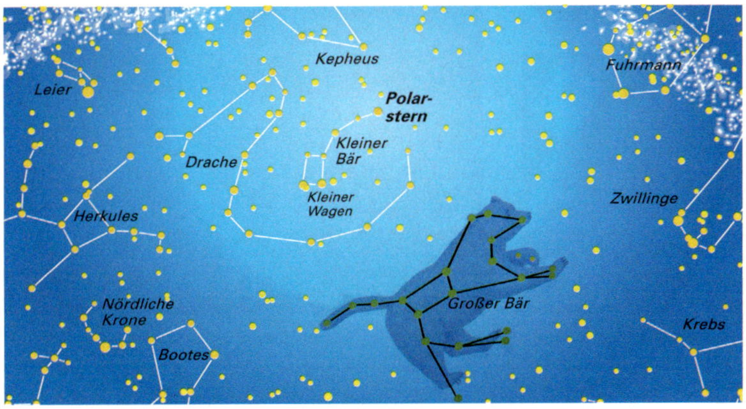

B2 Sternbilder des Sternhimmels der Nordhalbkugel der Erde

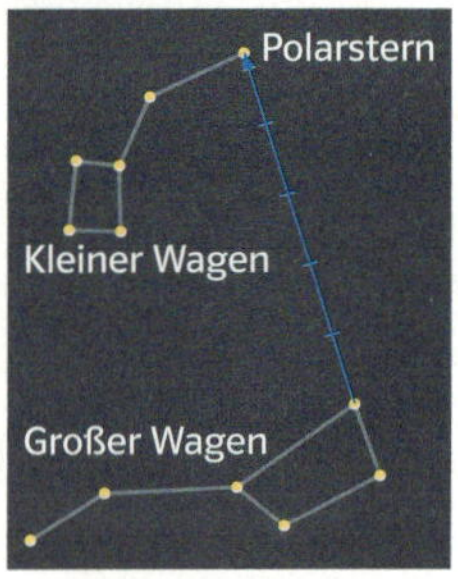

B1 Auffinden des Polarsterns vom Großen Wagen aus

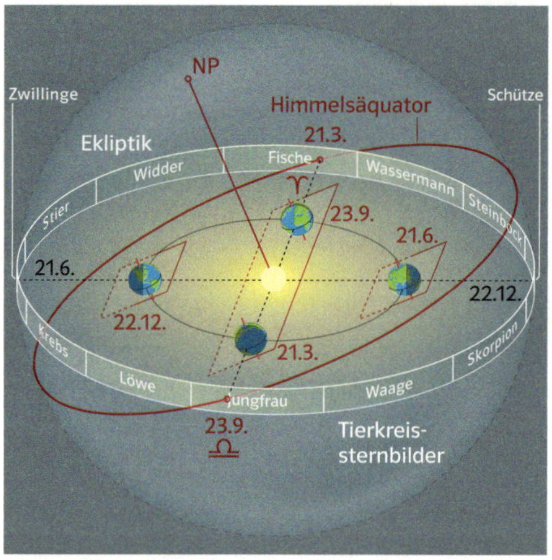

B2 „Himmelsglobus"

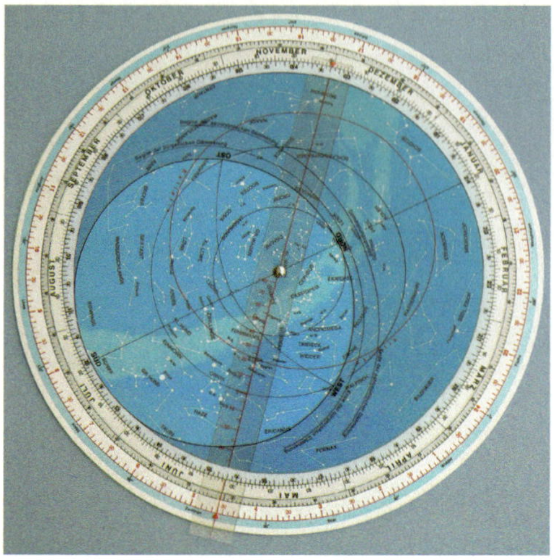

B3 Drehbare Sternkarte

So findet man einen Stern

Uhrzeit auf der Deckscheibe mit Datum auf der Grundscheibe zur Deckung bringen. Deckblatt zeigt nun den sichtbaren Himmelsteil.

▼

Himmelrichtungen über Polarstern ermitteln.

▼

Karte so halten, dass die Beobachtungsrichtung auf der Karte unten ist.

▼

Positionieren entsprechend der Himmelsrichtung.

längerte Erdachse durchstößt die Himmelskugel in den Himmelspolen (→ **B2**). Im Abstand von etwa 1° vom Himmelsnordpol steht der Polarstern (→ **B1**).

- Benutzung einer Sternkarte: Eine drehbare Sternkarte besteht aus einer Grundscheibe und einer darauf drehbaren Deckscheibe (→ **B3** und **S. 136**). Auf der Grundscheibe sind Sterne, Sternbilder und einige Nebel sowie die Ekliptik (entlang dieser Linie bewegen sich Sonne, Mond und Planeten) abgedruckt. Der Himmelspol liegt im Drehpunkt. Die Sternkarte ist für Beobachtungsorte einer bestimmten geografischen Breite gezeichnet, lässt sich aber ohne große Fehler auch an Orten mit etwas anderen geografischen Breiten verwenden. Es lassen sich die zu einer bestimmten Ortszeit sichtbaren Sterne bzw. ihre Postitionen sowie ihr Aufgang, Zenit und Untergang ablesen.

Wichtige Untersuchungen Beginne anfangs mit Mondbeobachtungen bei zunehmendem oder abnehmendem Mond. Versuche dann, mit Tabellenwerken und der Sternkarte die hellsten Planeten Venus und Mars sowie weitere auffällige Objekte wie Sternhaufen, Galaxien und Gasnebel zu finden. Beobachte an mehreren aufeinanderfolgenden Wochen die Bewegung der Planeten Mars und Venus relativ zu den Sternen. Trage hierzu die Positionen der Planeten in eine Sternkarte ein. Wie sieht die scheinbare Bahn aus?

B4 Amateur-Spiegelteleskop mit parallaktischer Montierung und Motornachführung

B5 Nachthimmel mit langer Belichtung

Zum weiteren Nachdenken

- Warum gibt es Sommer- und Wintersternbilder? Welche Rolle spielt die geografische Breite bei der Aufstellung des Teleskopes?
- Bei sicherem Umgang mit Teleskop, Tabellenwerken und Sternkarten können mit größeren Teleskopen auch lichtschwächere Planeten wie Jupiter und seine Monde sowie der Saturn mit seinen Ringen aufgefunden und beobachtet werden.
- Bei exakter Ausrichtung und Nachführung des Teleskopes sind auch fotografische Aufnahmen mit längeren Belichtungszeiten möglich. Mit modernen Digitalkameras kann man hierbei auch direkt durch das Okular fotografieren. Um erste fotografische Erfahrungen zu sammeln, sind Motive des Mondes am besten geeignet.

Astronomische Weltbilder

Der Mensch und der Kosmos Seit jeher ist es der Traum der Menschen, mehr über den Himmel und die Sterne zu erfahren. Warum bewegen sich die Planeten am Abendhimmel? Warum leuchtet ein Stern? Wie entstehen die verschiedenen Himmelserscheinungen wie Kometen oder Sternschnuppen? Wie entstand der Mond? Bringen die Sterne Glück oder Unglück? Können die Sterne etwas über die Zukunft aussagen?

Astronomische Beobachtungen Erst in der Neuzeit unterscheidet man zwischen der Astronomie als Naturwissenschaft und der Astrologie als Wahrsagerei bzw. Pseudowissenschaft. Die Astronomie war bis zum 20. Jahrhundert nur auf terrestrische Beobachtungen, z. B. mit Teleskopen, angewiesen. Erst seit einigen Jahrzehnten stehen Satelliten und Raumsonden als wichtige Forschungshilfen zur Verfügung.

Zehn Tage lang nahm das Hubble-Weltraumteleskop im Dezember 1995 eine Stelle des Himmels auf, die durch die Atmosphäre hindurch frei von Sternen und Galaxien zu sein schien. Doch der Ausschnitt ist übersät mit fernen Galaxien, die einen tiefen Einblick in die Vergangenheit und die Entwicklung des Universums gewähren.

Bemannte und unbemannte Raumfahrt
Am 21. Juli 1969 haben zum ersten Mal zwei Menschen den Fuß auf ein anderes Gestirn, unseren Mond, gesetzt und vom Boden dieses Himmelskörpers aus unsere Erde betrachten können.

Weltmodelle

B1 Mittelalterliche Weltvorstellung

Schon immer hat die Menschen der Blick zum Himmel fasziniert. Dort konnten sie regelmäßig wiederkehrende Ereignisse wie Tag und Nacht, Mondphasen und Jahreszeiten beobachten. Es gab aber auch unerwartete oder unregelmäßig eintretende Beobachtungen wie Sonnen- oder Mondfinsternisse oder das Auftreten von Kometen. Die Menschen waren schon immer bestrebt, für all diese Erscheinungen Erklärungen zu finden, die zu einem besseren Verständnis der Welt und damit auch zu einem Selbstverständnis des darin lebenden Menschen führen. Anfangs dachten die Menschen, dass übernatürliche Kräfte und Gottheiten für die Abläufe am Himmel verantwortlich sind. Aber schon früh wurden Modelle entwickelt, die astronomische Beobachtungen auf natürliche Abläufe zurückführten.

Das geozentrische Weltbild Die Weltkarte ist historisch gesehen immer der unmittelbarste Ausdruck unserer Vorstellungen von der Erde und unserer engeren Heimat gewesen. Vor fast 3500 Jahren wurde in Mesopotamien jene erste Weltkarte in Ton geritzt, die unsere Erde als runde Scheibe im Weltmeer schwimmend darstellt (→ **B2**).

Sie wurde in den folgenden Jahrhunderten falsifiziert. Es wurden immer wirklichkeitsgetreuere Erdkarten erarbeitet; von den Griechen bis zur Weltkarte des Eratosthenes, der in Alexandria vor gut 2200 Jahren die Kugelgestalt der Erde nachwies.

Doch die Römer kehrten zur Vorstellung der Erde als einer runden, im Meere ruhenden Scheibe zurück. In Alexandria, einem damaligen Zentrum der Wissenschaften, wurden die Erkenntnisse des Eratosthenes weitergepflegt. Noch Kolumbus lehnte die Kugelgestalt der Erde ab, er stellte sie sich in Form einer Birne vor. Als 1522 nach dreijähriger Weltumsegelung und Entdeckung des Pazifischen Ozeans eines der Schiffe aus Magellans Flotte nach Sevilla zurückkehrte, war die Kugelgestalt der Erde nicht mehr zu bezweifeln. Das Zeitalter der Entdeckung der außereuropäischen Welt gab dem Bild der Erde als runde Scheibe den Todesstoß.

Von der Antike bis zum Beginn der Neuzeit herrschte die Vorstellung vor, die Erde ruhe im Zentrum des Universums. Der Philosoph **Aristoteles** (384 – 322 v. Chr.) entwarf die Vorstellung, das Universum sei durch konzentrische Kugelschalen, die Sphären, unterteilt,

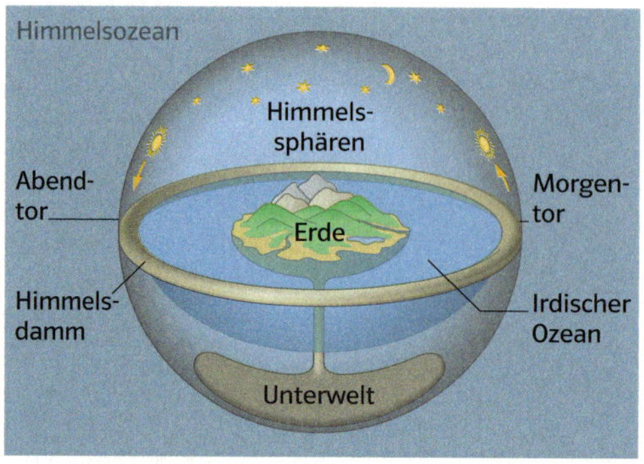

B2 Babylonisches Weltbild

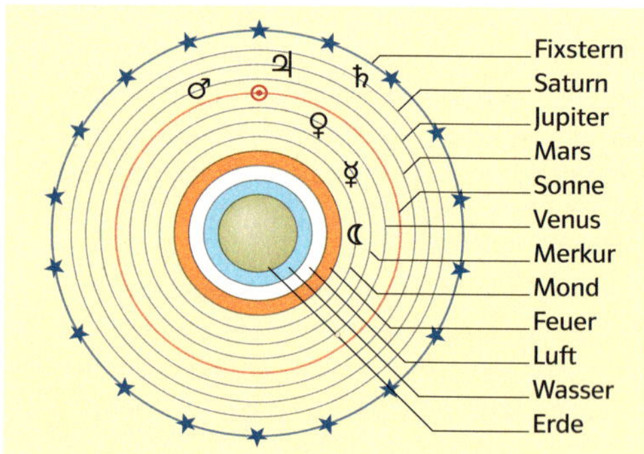

B3 Sphärenmodell des Aristoteles

deren äußerste die Fixsterne beherbergt (→ **B3**, S. 8). Nach innen folgen die Sphären der Planeten Saturn, Jupiter und Mars, der Sonne, der Planeten Venus und Merkur und die des Mondes, den man auch zu den Planeten rechnete. Darunter folgen schließlich die Sphären des Feuers, der Luft, des Wassers und der Erde. Die beobachtete Bewegung der Fixsterne erklärte man mit einer gleichmäßigen Rotation der Fixsternsphäre. Die kreisförmigen Bewegungen der Himmelskörper waren nach Ansicht von Aristoteles ein Abbild der makellosen, himmlischen, ewigen Abläufe. Irdische Bewegungen hingegen waren immer zielgerichtet und damit endlich.

Der Astronom **Ptolemäus** von Alexandria (85 – 160 n. Chr.) wandelte das Modell der Sphären ab, um bessere Übereinstimmung zwischen Vorhersage und Beobachtung zu erzielen. Zwar nahm auch er an, die Erde ruhe im Zentrum des Universums und die Fixsternsphäre rotiere gleichmäßig. Für die Sonne musste er aber eine Kreisbahn mit Mittelpunkt außerhalb der Erde annehmen. Aufgrund der im Vergleich zur Erde unterschiedlichen Umlaufzeiten der Planeten um die Sonne beschreiben die Planeten Schleifenbewegungen vor dem Himmelshintergrund (→ **B3** und **B4**). Um diese Schleifenbahnen zu erklären, nahm Ptolemäus an, der Planet bewege sich gleichmäßig auf einem Hilfskreis, dem Epizykel, dessen Mittelpunkt seinerseits die Erde auf einem großen Kreis, dem Deferent, gleichmäßig umkreist (→ **B1**). Auch diese Konstruktion reichte nicht in allen Fällen, so dass Ptolemäus sich auf den Epizykeln weitere Epizykeln abrollend denken musste.

Das wurde als Mangel angesehen, denn man erwartete, dass für die Gestirne als göttliche Wesen nur ideale Bewegungen, nach damaliger Auffassung also nur gleichförmige Kreisbewegungen, in Frage kämen.

Das heliozentrische Weltbild Schon der griechische Philosoph **Aristarch** von Samos (ca. 320 – 250 v. Chr.) versuchte, die beobachteten Bewegungen der Himmelskörper mit der Vorstellung zu erklären, die Sonne ruhe und die Erde bewege sich. Diese Auffassung blieb etwa 1800 Jahre lang nahezu vergessen.

Erst **Nikolaus Kopernikus** (1473 – 1543) griff in seinem 1543 erschienenen Werk „De revolutionibus orbium coelestium" (Über die himmlischen Kreisbewegungen) die heliozentrische Vorstellung wieder auf und zeigte, dass damit die Planetenschleifen einfacher erklärt werden können als mit dem ptolemäischen System.

Die Bedeutung der von Kopernikus vertretenen Vorstellung liegt nicht nur darin, dass er die Planetenbewegungen einfacher beschreiben konnte. In seinem Weltmodell nimmt die Erde, also der Wohnplatz der Menschen, keine Sonderstellung ein, sondern ist ein Planet neben anderen. Das konnten die Menschen damals aus religiösen Gründen nur schwer akzeptieren, weil sie überzeugt waren, die Erde müsse im Kosmos einen ausgezeichneten Platz haben, weil Gott sie mit Menschen bevölkert habe.

Es dauerte deshalb rund 100 Jahre, bis die Vorstellung des Kopernikus weithin akzeptiert war. Dieses Umdenken bezeichnet man als **kopernikanische Wende**.

Unabhängig von der Einordnung in das heliozentrische oder geozentrische Weltbild bewegen sich die Planeten vor dem festen Fixsternhimmel (griech. planeo = ich bewege mich). Die Bahn der Planeten lässt sich im heliozentrischen Weltbild leichter und logisch nachvollziehbar erklären.

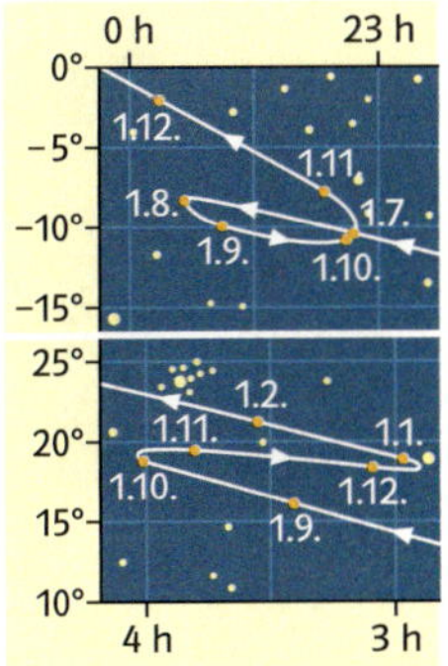

B3 Schleifen des Mars am Himmel in verschiedenen Jahren

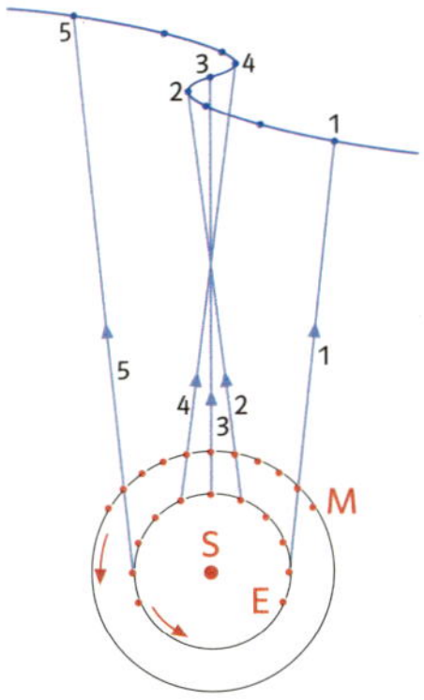

B4 Erklärung der Schleifenbewegung im heliozentrischen Weltbild

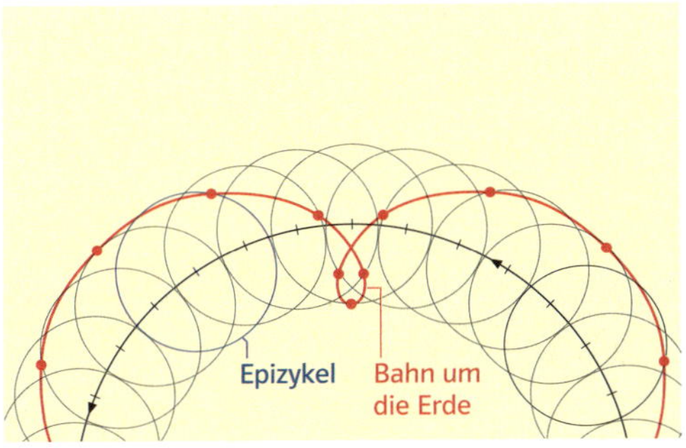

B1 Epizykelmodell nach Ptolemäus

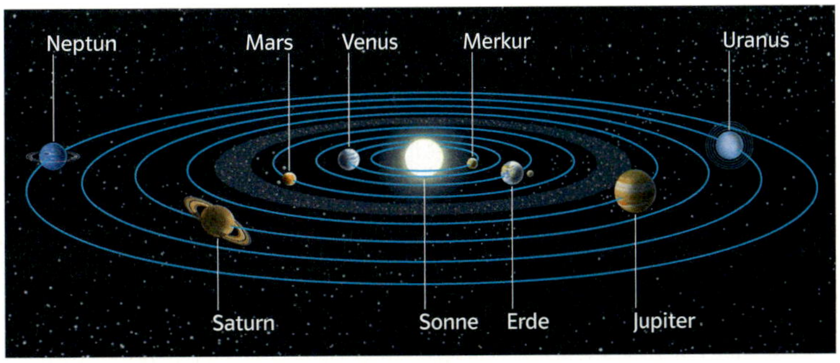

B2 Unser Sonnensystem (Größen und Entfernungen nicht maßstäblich!)

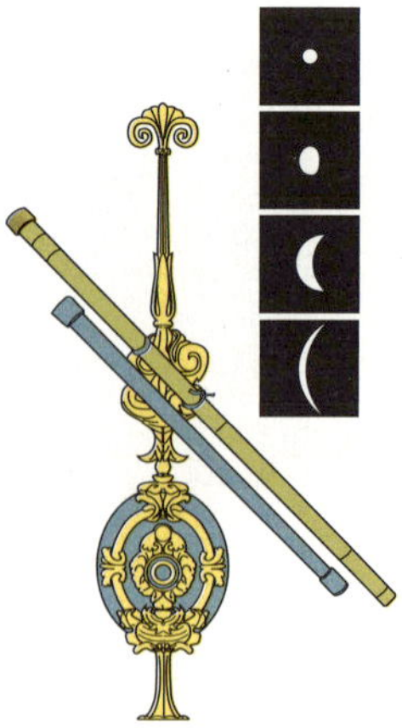

B1 Phasen der Venus, von Galilei mit diesem Fernrohr entdeckt.

Das Weltbild der Neuzeit **Galileo Galilei** (1564–1642) festigte das heliozentrische Weltbild durch Entdeckungen, die er mit dem erst 1608 erfundenen Fernrohr machte (→ **B1**):

- Der Mond hat Krater und Gebirge wie die Erde.
- Die Sonne hat Flecken, deren Zahl und Größe sich ändert. Sie ist also kein makelloses, unveränderliches, göttliches Himmelsfeuer.
- Der Planet Jupiter hat mehrere Monde (→ **B2**). Er bildet also selber ein kleines „Planetensystem", so dass das Planetensystem der Sonne mit der Erde nicht einzigartig ist.
- Der Planet Venus kann ähnlich wie der Mond Sichelgestalt zeigen. Planeten sind also von der Sonne beleuchtete Körper.

Diese Beobachtungen zusammen besagen, dass für alle Körper im Weltraum die gleichen Naturgesetze zu gelten scheinen und dass die Erde nur ein Weltraumkörper unter vielen anderen ist. Galileis Ergebnisse erfuhren weite Verbreitung, weil er sie nicht in der nur von wenigen verstandenen Gelehrtensprache Latein, sondern in der Volkssprache Italienisch veröffentlichte. Dies führte dazu, dass Galilei 1633 in einem Inquisitionsprozess gezwungen wurde, dem heliozentrischen Weltbild abzuschwören. Für den Rest seines Lebens erhielt er Hausarrest.

B2 Jupiter mit zwei seiner Monde

Der dänische Astronom **Tycho Brahe** (1546–1601) verfeinerte noch vor Erfindung des Fernrohres in seinem Privatobservatorium auf einer dänischen Insel die Beobachtungstechnik so sehr, dass er die Positionen von Sternen im günstigsten Fall bis auf eine Bogenminute, das ist auf 0,017° genau, messen konnte.

Es war sein Ziel, durch genaue Beobachtungen sowohl das ptolemäische als auch das kopernikanische Modell zu widerlegen und ein eigenes Kompromissmodell zu bestätigen. Brahe starb, ehe er seine Messungen auswerten konnte, als kaiserlicher Hofastronom in Prag. Die Messprotokolle Brahes wurden **Johannes Kepler** (1571–1630), seinem früheren Assistenten und Nachfolger als kaiserlicher Hofastronom, übergeben. Kepler, der wegen eines Augenfehlers kaum eigene Messungen anstellte, bemühte sich, mit Brahes Messungen der Marsbewegung das kopernikanische System zu bestätigen. Dieses Bemühen schlug fehl, und zwar ergab sich der winzige Unterschied von 0,13° zwischen Rechnung und Beobachtung.

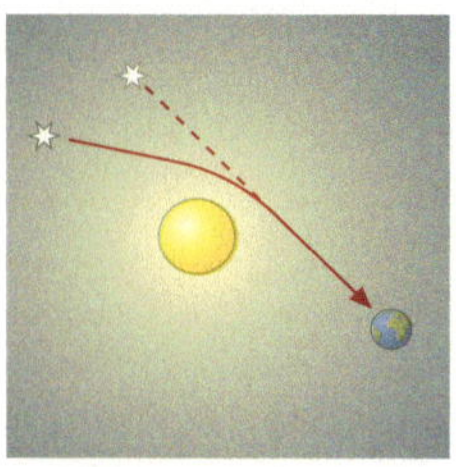

B3 Lichtablenkung nach Einstein

Dies veranlasste Kepler, seine mathematischen Ansätze zu überprüfen. Obwohl es ihm aufgrund seines Geometrie- und Ästhetikverständnisses schwerfiel, gab Kepler endgültig das aus der Antike überlieferte, auch von Kopernikus noch aufrecht erhaltene Modell auf, die Himmelskörper könnten nur ideale Bewegungen, nämlich gleichförmige Kreisbewegungen, ausführen. Kepler ging in seinen drei **Kepler'schen Gesetzen** nun vielmehr von Ellipsen als möglichen Planetenbahnen aus, die eine bessere Übereinstimmung mit Brahes Messungen zuließen (→ **B4**).

Erst einige Zeit später konnte der englische Physiker **Isaac Newton** (1643–1727) die Kepler'schen Gesetze durch die Gravitationstheorie erklären. Sie geht davon aus, dass sich alle Körper, egal ob irdische oder Himmelskörper, aufgrund ihrer Masse gegenseitig anziehen. Daraus ergaben sich die Kepler'schen Gesetze als Sonderfall der Newton'schen Gravitationstheorie.

Eine große gedankliche Leistung Newtons bestand darin, die Himmelsmechanik und die irdische Mechanik, die seit Aristoteles als streng getrennt zu sehen waren, mit Hilfe der Gravitationstheorie zu vereinigen.

Auch in der heutigen Zeit wandeln sich die Modelle über den Aufbau der Welt. So sagte beispielsweise **Albert Einstein** (1879–1955) mit seiner Relativitätstheorie voraus, dass Lichtstrahlen von massereichen Körpern abgelenkt zu werden scheinen (was aber an der Beeinflussung der Raumgeometrie durch die Masse liegt). Einige Jahre später konnte dies bestätigt werden, als während einer totalen Sonnenfinsternis die Ablenkung von Lichtstrahlen weit entfernter Sterne in der Nähe der massereichen, verdunkelten Sonne beobachtet werden konnte (→ **B3**).

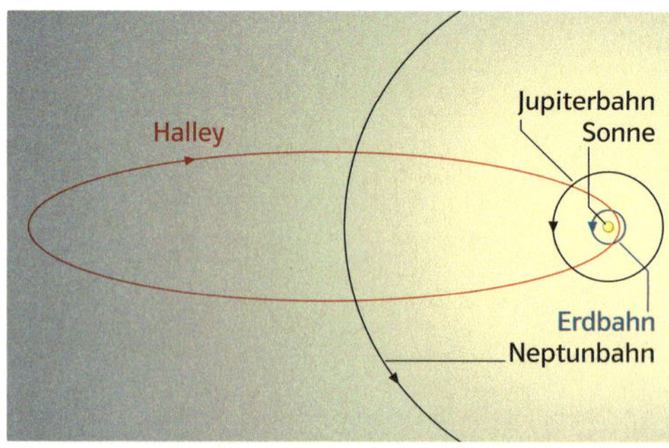

B4 Elliptische Kometenumlaufbahn (auch Planetenbahnen sind leicht elliptisch)

Bewegungen am Himmel und Gravitation

„Was ich vor 22 Jahren geahnt habe ..., das habe ich endlich ans Licht gebracht und über alle Erwartung für wahr befunden, dass all die Harmonie ... unter den himmlischen Bewegungen vorhanden ist, obschon nicht ganz so, wie ich anfänglich dachte, sondern (und das ist nicht meine geringste Freude) etwas anders, aber zugleich schöner und vortrefflicher." (Johannes Kepler)

Johannes Kepler (1571–1630)

V1 **B1** zeigt das Prinzip zur Messung der Anziehungskräfte zwischen Bleikugeln von **Henry Cavendish** (1731–1810): An einem dünnen Draht hängt eine waagerechte Stange mit zwei kleinen Bleikugeln an den Enden. In gleicher Höhe stehen ihnen zwei große Bleikugeln auf einem Drehgestell gegenüber. Sie lassen sich mit dem Gestell in verschiedene Positionen bezüglich der kleinen Kugeln schwenken. Ein Gehäuse schützt vor Luftzug. Ein Spiegel, der in der Mitte der Stange mit den kleinen Kugeln befestigt ist, lenkt einen Lichtstrahl auf eine entfernte Skala. Der am Spiegel reflektierte Lichtstrahl macht sehr kleine Drehungen messbar.

Befinden sich die großen Kugeln in Position A, so ist keine Bewegung feststellbar, schwenkt man sie in Position B, so beginnen die kleinen Kugeln sich zu den großen hin zu bewegen.

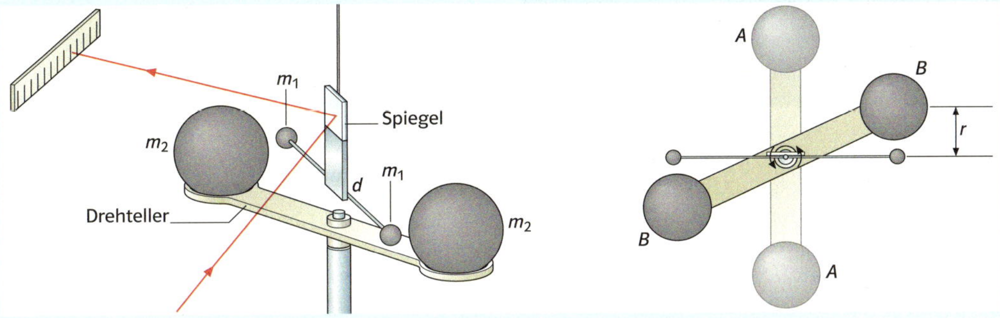

B1 Prinzip der Gravitationsdrehwaage mit je zwei Kugeln mit kleiner bzw. großer Masse

Die Kepler'schen Gesetze Der dänische Astronom **Tycho Brahe** (1546–1601) führte über zwanzig Jahre lang Positionsmessungen an Planeten mit den bloßen Augen durch. Auf diese genauen Beobachtungen stützte sich **Johannes Kepler** bei seiner Suche nach einem für alle Planetenbewegungen gültigen Gesetz.

Dabei ging Kepler zunächst noch von Kreisbahnen der Planeten aus. Er hielt sie für die vollkommenste Bahnform und daher den Himmelskörpern angemessen. Aufgrund von Tycho Brahes Abweichungen in den Daten verwarf er diesen Lösungsansatz und fand eine ihn zufriedenstellende Bahnform. Durch sie entdeckte er drei Gesetze, die für alle Planeten Gültigkeit haben.

1. Kepler'sches Gesetz: Die Bahnen der Planeten sind Ellipsen. Die Sonne steht in einem der zwei Brennpunkte.

Die Ellipsen der einzelnen Planeten weichen von der Kreisbahn unterschiedlich ab. Die Erdbahn ist fast ein Kreis, die Bahnen von Merkur und Pluto* weichen am stärksten ab. Die Beobachtungen zeigten ferner, dass die Geschwindigkeit der Planeten auf ihrer Bahn nicht konstant ist. Auf den Ellipsen ist sie in Sonnennähe am größten (→ **B2**):

2. Kepler'sches Gesetz: Die Verbindungsstrecke von der Sonne zum Planeten überstreicht in gleichen Zeitspannen Flächen mit gleichem Flächeninhalt.

* Pluto zählt seit August 2006 nicht mehr zu den Planeten.

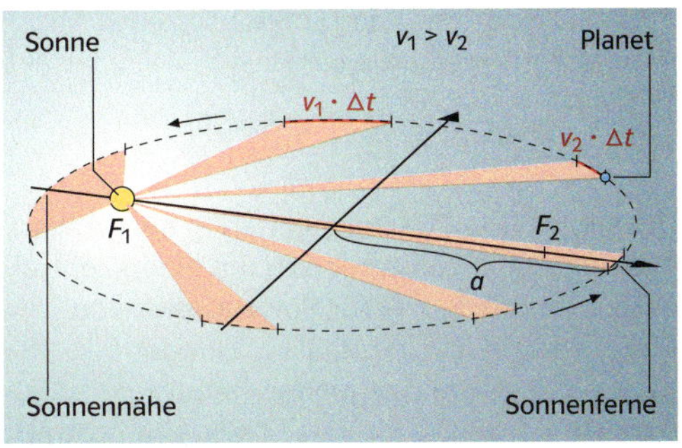

B2 Das 2. Kepler'sche Gesetz

Eine Ellipse besitzt zwei „Brennpunkte". Alle von einem Brennpunkt ausgehenden Lichtstrahlen würden sich in dem anderen Brennpunkt treffen, wenn die Ellipse ein Spiegel wäre.

B1

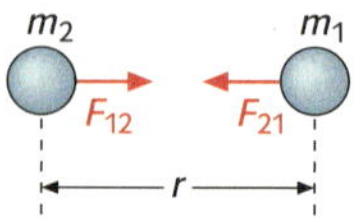

B2 Wechselseitig wirkende Gravitationskräfte über beliebige Entfernungen hinweg

B3 Unsere Galaxie, die „Milchstraße"

Aus diesem Gesetz folgt, dass sich die Erde in Sonnennähe, wenn bei uns auf der Nordhalbkugel Winter ist, schneller als bei Sonnenferne, im Sommer, bewegt. Deshalb ist das Winterhalbjahr (23.9.–21.3.) um rund eine Woche kürzer als das Sommerhalbjahr.
Zehn weitere Jahre benötigte Kepler, bis er aus den Beobachtungsdaten ein weiteres Gesetz über die Umlaufzeiten und Abstände der Planeten zum Drehzentrum gewann. Es verknüpft verschiedene Planeten miteinander zu einem Sonnensystem.

Die „große Halbachse" einer Ellipse ist die halbe Länge des größten Ellipsendurchmessers.

● **3. Kepler'sches Gesetz: Die Quadrate der Umlaufzeiten zweier Planeten verhalten sich wie die dritten Potenzen der großen Halbachsen der Planetenbahnen.**

$$\frac{T_1^2}{T_2^2} = \frac{a_1^3}{a_2^3} \quad \text{oder} \quad \frac{T_1^2}{a_1^3} = \frac{T_2^2}{a_2^3} = \ldots = k$$

k ist eine Konstante des Sonnensystems. Mit den Daten für die Erde wird:

$$k = \frac{T^2}{a^3} = \frac{(31{,}5 \cdot 10^6\,\text{s})^2}{(149{,}6 \cdot 10^9\,\text{m})^3} = 2{,}96 \cdot 10^{-19}\,\frac{\text{s}^2}{\text{m}^3}$$

Die Kepler'schen Gesetze gelten in allen Fällen, in denen Himmelskörper sich um einen Zentralkörper bewegen, z. B. für Bewegungen von Mond und Satelliten um die Erde oder der Jupitermonde um den Jupiter. Dabei zeigt sich, dass die Konstante *k* für verschiedene Zentralkörper verschieden ist.

Gravitationskraft Ein Körper übt aufgrund seiner Masse mittels der Gravitation eine anziehende Kraft auf einen anderen Körper aus und umgekehrt. Diese Kräfte wirken ohne Medium und sind auch über große Entfernungen spürbar. Diese **Gravitationskräfte** halten den Mond (→ **B1**) auf seiner Bahn um die Erde bzw. unsere Galaxie (→ **B3**) zusammen.

Eine umfassende Theorie hierzu wurde erst von Isaac Newton entwickelt. Angeregt durch Kepler stellte Newton die Frage nach den Kräften, die Himmelskörper auf ihren Bahnen halten. Zur Untersuchung der Kräfte ging er vereinfachend von Kreisbahnen und gleichbleibender Geschwindigkeit der Himmelskörper aus. Zudem setzte er voraus, dass man sich die Masse eines kugelförmigen Körpers in seinem Mittelpunkt vereinigt denken kann.

Indem er die Kreisbewegung angenähert in lauter winzige geradlinige Richtungsänderungen zerlegte, konnte er mit geometrischen Konstruktionen aus dem 2. Kepler'schen Gesetz die Richtung der Kraft ableiten, die die Planeten erfahren (nämlich zum Zentrum der Bewegung). Mit dem 3. Kepler'schen Gesetz und den Gesetzen der Kreisbewegung (→ **S. 49 ff.**) bewies er, dass diese zur Sonne gerichtete Kraft von der Planetenmasse und dem Abstand zur Sonne abhängt: $F \sim m/r^2$.
Newton verallgemeinerte, dass diese Beziehung für alle Himmelskörper gelten müsse, die einen anderen umkreisen, also auch für Körper, die den Erdmittelpunkt auf der Erdoberfläche stehend umrunden. In seinem Buch „Die mathematischen Prinzipien der Naturlehre" führte er so die Gewichtskraft, die einen Apfel vom Baum fallen lässt, und die elliptische Bahn der Erde um die Sonne auf die gleiche Ursache zurück, die Gravitationskräfte (→ **B2**).
Der Betrag der Anziehungskräfte wird von beiden Massen abhängen. Diese Verallgemeinerungen Newtons führten zum **Newton'schen Gravitationsgesetz**.

● **Zwei beliebige Körper mit den Massen m_1 und m_2 üben im Abstand *r* gleich große, entgegengesetzt gerichtete Gravitationskräfte aufeinander aus. Für deren Betrag gilt:**

$$F = \gamma \cdot \frac{m_1 \cdot m_2}{r^2} \quad \text{mit} \quad \gamma = 6{,}67 \cdot 10^{-11}\,\frac{\text{m}^3}{\text{kg} \cdot \text{s}^2}$$

Dabei ist *r* der Abstand der Mittelpunkte beider Körper. Die **Gravitationskonstante** γ ist eine universelle Konstante; sie hängt nicht von den Massen der beiden Körper ab.

Kosmologie

V1 Wird das Spektrum vom Licht der Sterne untersucht, so sind alle Spektrallinien eines chemischen Elementes, z. B. des Wasserstoffs, zu finden; allerdings sind die Positionen der Linien um einen für jeden Stern charakteristischen Betrag verschoben (→ **B1**).

B1 Spektrum des Sterns ε-Andromedae im blauen und violetten Bereich

V2 Beobachtet man einen Planeten von zwei verschiedenen Orten auf der Erde aus gleichzeitig, so erscheint er unter verschiedenen Winkeln (→ **B2a**).

Beobachtet man einen Stern von zwei verschiedenen Orten der Erde auf ihrer Umlaufbahn aus, so erscheint er unter verschiedenen Winkeln (→ **B2b**).

Damit gelingt es, bei bekanntem Erdbahndurchmesser, die Entfernung zum Stern zu berechnen.

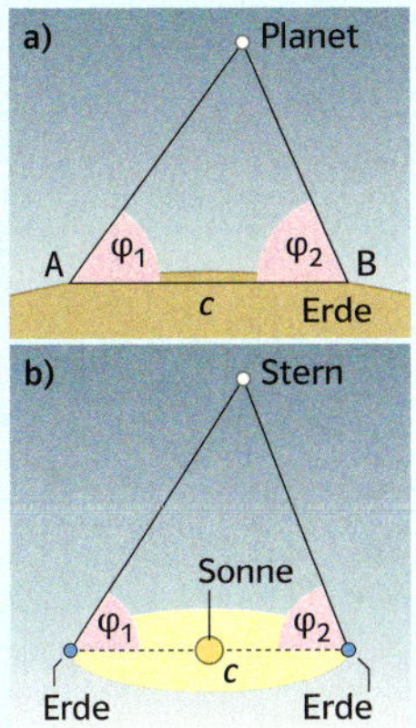

B2

Aspekte der Kosmologie Die Kosmologie ist ein Spezialgebiet der Astronomie und man versteht darunter die Theorie über den räumlichen Aufbau des ganzen Universums und dessen zeitliche Entwicklung. Wie sieht unser Kosmos aus? Ist er endlich oder unendlich, statisch oder nicht statisch?

Bei der Bildung von Elementarteilchen treten stets Teilchen und Antiteilchen auf. Bei uns besteht die Materie jedoch nur aus Teilchen der einen Sorte. Wo sind die anderen geblieben? Warum besteht unsere Welt nur aus Materie?

Nichtstatisches Universum Nach den Newton'schen Gesetzen kann kein endliches, statisches Universum existieren, da es aufgrund der Gravitation in sich zusammenstürzen müsste. Ein stabiles statisches Universum müsste unendlich sein, um kein Gravitationszentrum aufzuweisen. Die Tatsache, dass es nachts dunkel wird, zeigt aber, dass dies unmöglich ist. Das unendliche, statische Universum müsste unendlich weit mit Galaxien bzw. Sternen gefüllt sein, in jeder Raumrichtung müsste folglich mindestens ein leuchtendes Objekt stehen. Der Himmel müsste dann auch in der Nacht hell sein. Dieser Widerspruch heißt „Olbers'sches Paradoxon".

Es verbleibt also nur das Modell eines nicht statischen Universums. Experimente bestätigten, dass sich die Entfernung zu sämtlichen Galaxien, bis auf die der näheren Umgebung, vergrößert.

Anhand der Ausdehnung auf der Oberfläche eines Luftballons (→ **B3**) wird verständlich, dass von jedem Punkt aus alle anderen Punkte bei einer Expansion voneinander wegbewegt werden. Unsere Galaxie mit unserem Sonnensystem und damit der Erde muss sich folglich nicht am Ort des Ursprungs der Ausdehnung befinden.

● **Das Universum dehnt sich aus. Dadurch vergrößern sich prinzipiell die Entfernungen zwischen den Galaxien.**

Urknalltheorie Verfolgt man in Gedanken die Expansion des Universums zurück, so ist das gesamte Weltall aus einem Punkt hervorgegangen. Zu diesem Zeitpunkt hat es keinen Raum und keine Zeit gegeben, sondern es existierte nur dieser eine Punkt. Über diesen Zustand lässt sich nichts aussagen. Das Universum dehnte sich nun aus und kühlte dabei immer mehr ab (→ **B1**, S. 14). Nach 10^{-5} s hatte sich das Universum so weit abgekühlt, dass Neutronen, Protonen sowie ihre Antiteilchen entstanden. Nach 300 000 Jahren war die Temperatur des Universums auf ca. 3 000 K abgesunken, so dass sich nun neutrale Atome bilden konnten. Strahlung konnte sich nun ausbreiten und das Universum wurde durchsichtig. Reste dieser Strahlung kann man heute noch messen, man nennt sie kosmische Hintergrundstrahlung. Unter dem Einfluss der Gravitation bildeten sich Galaxien und Sterne. In den Sternen entstehen durch Kernfusion Kohlenstoff und schwerere Kerne bis hin zum Eisen. Noch schwerere Kerne entstanden und entstehen z. B. bei sogenannten Supernova-Explosionen.

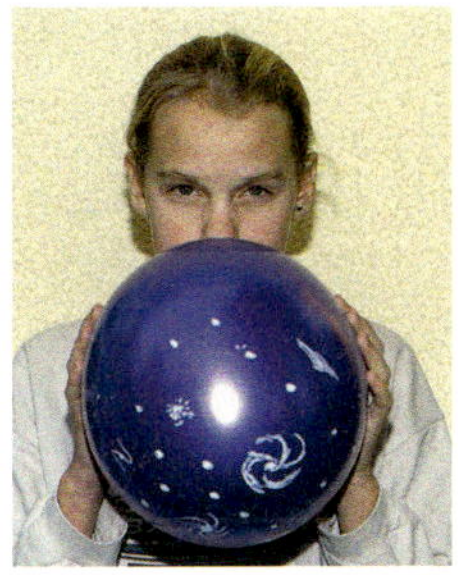

B3

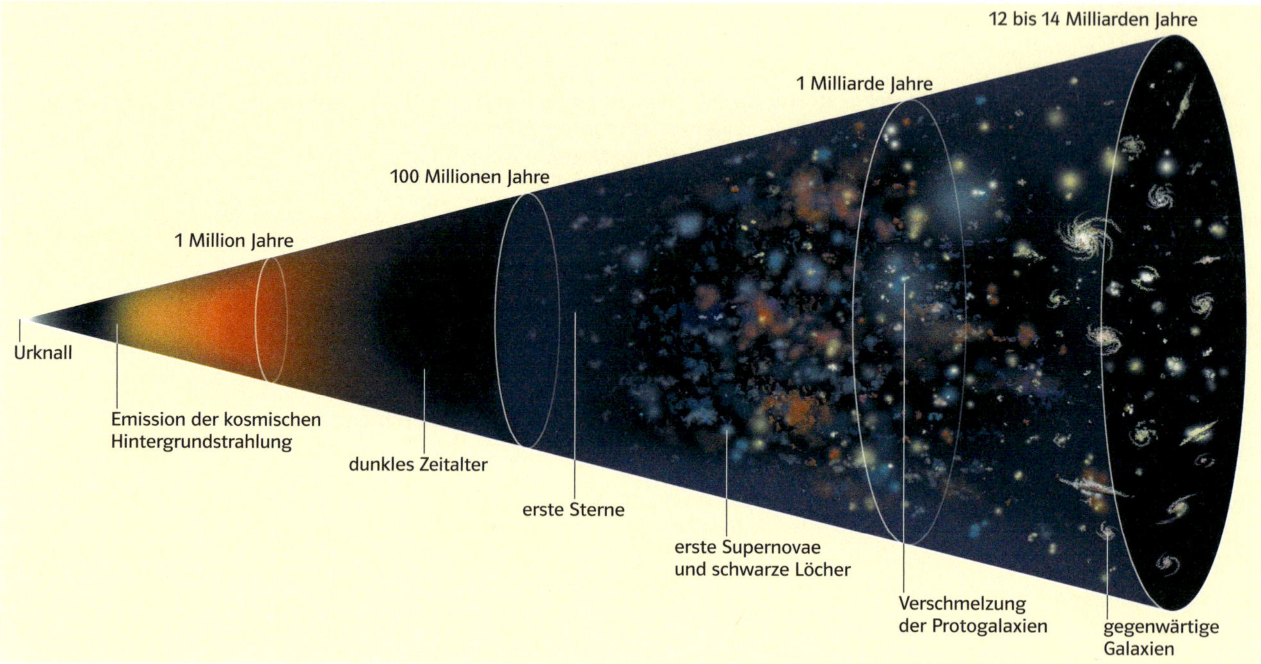

B1 Grafische Darstellung der Entwicklung unseres Weltalls nach dem Urknallmodell

● Das Urknall-Modell (Standardmodell) beschreibt die Entstehung des Universums und erklärt die aktuelle kosmische Struktur, so etwa dass sich das Weltall ausdehnt und dabei abkühlt.

Aus einer winzigen Asymmetrie zwischen Materie und Antimaterie zugunsten der Materie zu Beginn der Expansion hat sich unser von der Materie dominierter Kosmos entwickelt.

Astronomische Einheiten Um die galaktische Entfernung abzuschätzen, ist unser Metersystem weniger geeignet. Als astronomische Einheit (1 AE) wird der Abstand der Erde von der Sonne, genauer die große Halbachse der Erdbahn, festgelegt: $1\,\text{AE} = 1{,}5 \cdot 10^{11}\,\text{m}$. Ein Lichtjahr (1 Lj) ist die Weglänge, die das Licht im Vakuum in einem Jahr durchläuft: $1\,\text{Lj} = 6{,}32 \cdot 10^4\,\text{AE} = 9{,}46 \cdot 10^{15}\,\text{m}$. Weiterhin wird oft für astronomische Beobachtungen die Einheit Parsec (1 pc) verwendet. Ein Parsec ist die Entfernung, von der aus 1 AE unter dem Winkel einer Bogensekunde (1") erscheint. Es gilt $1\,\text{pc} = 3{,}26\,\text{Lj} = 3{,}08 \cdot 10^{16}\,\text{m}$.

Expansion des Universums Edwin P. Hubble gelang es 1929, aus der Verschiebung von Linien in Sternspektren Aussagen über die Relativ- bzw. „Fluchtgeschwindigkeit" der Sterne zu gewinnen und somit die Ausdehnung des Universums zu belegen. Das Hubble'sche Gesetz gibt den Zusammenhang zwischen der Entfernung r und der Sterngeschwindigkeit v wieder (→ **B2**): $v = H \cdot r$. Der Wert der Hubble'schen Konstanten ist ±15 % unsicher ($H = 65 \frac{\text{km}}{\text{s} \cdot \text{Mpc}}$). 1 Mpc sind $3{,}26 \cdot 10^6$ Lichtjahre. Das Gesetz ermöglicht Aussagen über die Entfernung von Galaxien wie auch über das Alter des Weltalls: $T_H = 4{,}8 \cdot 10^{17}\,\text{s} = 15 \cdot 10^9$ Jahre.

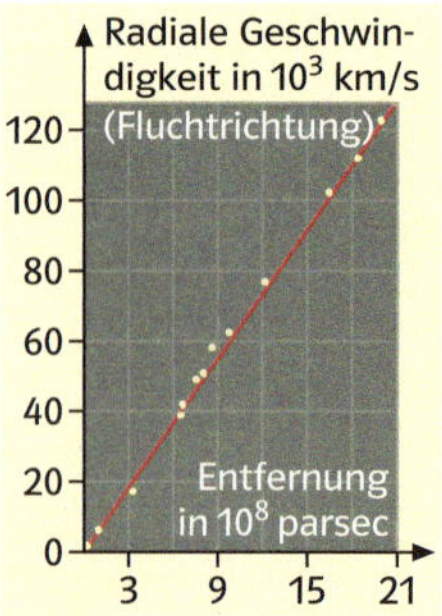

B2

Struktur des Weltalls Die Struktur des Weltalls ist durch die Verteilung der Masse bestimmt. Im Lauf der Zeit hat die Gravitationskraft die als „kosmischen Staub" vorhandene Materie vorwiegend zu Planeten und Sternen verdichtet. Die meisten Sterne wiederum bilden größere Ansammlungen, die Galaxien (→ **B1**, S. 15). Die Gravitation und die Rotation bestimmen deren Form, z. B. die Spiralform unserer Galaxie, der Milchstraße. Die Galaxien sind wiederum nicht gleichmäßig im Universum verteilt, sondern lassen sich zu Haufen zusammenfassen, diese wiederum zu Superhaufen. Die Superhaufen finden sich zu einer netz- oder wabenähnlichen Struktur zusammen.

● Die Materie (Sterne und Sternsysteme) in unserem Kosmos verteilt sich wabenähnlich. Innerhalb der Waben herrschen kleinere haufenähnliche Strukturen vor.

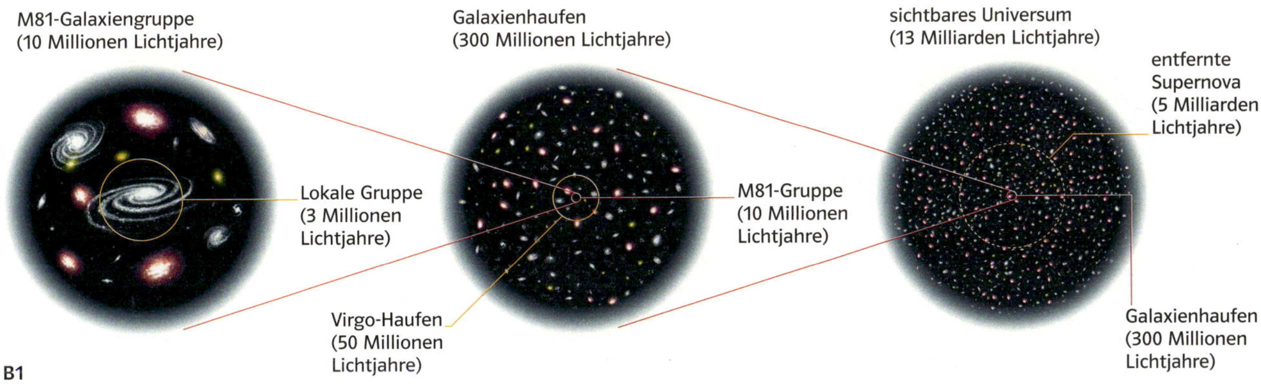

B1

Nicht nur die Fluchtgeschwindigkeit und damit die Entfernung kann aus dem Spektrum eines Sterns bestimmt werden, sondern auch die Temperatur, die Leuchtkraft und die Masse des Sterns. Die Erkenntnisse werden in einem sogenannten **Hertzsprung-Russell-Diagramm** zusammengefasst (→ **B2**).

● **Aus der Helligkeit und dem Spektrum eines Sterns lässt sich seine Leuchtkraft und seine Entfernung ermitteln.**

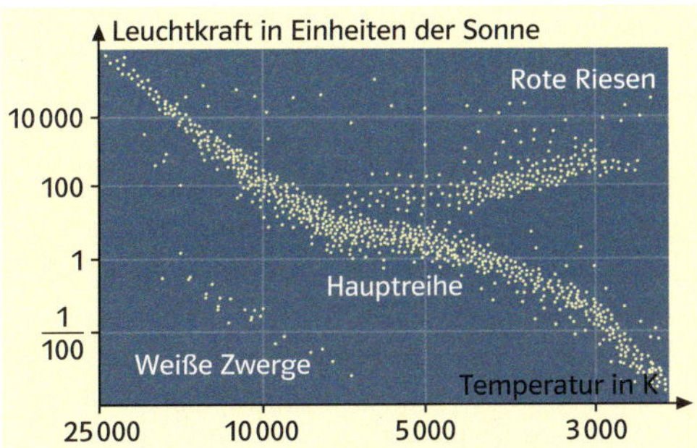

B2

Weitere Entwicklung des Universums Die weitere Entwicklung wird wesentlich von der mittleren Dichte der Materie bestimmt. Als kritische Dichte gilt $6 \cdot 10^{-27}\,kg/m^3$. Ist die mittlere Dichte größer als die kritische, so wird die mit dem Urknall begonnene Expansion enden, und das Universum zieht sich wieder auf einen Punkt zusammen. Ist die mittlere Dichte kleiner als die kritische, so wird die Expansion zwar langsamer werden, aber unendlich weitergehen (→ **B3**). Neue Messungen zeigen, dass die Expansionsgeschwindigkeit nicht kleiner, sondern größer wird. Die Gravitationskraft hat nur bremsende Wirkung. Es muss also noch ein bisher unbekannter Antrieb vorhanden sein. Man spricht von „dunkler Energie“, für die es bisher keine Erklärung gibt.

Kosmische Größenordnungen Die Größenskala und die Ausdehnungsgeschwindigkeit des Universums sind seit Hubbles Untersuchungen immer weiter erforscht worden. Das sichtbare Universum hat eine Ausdehnung von 13 Milliarden Lichtjahren. **B4** zeigt unsere Nachbargalaxie, die „nur“ 2,7 Lichtjahre von der Erde entfernt ist, den „Andromedanebel M31“. Diese etwas größere Galaxie ist in ihrer Spiralstruktur mit unserer Milchstraße vergleichbar.

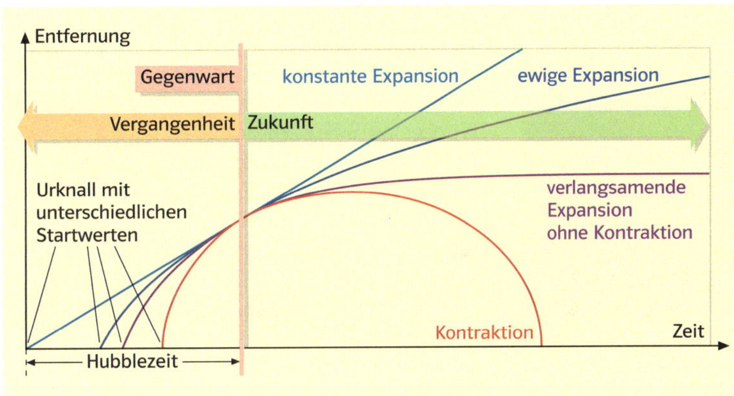

B3

B4

Kometen, Asteroiden und Meteoriten

B1 Kometenschweif

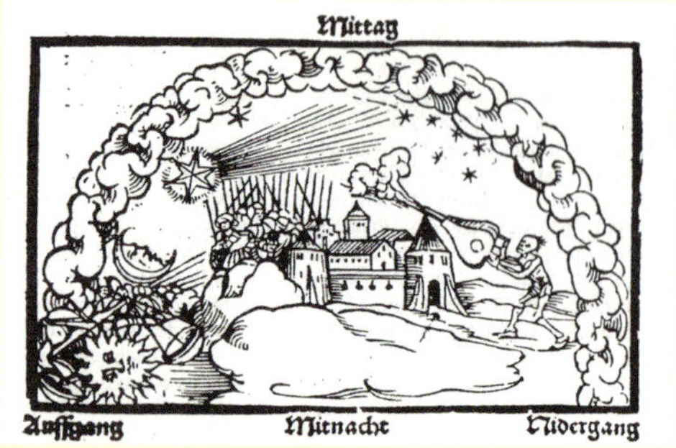

B4 Bild von 1532: Kometen als Unglücksboten, die brennende Ausdünstungen in der Atmosphäre sind.

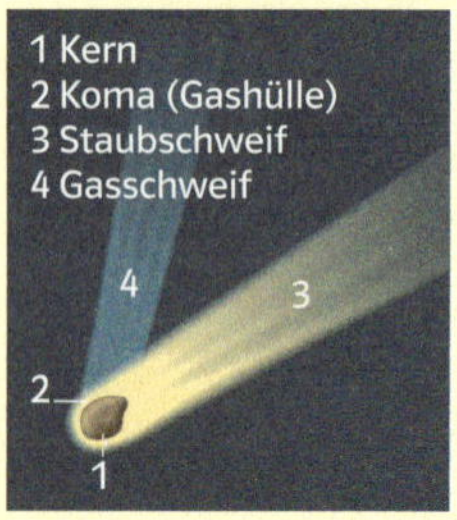

B2 Aufbau eines Kometen

B3 Aufnahme der Sonde Giotto vom Halley'schen Kometen (1986)

Kometen Kometen kreisen wie die Planeten auf Ellipsen um die Sonne. **Perihel** ist der Ort des geringsten und **Aphel** der des größten Sonnenabstandes. Ihre Ellipsen sind wesentlich exzentrischer, d.h., im Perihel der Ellipse sind die Kometen der Sonne sehr nahe und im Aphel relativ weit weg von der Sonne. Kometen bestehen aus Eis und Gestein (→ **B2**). In Sonnennähe setzt die intensivere Sonnenstrahlung Gase und Staub aus dem Kometenkern frei (→ **B3**). In der Nähe der Sonne entsteht so der typische Kometenschweif (→ **B1**).

Kometen: Von der Astrologie zur Astronomie
Der regelmäßige Lauf der Gestirne bestimmt und markiert Tag und Nacht und die Jahreszeiten. Das Leben auf der Erde ist davon wesentlich beeinflusst. Deshalb glauben viele Menschen, dass ihr Schicksal von den Sternen bestimmt sei. Kometen scheinen die Regelmäßigkeit zu stören, sie stellen einen „Aufruhr des Himmels dar“ (→ **B4**) und überbringen „schlechte Nachrichten“, wie es bei William Shakespeare nachzulesen ist. Als im Jahre 60 n. Chr. ein heller Komet erschien, sah Kaiser Nero dies als Zeichen des Unheils für sich und veranlasste auf Anraten seines Astrologen Balbillus ein Massaker unter den Adligen. Dies sollte den Zorn des Himmels von ihm ablenken.

Edmond Halley (1656–1742), ein Zeitgenosse Newtons, erkannte in den Kometen Himmelskörper, die den gleichen Gesetzmäßigkeiten wie Planeten und Sternen unterliegen. Ihm gelang es, auf dieser Grundlage die drei Kometen der Jahre 1531, 1607 und 1682 als Wiederkehr desselben Kometen nachzuweisen, der seitdem der „Halley´sche Komet“ genannt wird. 1985 wurde die Raumsonde Giotto ins All gebracht. Am 14.03.1986 näherte sich Giotto dem Halley'schen Kometen bis auf etwa 600 km und übertrug viele wissenschaftliche Messdaten zur Erde (→ **B3**). Der Halley'sche Komet kehrt alle 76 Jahre wieder. Am 05.02.1986 hatte er seinen letzten Periheldurchgang.

Asteroiden Asteroiden, manchmal auch Planetoiden oder Kleinplaneten genannt, sind kleine planetenähnliche Objekte, die sich auf elliptischen Umlaufbahnen um die Sonne bewegen. Viele der Asteroiden sind im sogenannten Asteroidengürtel zu finden, einem Bereich, der sich zwischen den Planetenbahnen von Jupiter und Mars befindet.

Meteoroide, Meteore, Meteorite Meteoroide bewegen sich wie Kometen oder Asteroiden auf Umlaufbahnen um die Sonne, kreuzen aber die Erdbahn. Beim Eintritt in die Erdatmosphäre erzeugen sie eine Leuchterscheinung, die man als Meteor (Sternschnuppe) bezeichnet. Die meisten Meteoroide verglühen vollständig in der Erdatmosphäre, nur die größten erreichen als Meteorite die Erdoberfläche. Genauso wie der Mond ist die Erde schon immer von großen Meteoriten getroffen worden, welche auf dem Festland Krater hinterlassen haben. Die Verwitterung aber bewirkte, dass nur noch wenige als solche zu erkennen sind (→ **B5**).

B5 Der ca. 10 000 Jahre alte Arizonakrater

1 Begriffe
Was versteht man unter
- dem heliozentrischen Weltbild?
- dem geozentrischen Weltbild?
- Epizykeln und Ellipsenbahnen?
- der Urknalltheorie?
- Planeten, Sternen, Asteroiden, Kometen und Meteoriten?
- einem Roten Riesen, Weißen Zwerg, Neutronenstern und Schwarzen Loch?

2 Beobachtungen
Was beobachtet man, wenn
- Licht sich in der Nähe eines massereichen Körpers ausbreitet?
- derselbe Planet am Himmel im Laufe von mehreren Monaten beobachtet wird?

3 Erklärungen
Wie lässt sich begründen, dass
- die Erde keine Scheibe ist?
- das Universum nicht statisch ist?
- sich die meisten Galaxien voneinander entfernen?

4 Gesetzmäßigkeiten
Beschreibe mit eigenen Worten
- die drei Kepler'schen Gesetze.
- Struktur und Entwicklung des Universums.
- die Größenordnungen von Sonnensystem, Galaxie, Galaxienhaufen und dem sichtbaren Universum.
- was ein Hertzsprung-Russell-Diagramm aussagt.

Erläutere die Erscheinungen in den folgenden Bildern und beantworte die Fragen!

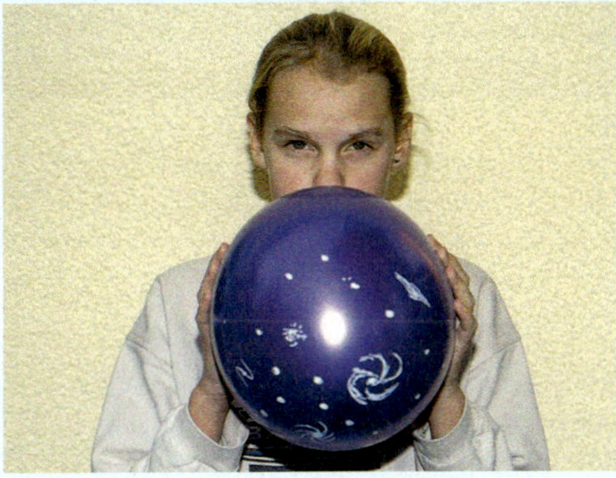
B1 Was soll mit diesem Modell gezeigt werden?

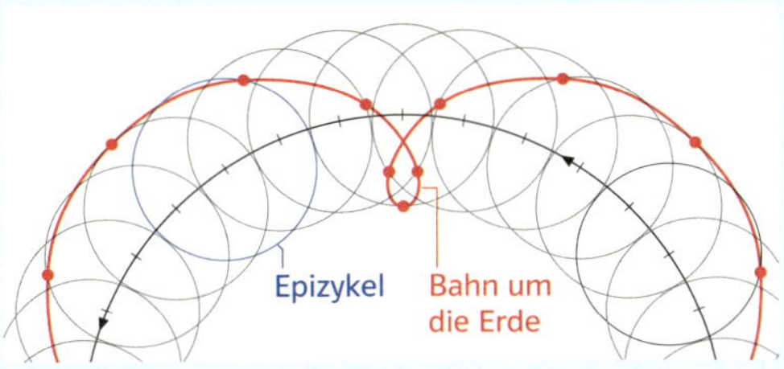

B2 Was soll mit diesem Modell erklärt werden?

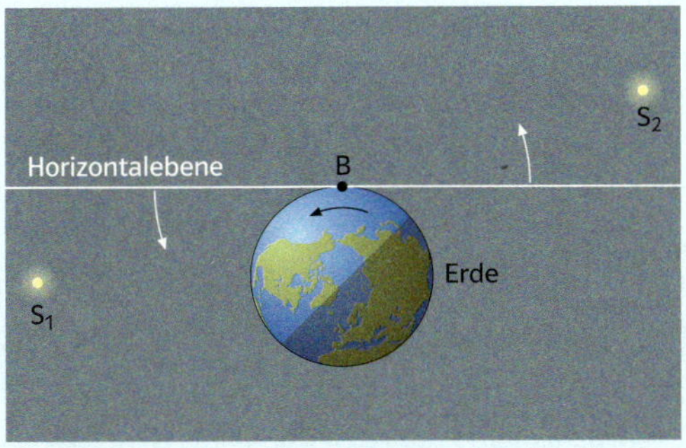

B3 Warum gehen Sterne scheinbar auf und unter?

B4 Wie erzielt man eine solche Aufnahme? In welche Richtung wurde fotografiert?

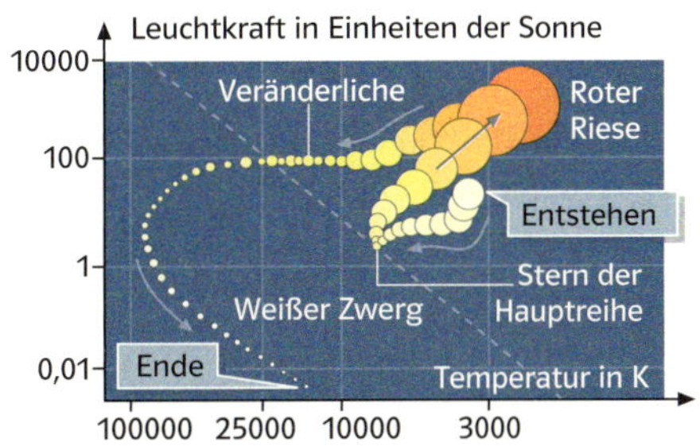

B5 Erläutere das Diagramm!

Heimversuche

Modell unseres Planetensystems In einem Modell unseres Planetensystems sollen nicht nur die Größenverhältnisse der Planeten, sondern auch deren Entfernungen voneinander und ihr Abstand zur Sonne maßstabsgerecht dargestellt werden.

Jupiter ($r = 7{,}13 \cdot 10^7\,\text{m}$) soll in unserem Modell einen Radius von 7,1 cm bekommen. Wie groß sind die Modellradien von Erde ($6{,}37 \cdot 10^6\,\text{m}$), Mond ($1{,}74 \cdot 10^6\,\text{m}$) und Sonne ($6{,}96 \cdot 10^8\,\text{m}$)?

Wie groß sind im gleichen Maßstab die Abstände der Himmelskörper (Sonne – Jupiter $7{,}78 \cdot 10^{11}\,\text{m}$; Sonne – Erde $1{,}50 \cdot 10^{11}\,\text{m}$, Erde – Mond $4{,}07 \cdot 10^8\,\text{m}$)?

Welchen Maßstab müsste das Planetensystem besitzen, damit auch die Bahn des Kleinplaneten Pluto (Abstand Sonne – Pluto $5{,}91 \cdot 10^{12}\,\text{m}$) noch im Schulzimmer Platz hat?

B1

Fragen

Astronomische Weltbilder

1 Aufnahme **B2** zeigt die Bewegung eines Planeten, wie sie in einem Planetarium dargestellt wird. Erläutere die Struktur und die Entstehung der Bahn bzw. Bahnen. Auf welche verschiedenen Weisen sind diese „Schleifen" im Laufe der Geschichte erklärt worden?

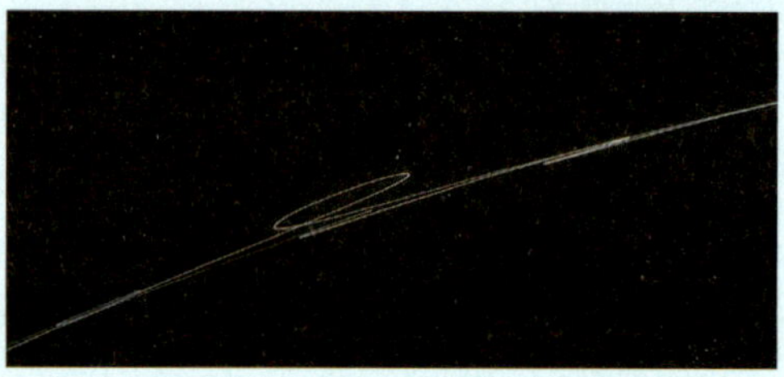

B2

2 An welchen Stellen der Erdoberfläche gilt:
a) Die Sterne bewegen sich auf Kreisen parallel zum Horizont.
b) Die Sonne steht jährlich einmal im Zenit.
c) Es gibt keine Zirkumpolarsterne.

3 Der 1986 in Erdnähe sichtbare Komet Halley bewegt sich mit einer mittleren Umlaufzeit von ca. 76,2 Jahren auf einer Ellipse (Große Halbachse $a = 18\,\text{AE}$) um die Sonne. Fertige eine prinzipielle (nicht maßstäbliche) beschriftete Skizze der Bahn des Kometen.

4 Jupiter benötigt für seinen Umlauf um die Sonne 11 Jahre und 315 Tage. Wie weit etwa ist Jupiter von der Sonne entfernt?

5 Im „Winterhalbjahr" ist die Erde der Sonne näher als im „Sommerhalbjahr". Welches Halbjahr dauert länger und wieso?

6 Wie groß ist die Entfernungseinheit, die ein Venusbewohner analog unserer Einheit Parsec definieren würde?

7 Am 23. Februar 1987 wurde in der „Großen Magellanschen Wolke" (Entfernung von der Erde: $r = 50\,\text{kpc}$) die Supernova-Explosion SN 1987 A beobachtet. Vor wie vielen Jahren fand das Ereignis tatsächlich statt?

8 Die Andromedagalaxie nähert sich unserer Sonne mit einer Geschwindigkeit von ca. 180 km/s. In welches allgemeine Phänomen lässt sich diese Beobachtung nicht einordnen?

9 Der Zusammenhang zwischen Oberflächentemperatur T und Leuchtkraft L wird für eine Vielzahl von Sternen im Hertzsprung-Russell-Diagramm dargestellt. Skizziere ein solches Diagramm. Zeichne den Ort für den Hauptreihenstern Regulus ($L_{Regulus}/L_{Sonne} = 1{,}7 \cdot 10^2$; $T_{Regulus} = 1{,}4 \cdot 10^4\,\text{K}$) und folgende Objekte ein: Sonne, Roter Riese und Weißer Zwerg!

Vorhaben **Mechanik**

Untersuche in „Forschungsvorhaben", wie verschiedene Körper durch Luft nach unten fallen.
- **Formuliere dein Vorhaben genau.**
- **Plane deine Experimente und führe sie sorgfältig durch.**
- **Protokolliere zuverlässig.**
- **Entwickle eine Präsentation und trage sie vor.**

Wie fallen Körper auf der Erde? Im bisherigen Physikunterricht wurde der idealisierte freie Fall behandelt. Beim freien Fall wirkt auf den fallenden Körper nur die Gravitationskraft. Insbesondere ist kein Luftwiderstand vorhanden. Alle Körper werden mit $a = g = 9{,}81\,\mathrm{m/s^2}$ beschleunigt. Deshalb fallen auch verschieden schwere Körper ohne Luftwiderstand gleich schnell (→ **B1**).

Forschung im Fallturm Der Bremer Fallturm (→ **B2**) ist 146 m hoch und ermöglicht Abwürfe aus maximal 123 m. Die Körper haben dann eine Fallzeit von 4,74 s, wenn sie auf 13 m Höhe abgefangen werden. Der Turm besteht aus einem äußeren Betonturm und einer inneren stählernen Fallröhre.

Ein typischer Fallversuch läuft so ab: Die Fallkapsel wird auf eine Höhe von 120 m gezogen. Anschließend wird die Fallröhre druckdicht verschlossen und bis auf einen Restdruck von 10 Pa evakuiert. Der ganze Vorgang dauert ca. 90 Minuten. Nun wird die Kapsel ausgeklinkt und fällt innerhalb der Röhre frei nach unten. Sie erreicht eine Endgeschwindigkeit von 167 km/h und wird schließlich von feinen Styroporkugeln abgebremst. Pro Tag sind drei solcher Versuche möglich.

Fallversuche In diesem Vorhaben sollst du reale Fallbewegungen unter Einbeziehung des Luftwiderstands untersuchen. Dazu brauchst du zunächst vier gleichartige Fallkegel, die du dir leicht aus Papier selbst herstellen kannst (→ **B2** und **B3**, S. 20).

Baue dir anschließend weitere Fallkegel verschiedener Größe. Zum späteren Vergleich bastle dir auch gleich schwere Papierkugeln.

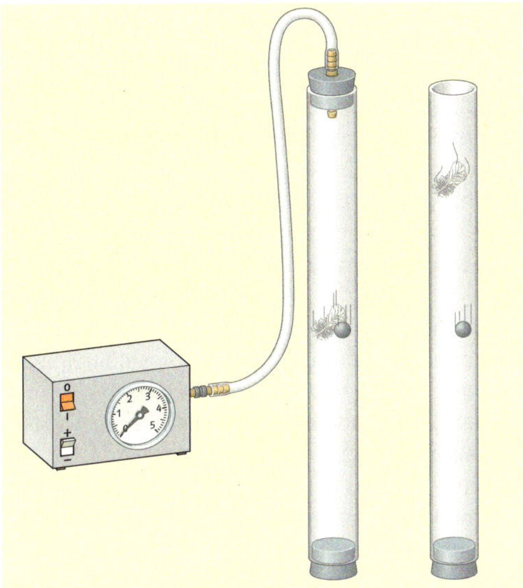

B1 Fallröhre evakuiert und mit Luft

B2

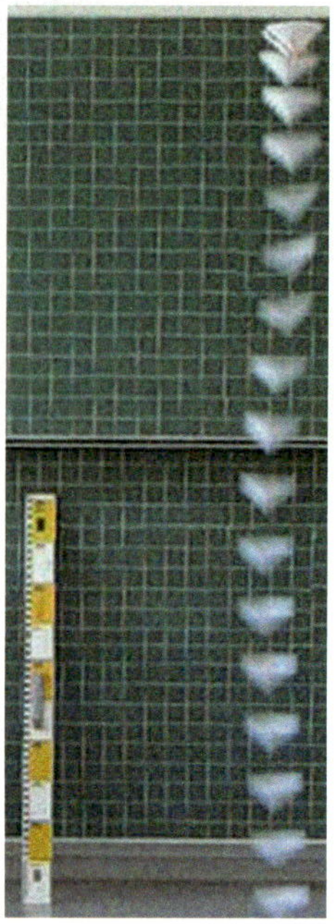

B1

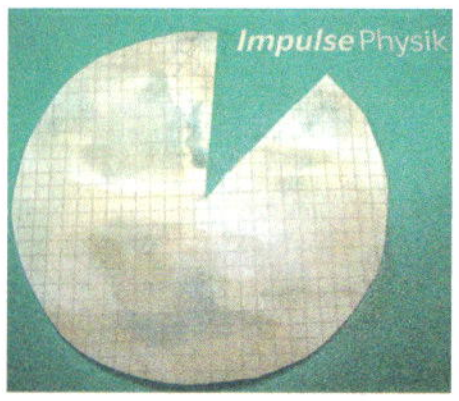

B2

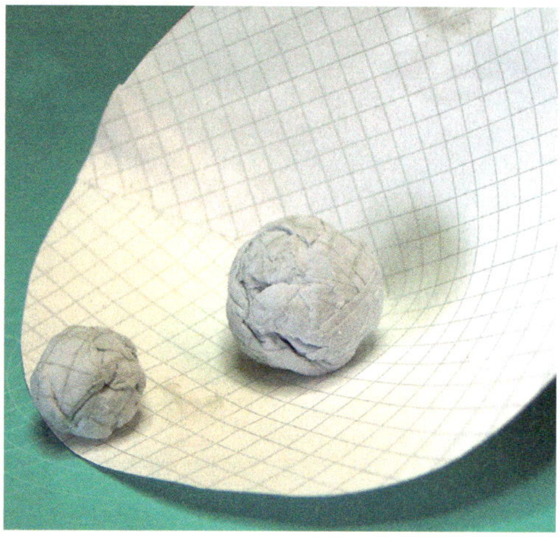

B3

Was wird erwartet? Lasse nun zunächst einzelne Kegel verschiedener Größe aus ca. 2 m Höhe fallen und beobachte die verschiedenen Fallbewegungen. Lasse die Kegel gleichzeitig mit den entsprechenden Papierkugeln fallen und vergleiche den freien Fall der Papierkugeln mit dem Fall der Kegel.

Stecke nun zwei, drei und vier gleichartige Fallkegel ineinander und lasse diese Zweier-, Dreier- und Viererpacks aus der gleichen Höhe fallen und vergleiche die Endgeschwindigkeiten.

Welchen Einfluss hat die Masse eines Körpers bei gleicher Form und Größe auf die Fallbewegung in Luft und im Vakuum?

Hilfen Wenn du eine Videokamera hast, halte die Bewegungen auf einem Video fest und betrachte sie anschließend Bild für Bild. Miss die Geschwindigkeiten für bestimmte Wegstrecken, indem du die Zahl der Bilder ermittelst, die die Kegel für die jeweiligen Strecken benötigen. Zwischen zwei Bildern vergeht jeweils 1/10 Sekunde. (Falls du keine Kamera hast, kannst du das nebenstehende Bild **B1** benutzen.)

Hinweis zu B1: Es sind 18 Bilder zu sehen. Die beiden ersten Bilder sind fast übereinander (warum wohl?).

Wichtige Kenntnisse zur Lösung Wiederhole die Gesetze des freien Falls ohne Luftwiderstand aus dem letzten Schuljahr.

- Woran erkennt man eine kräftefreie Bewegung bzw. eine Bewegung im Kräftegleichgewicht?
- Informiere dich über das Kraftgesetz für den Luftwiderstand.
- Welche Rolle spielt der Widerstandsbeiwert c_W des Körpers? Informiere dich über die Größenordnung der c_W-Werte verschiedener Körper.
- Informiere dich über turbulente und laminare Strömungen.

Schlussfolgerungen Beim Fall mit Luftwiderstand stellt sich nach einiger Zeit eine konstante Fallgeschwindigkeit ein. Folglich muss es eine Kraft geben, die der Gewichtskraft das Gleichgewicht hält. Diese Kraft nennt man Luftwiderstandskraft. Sie hängt von der Fläche, der Form über den Widerstandsbeiwert c_W und dem Quadrat der Geschwindigkeit des fallenden Körpers sowie der Dichte der Luft ab. Über das Kräftegleichgewicht aus Gewichtskraft F_G und der Luftwiderstandskraft kann man die konstante Endgeschwindigkeit berechnen.

B4 Sogenannter „Freefall-Tower"

Zum weiteren Nachdenken Wie schnell fällt in etwa ein Fallschirmspringer? Schätze ab, wie schnell Regentropfen aus 400 m Höhe frei fallen würden. Überlege, weshalb die reale Geschwindigkeit geringer ausfällt.

Wie könnte man den c_W-Wert eines Körpers experimentell bestimmen?

B5

Bewegung und Kraft

Schnee schneiden Wie gelingt es Skirennläufern, auf eishart präparierten Pisten die Fahrtrichtung zu ändern? Sie sind in der Lage, mit viel größeren Geschwindigkeiten abzufahren sowie bei kürzeren Schwüngen die Ski in kleineren Zeitspannen aufzukanten. Sie erhöhen so die Kraftwerte auf den Schnee während der Richtungsänderung. Die Kante schneidet dann in den harten Schnee ein.

Bungee-Springer Ein Bungee-Springer vollführt zu Beginn einen freien Fall; am Ende wird er durch die Gummibänder abgebremst; die dabei auftretende Beschleunigung ist nicht konstant, so dass die Bewegung nicht so ohne Weiteres mit den bekannten Bewegungsgleichungen vorausberechnet werden kann. Nach Erreichen des tiefsten Punktes kehrt sich dann die Bewegungsrichtung um.

Gut gefedert Moderne Moutainbikes sind meist mit Federgabeln ausgestattet. Sie sollen Stöße durch Fahrbahnunebenheiten abfedern, die sonst den Fahrer treffen würden. Damit nach dem Überfahren des Hindernisses das Rad nicht in wilde Schwingungen gerät, hat jede Federgabel auch eine Dämpfung, meist durch Öl oder Luft, die die kinetische Energie in innere Energie umsetzt.

Schlagballweitwurf Ein geübter Werfer kann einen Schlagball über einen halben Fußballplatz hinweg werfen. Versucht er mit dem gleich großen Kraftaufwand einen Tischtennisball zu werfen, so ist die erzielte Wurfweite trotz des viel leichteren Balls wesentlich geringer.

Werkstatt

Mechanik – Was weißt du noch?

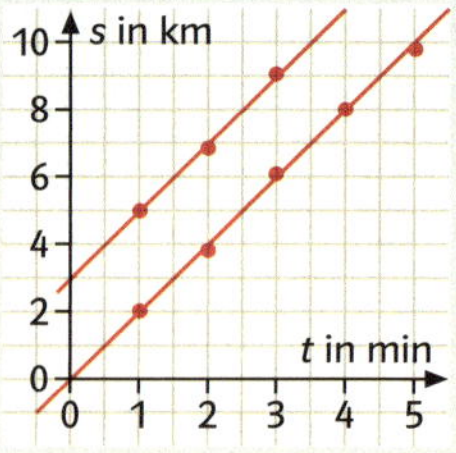

B1

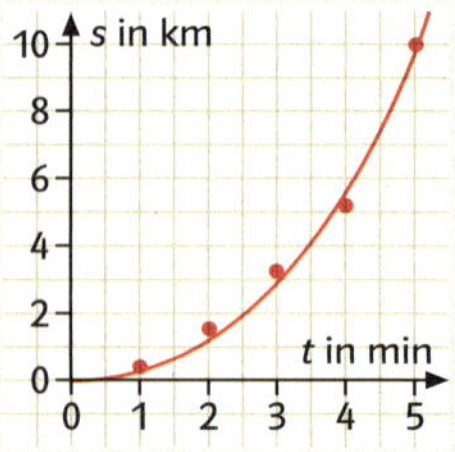

B2

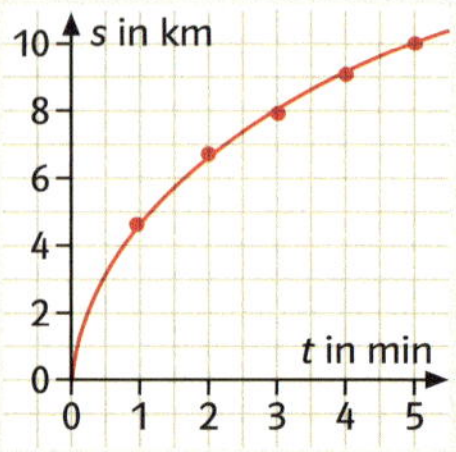

B3

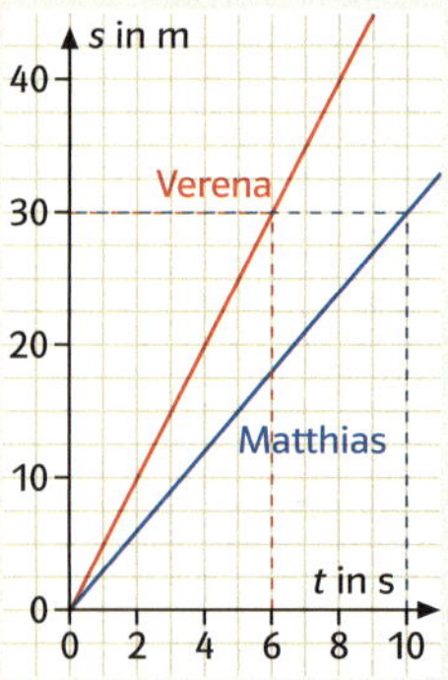

B4

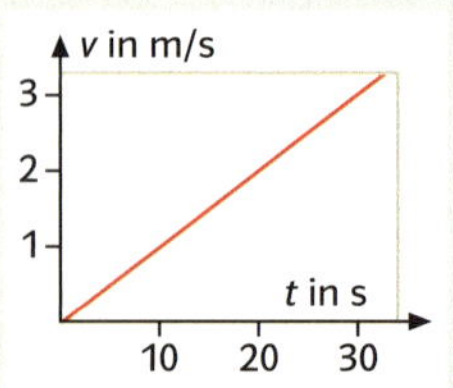

B5

Viele Begriffe, Zusammenhänge und Definitionen, die in der Mechanik weiterhin benötigt werden, kennst du schon.

Mit folgendem Arbeitsauftrag kannst du diese wiederholen und dein Wissen überprüfen. Dazu kannst du auch deine alten Hefte und Bücher zu Rate ziehen oder im Internet recherchieren.

A1 Für die Beschreibung von Bewegungen kann man diese nach ihrer Bahnform und ihrer Art unterteilen. Benenne diese Bewegungsformen und -arten. Gib dazu jeweils zugehörige Beispiele von realen Bewegungen an! Wie sind die Größen Geschwindigkeit und Beschleunigung definiert?

A2 Die Kurven in *t*-*s*- und *t*-*v*-Diagrammen beschreiben Bewegungen. Um welche Bewegungsarten handelt es sich in den Diagrammen (→ **B1** bis **B4**)? Was sagt die Steigung der Kurve aus? Bei welcher Bewegungsart ist die Kurve eine Gerade? Was beschreibt dabei das Verhältnis $\Delta s/\Delta t$? Wieso?

A3 Woran erkennst du, dass es sich in **B5** um eine Bewegung mit konstanter Beschleunigung handelt? Versuche aus dem Diagramm den Betrag der Beschleunigung zu ermitteln! Was sagt der Verlauf der Geraden im *t*-*v*-Diagramm über die Beschleunigung aus?

Lösungen

L1 Geradlinig: Federpendel, Unterstreichen mit Lineal.
Krummlinig: Fadenpendel, Karussell.
Gleichförmig: Uhrzeiger.
Konstant beschleunigt: Fallender Körper.
Nicht konstant beschleunigt: Motorradstart.
(Einen Sonderfall stellen Schwingungen, also sich periodisch wiederholende Bewegungen, dar. Man kann sie gleichfalls sowohl den geradlinigen als auch den krummlinigen Bewegungen zuordnen; Schwingungen gehören aber immer zu den beschleunigten Bewegungen.)

Der Quotient aus Weglänge und Zeitspanne heißt Geschwindigkeit: $v = \Delta s/\Delta t$. Einheit: 1 m/s. Dies ist die Durchschnittsgeschwindigkeit bezüglich der Zeitspanne. Die Geschwindigkeit, die der Fahrer zu jedem einzelnen Zeitpunkt hat, nennt man Momentangeschwindigkeit.

Der Quotient aus Geschwindigkeitsänderung und Zeitspanne heißt Beschleunigung: $a = \Delta v/\Delta t$. Die Einheit der Beschleunigung ist $1\,\text{m/s}^2$.

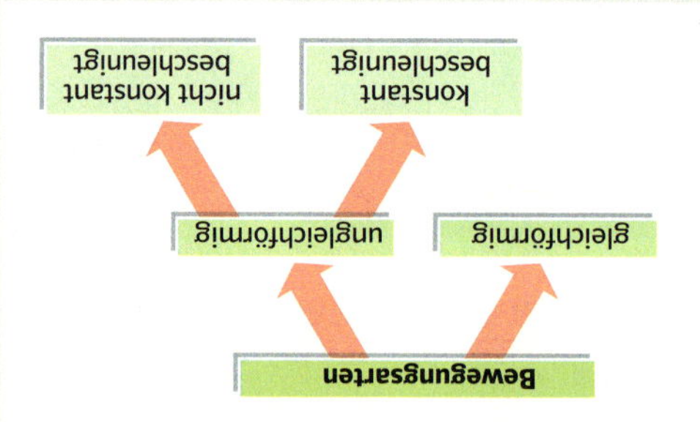

L2 **B1**: Zwei gleichförmige Bewegungen mit gleicher Geschwindigkeit, aber verschiedene Startpunkte. **B2**: (Positiv) beschleunigte Bewegung aus der Ruhe. **B3**: Negativ beschleunigte (verzögerte) Bewegung aus der Bewegung.
B4: Zwei gleichförmige Bewegungen mit gleichem Startpunkt und unterschiedlicher Geschwindigkeit.

Bei der gleichförmigen Bewegung sind die Weglängen den zugehörigen Zeitspannen proportional, das Verhältnis $\Delta s/\Delta t$ (Geschwindigkeit) ist konstant und beschreibt die Steigung der Geraden im *t*-*s*-Diagramm.

L3 Der Graph ist eine Gerade, der Quotient $\Delta v/\Delta t$ ist also konstant. Die Beschleunigung beträgt $a = 3\,\frac{\text{m}}{\text{s}} : 30\,\text{s} = 0{,}1\,\frac{\text{m}}{\text{s}^2}$. Je steiler die Gerade, desto größer die Beschleunigung.

Kraft bewirkt Beschleunigung

V1 Ein Faden verbindet den Gleiter einer Luftkissenfahrbahn mit einem nach unten sinkenden Antriebskörper (→ **B1**). Für verschiedene Antriebskörper wird mit Hilfe eines Bewegungsmesswandlers ein *t*-*v*-Diagramm aufgenommen. Dabei werden Wägestücke jeweils vom Gleiter auf die Antriebsseite verlegt. Dadurch bleibt die insgesamt zu beschleunigende Masse des Gegenstandes konstant. Die Grafik **B1** zeigt die *t*-*v*-Diagramme.

V2 In der Anordnung vom Versuch 1 wird bei unverändertem Antrieb die Masse des Gleiters verändert. Für verschiedene Massen des Gleiters wird ein *t*-*v*-Diagramm aufgenommen. Die Beschleunigung ist jeweils konstant und kann aus $a = \Delta v/\Delta t$ berechnet werden.

V3 An einem Fahrrad hängt ein Massestück (→ **B2**) an einem Kraftsensor. Während der Fahrt bewegt es sich. Währenddessen nehmen ein Beschleunigungssensor am Massestück und der Kraftsensor Werte auf (→ **B3**).

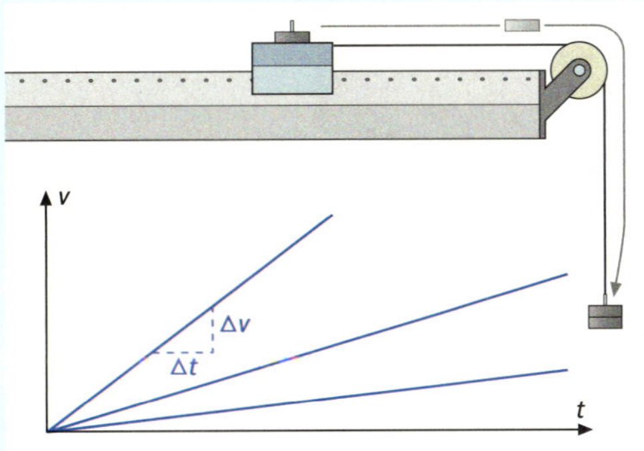

B1

B2 Fahrrad mit Kraft- und Beschleunigungssensor

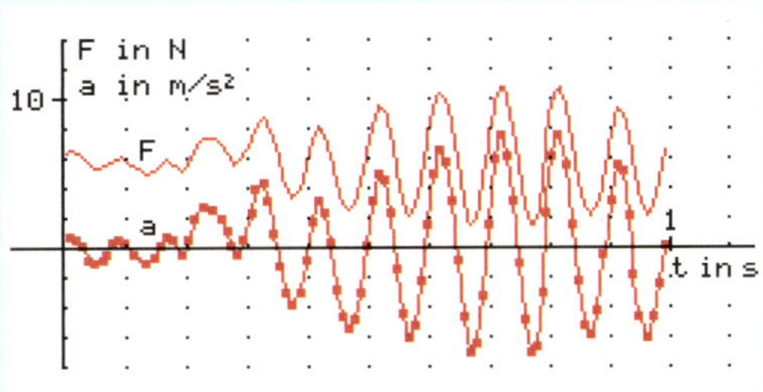

B3 Kraft und Beschleunigung beim Rad fahren

Kraft, Masse und Beschleunigung

„Alle Schwierigkeit der Physik besteht nämlich dem Anschein nach darin, aus den Erscheinungen der Bewegung die Kräfte der Natur zu erforschen und hierauf durch diese Kräfte die übrigen Erscheinungen zu klären …“ (Isaac Newton). Da Körper träge sind, ändern sie ihre Geschwindigkeit nicht von selbst. Erst Kräfte lassen einen Körper schneller oder langsamer werden oder ändern seine Bewegungsrichtung. Beschleunigung und Kraft sind Vektoren (→ **S. 35** und **S. 36**), die die gleiche Richtung haben. Kräfte können mit einem Kraftmesser in der Einheit 1 N gemessen werden. Übt ein Antriebskörper eine konstante Kraft auf den Gleiter einer Luftkissenbahn aus, so verleiht er ihm eine konstante Beschleunigung. Die Beschleunigung kann aus *t*-*v*-Diagrammen ermittelt werden. Man erkennt:

1 Bei konstanter Masse ist die Beschleunigung proportional zur Antriebskraft.

Es gilt: $a \sim F$

2 Bei konstanter Antriebskraft ist die Beschleunigung umgekehrt proportional zur Masse.

Es gilt: $a \sim \frac{1}{m}$

Es ergibt sich mit *k* als Konstante: $a = k \cdot \frac{F}{m}$

Es wurde festgelegt: *k* hat den Betrag 1. Die gesetzliche Definition der Einheit 1 Newton beruht auf dieser Beziehung: $1\,\text{N} = 1\,\text{kg} \cdot \text{m/s}^2$

● **Die Kraft ist gleich dem Produkt aus der Masse des beschleunigten Körpers und der Beschleunigung:**

$F = m \cdot a$

Dieses Gesetz ist die sogenannte **Grundgleichung der Mechanik.**

Die über die Beschleunigung eines Körpers definierte Krafteinheit 1 N hat denselben Wert wie die bisher durch die Dehnung einer „Normfeder“ erzeugte Kraft von 1 N.

Die Gleichung $F = m \cdot a$ kann, wenn die Masse konstant ist, auch verwendet werden, um bei bekannter Kraft die Beschleunigung $a = F/m$ zu bestimmen.

A1 Interpretiere das Diagramm **B3**.

Numerische Verfahren

Der griechische Philosoph Zenon behauptete, dass der schnelle Achilles (bekannt als Krieger aus verschiedenen griechischen Sagen) bei einem Wettlauf mit einer Schildkröte diese niemals einholen könne, wenn die Schildkröte zu Beginn einen Vorsprung bekommt. Zenons Begründung für dieses Paradoxon (widersinnige Behauptung) lautete folgendermaßen: Wenn die Schildkröte zu Beginn einen Vorsprung hat, so braucht Achilles eine gewisse Zeit, bis er den Startpunkt der Schildkröte erreicht hat; in dieser Zeit ist aber auch die Schildkröte ein Stück vorwärts gekommen, so dass sie jetzt immer noch einen (wenn auch kleineren) Vorsprung besitzt. Achilles benötigt nun eine weitere Zeitspanne, um diese neue Strecke zu schaffen. Aber auch jetzt ist die Schildkröte wieder ein (noch kleineres) Stück weiter gekommen und hat immer noch einen Vorsprung. Da man diese Überlegung beliebig weiter führen kann, ergibt sich nach Zenon die Schlussfolgerung, dass Achilles der Schildkröte zwar beliebig nahe kommen, sie aber niemals einholen kann.

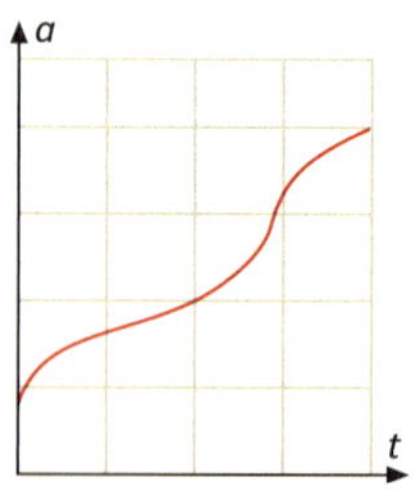

B1 *t*-*a*-Diagramm einer Bewegung mit nicht konstanter Beschleunigung

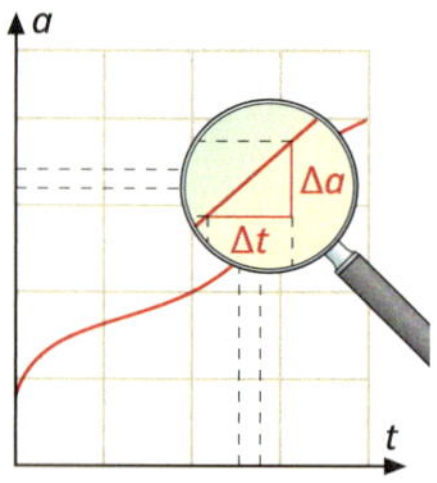

B2 Nur minimale Veränderung von *a*

Die Methode der kleinen Schritte Bei den meisten Bewegungen, die man beobachten kann, ist die Beschleunigung nicht konstant, sondern ändert sich im Laufe der Zeit. Um die Bewegung genau zu erfassen, muss zu jedem Zeitpunkt t die Beschleunigung $a(t)$ bekannt sein; man erhält die Beschleunigung a als Funktion der Zeit t. Man benutzt also die aus der Mathematik bekannte Funktionsschreibweise $f(x)$, in diesem Fall somit $a(t)$.

Den zeitlichen Verlauf von a kann man dann in Diagrammen darstellen (→ **B1**). Die aus dem letzten Schuljahr bekannten Bewegungsgleichungen helfen hier nicht weiter, wenn man aus der bekannten Beschleunigung die Geschwindigkeit bzw. den Ort zu einer bestimmten Zeit berechnen will, da diese Gleichungen nur für Bewegungen mit konstanter Beschleunigung gelten.

Um trotzdem für verschiedene Zeiten Geschwindigkeit und Ort (zumindest näherungsweise) ermitteln zu können, wendet man ein ähnliches Verfahren an wie der griechische Philosoph Zenon bei der Beschreibung des Wettlaufs von Achilles mit der Schildkröte: Man unterteilt die gesamte Bewegung in kleine Zeitintervalle Δt, die im Gegensatz zu Zenon allerdings alle gleich lang sind.

Nun betrachtet man die Bewegung in dem Zeitraum von t bis $t + \Delta t$. Wenn das Zeitintervall Δt sehr klein gewählt wird, so kann man davon ausgehen, dass die Beschleunigung a in diesem Zeitraum in etwa konstant bleibt (→ **B2**). Die Geschwindigkeit $v(t + \Delta t)$ am Ende dieses Intervalls kann man dann aus der Geschwindigkeit $v(t)$ zu Beginn berechnen nach der Gleichung

$$v(t + \Delta t) = v(t) + a \cdot \Delta t$$

Den neuen Ort $s(t + \Delta t)$ erhält man aus dem Ort $s(t)$ zu Beginn des Zeitintervalls mit der Gleichung

$$s(t + \Delta t) = s(t) + v(t + \Delta t) \cdot \Delta t,$$

dabei geht man davon aus, dass die Geschwindigkeit in dem kleinen Zeitraum Δt näherungsweise konstant bleibt. Anstelle des neu berechneten Wertes $v(t + \Delta t)$ hätte man auch $v(t)$ nehmen können; in der Praxis stellt sich allerdings heraus, dass man mit den Werten von $v(t + \Delta t)$ bessere Näherungswerte erhält. Beginnend mit den Startwerten s_0 und v_0 kann man mit immer derselben Berechnungsvorschrift die Orte und Geschwindigkeiten für alle aufeinanderfolgenden Zeitintervalle berechen.

Das ganze Verfahren nennt man **Methode der kleinen Schritte**. Es erfordert eine Menge Rechenaufwand, der aber immer wieder aus den gleichen Berechnungen nur mit immer wieder anderen Werten besteht. Von daher sind natürlich Computer hervorragend geeignet, dieses Verfahren umzusetzen.

Einführung in die computergestützte Modellbildung

Wahrnehmungen und Beobachtungen zu erklären bedeutet, sie mit unseren Modellvorstellungen in Einklang zu bringen. In mathematisch schwierigen Fällen, z. B. bei der Berücksichtigung der Luftreibung bei der Bewegung eines Körpers, helfen Computerprogramme, die komplexen Zusammenhänge zu vereinfachen, indem die Bewegung in kleine zeitliche Abschnitte unterteilt wird. Die Abläufe für diese Abschnitte können idealisiert berechnet und die Zusammenhänge als Funktionsgraphen dargestellt werden.

Grafische Modellbildungsprogramme unterscheiden für Größen drei Kategorien (→**B5**):

1 Die zentrale Größe, die in ihrer zeitlichen Änderung betrachtet wird, heißt **Zustandsgröße** bzw. **Bestandsvariable**.

2 Die Veränderung der Zustandsgröße pro Zeitintervall wird durch die **Änderungsrate** bzw. den **Fluss** bestimmt.

3 Daneben können andere Größen oder Konstanten die Werte beeinflussen. Sie heißen **Einflussgrößen**.

Als Beispiel wird die Bewegung eines Wagens mit konstanter Beschleunigung betrachtet. Gesucht wird der zeitliche Verlauf der Geschwindigkeit. Sie ist die zu betrachtende Zustandsgröße, die Beschleunigung a die zugehörige Änderungsrate. Damit ergibt sich folgende Darstellung:

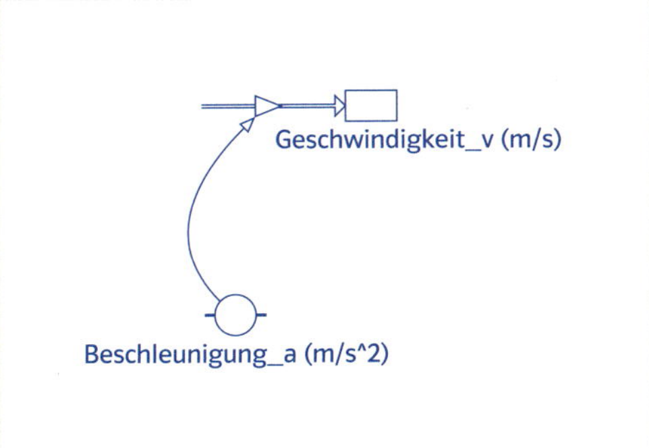

B1

Diese Darstellung heißt **Wirkungsgefüge**. Die Größe a muss in das Programm eingegeben werden. Daraus berechnet das Modellbildungsprogramm iterativ, d. h. immer wiederholend, die Werte für die Geschwindigkeit zum neuen Zeitpunkt $t_{neu} = t_{alt} + \Delta t$ nach der Formel

$$v_{neu} = v_{alt} + a \cdot \Delta t$$

Nun müssen noch die Werte für die sogenannte Iterationsschrittweite Δt und der Anfangswert für die Geschwindigkeit v_{Anfang} eingegeben werden, z. B.:

$$v_{Anfang} = 0 \text{ und } \Delta t = 0{,}1\,s$$

Für den grafischen Zusammenhang erhält man:

B2

A1 Die Geschwindigkeit v ist die Änderungsrate der Strecke s. Erweitere das Modell um die Berechnung der Strecke s in Abhängigkeit von der Zeit t. Stelle $s = s(t)$ und $v = v(s)$ dar. Abbildung **B3** liefert eine Hilfestellung:

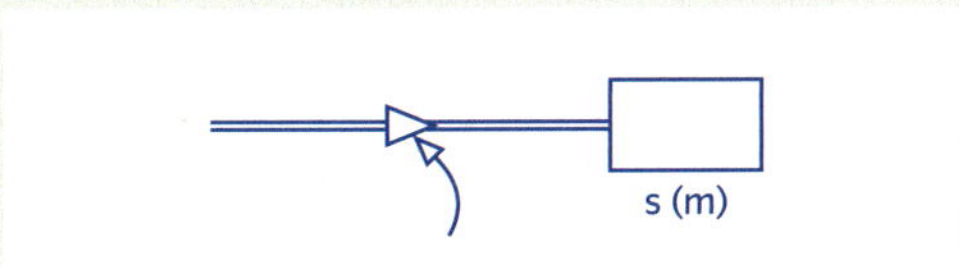

B3

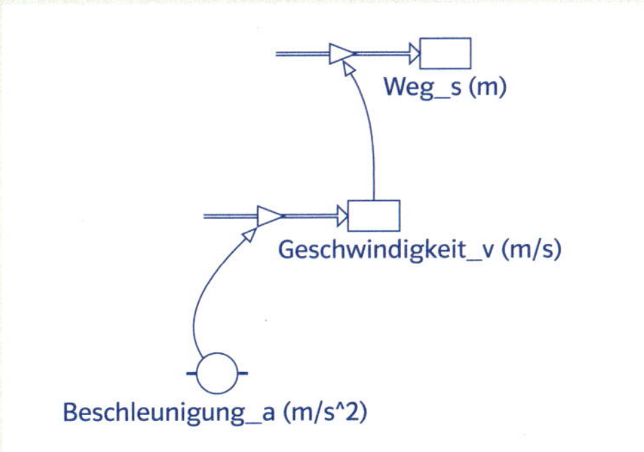

B4

Beachte, dass in diesem Modell die Geschwindigkeit in doppelter Bedeutung auftritt. Zunächst ist $v(t)$ eine Zustandsgröße und dann auch eine Änderungsrate für den Weg $s(t)$.

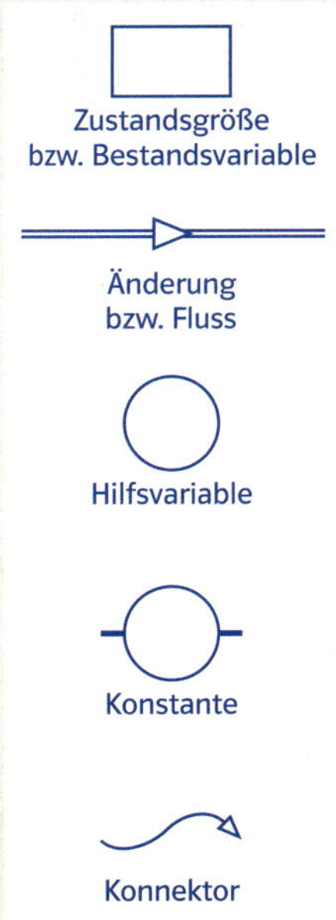

B5

Modellbildungssystem versus Tabellenkalkulation (1)

Das grundsätzliche Vorgehen beim Modellieren eines physikalischen Systems soll nochmals genauer betrachtet werden, wobei dabei die beiden Möglichkeiten Tabellenkalkulation und Modellbildungssystem gegenübergestellt werden. Wir gehen dabei von folgendem einfachen Beispiel aus: Ein Läufer bewegt sich mit konstanter Geschwindigkeit $v = 10\,\text{km/h} \approx 2{,}8\,\text{m/s}$ vom Start weg. Gesucht ist sein zurückgelegter Weg s in Abhängigkeit von der Zeit t.

Modellieren wir zunächst die Bewegung in einer Tabellenkalkulation, so gehen wir davon aus, dass die Geschwindigkeit des Läufers die Änderung des Weges pro Zeitintervall ist; also $v = \Delta s / \Delta t$. Der zurückgelegte Weg berechnet sich dann nach: $s_{neu} = s_{alt} + v \cdot \Delta t$.

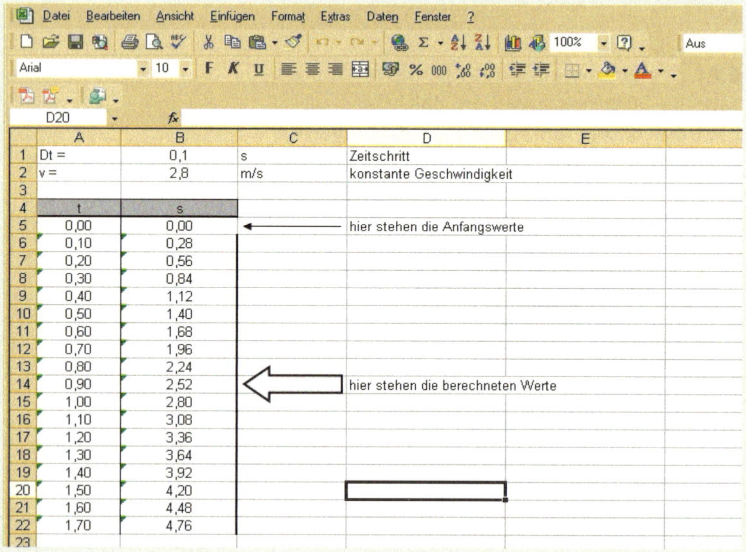

	A	B	C	D	E
1	Dt =	0,1	s	Zeitschritt	
2	v =	2,8	m/s	konstante Geschwindigkeit	
3					
4	t	s			
5	0,00	0,00			
6	0,10	0,28			
7	0,20	0,56			
8	0,30	0,84			
9	0,40	1,12			
10	0,50	1,40			
11	0,60	1,68			
12	0,70	1,96			
13	0,80	2,24			
14	0,90	2,52			
15	1,00	2,80			
16	1,10	3,08			
17	1,20	3,36			
18	1,30	3,64			
19	1,40	3,92			
20	1,50	4,20			
21	1,60	4,48			
22	1,70	4,76			
23					

B1

Im unten stehenden Bild sehen wir die entsprechenden Formeln:

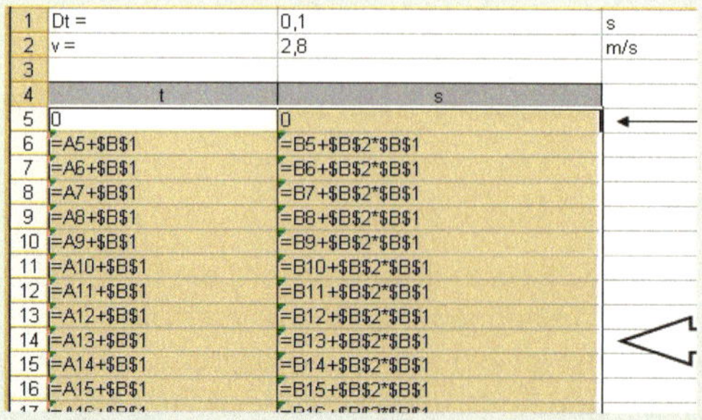

1	Dt =	0,1	s
2	v =	2,8	m/s
3			
4	t	s	
5	0	0	
6	=A5+$B$1	=B5+$B$2*$B$1	
7	=A6+$B$1	=B6+$B$2*$B$1	
8	=A7+$B$1	=B7+$B$2*$B$1	
9	=A8+$B$1	=B8+$B$2*$B$1	
10	=A9+$B$1	=B9+$B$2*$B$1	
11	=A10+$B$1	=B10+$B$2*$B$1	
12	=A11+$B$1	=B11+$B$2*$B$1	
13	=A12+$B$1	=B12+$B$2*$B$1	
14	=A13+$B$1	=B13+$B$2*$B$1	
15	=A14+$B$1	=B14+$B$2*$B$1	
16	=A15+$B$1	=B15+$B$2*$B$1	

B3

Diese Tabelle lässt sich schließlich auch als Graph darstellen (→ **B2**).

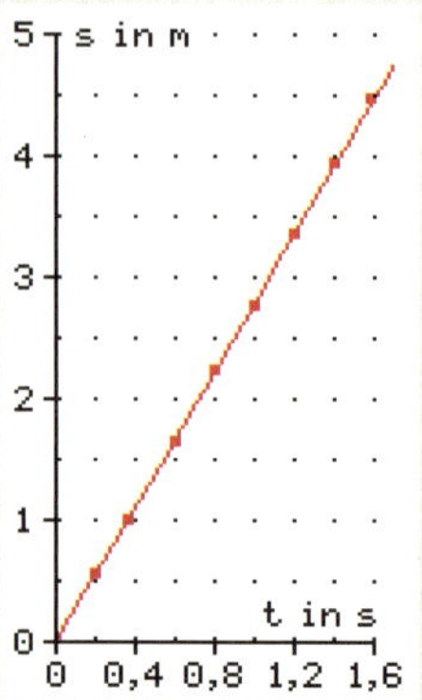

B2

In einem grafischen Modellbildungssystem gehen wir anders vor. Hier steht nicht die Mathematik im Vordergrund, sondern die physikalische Betrachtungsweise:

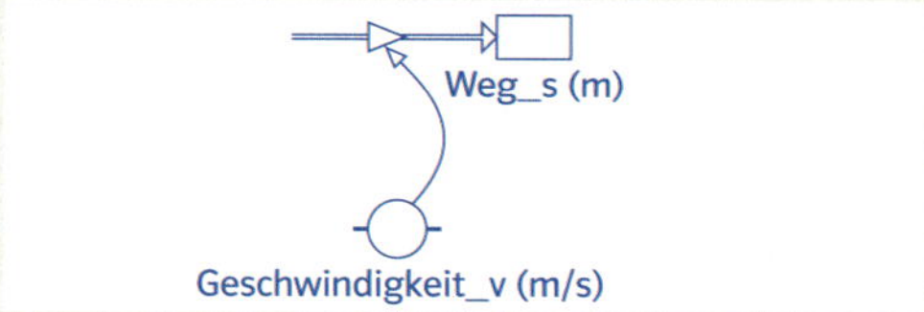

B4

Wir beschreiben die Bewegung des Läufers mit Hilfe einer Zustandsgröße oder Bestandsvariablen, die hier den Weg s darstellt. Diese Größe verändert sich mit der Zeit. Damit sich diese Größe verändern kann, benötigt sie eine Änderungsrate oder einen Fluss. Eine Änderung hat immer die Einheit der Zustandsgröße pro Zeit, also hier m/s. Die Änderungsrate (des Weges) ist in diesem Beispiel die Geschwindigkeit. Sie selbst ist konstant, daher das Symbol der Konstanten -O-, die mit der Änderungsrate oder dem Fluss über einen sog. Konnektor verbunden ist. In diesem Modell sind die Gleichungen versteckt und werden nicht angezeigt.

□ Weg_s(t) = Weg_s(t-dt) + (Wegaenderungsrate)*dt (m)	□ Weg_s_ini = 0 (m)
≑ Wegaenderungsrate = Geschwindigkeit_v (m/s)	O Geschwindigkeit_v = 2,8 (m/s)

B5

Auch dieses Modell lässt sich als Graph ausgeben:

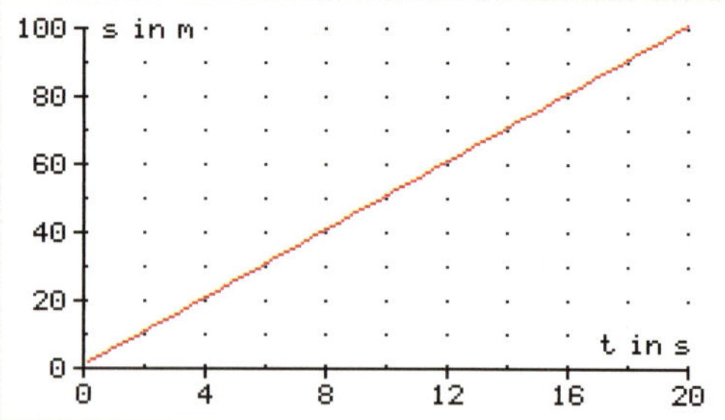

B6

Wir erkennen, dass beide Modelle zum gleichen Ergebnis kommen, wobei bei einer Tabellenkalkulation die mathematischen Gleichungen im Vordergrund stehen und bei einem grafischen Modellbildungssystem die Modellierung mehr physikalisch orientiert ist.

Modellbildungssystem versus Tabellenkalkulation (2)

Wir wollen nun das Beispiel des Läufers erweitern, indem wir annehmen, dass seine Geschwindigkeit nicht mehr konstant ist. Der Läufer soll also beschleunigen. Wir wählen hierfür die konstante Beschleunigung $a = 2{,}8\,\text{m/s}^2$. Wie ändern sich dann die Modelle? Betrachten wir zunächst die Tabellenkalkulation. Die Geschwindigkeit berechnet sich iterativ nach der Formel $v_{neu} = v_{alt} + a \cdot \Delta t$ (1). Für die Wegformel ändert sich nichts. Es gilt auch jetzt: $s_{neu} = s_{alt} + v \cdot \Delta t$ (2), wobei für v jedoch der in (1) berechnete Wert einzusetzen ist.

	A	B	C
1	Dt =	0,1	s
2	a =	2,8	m/s^2
3			
4			
5	t	v	s
6	0	0	0
7	=A6+$B$1	=B6+$B$2*$B$1	=C6+B7*$B$1
8	=A7+$B$1	=B7+$B$2*$B$1	=C7+B8*$B$1
9	=A8+$B$1	=B8+$B$2*$B$1	=C8+B9*$B$1
10	=A9+$B$1	=B9+$B$2*$B$1	=C9+B10*$B$1
11	=A10+$B$1	=B10+$B$2*$B$1	=C10+B11*$B$1
12	=A11+$B$1	=B11+$B$2*$B$1	=C11+B12*$B$1
13	=A12+$B$1	=B12+$B$2*$B$1	=C12+B13*$B$1

B1

Mit den gewählten Anfangswerten ergibt sich folgende Tabelle:

	A	B	C	D
1	Dt =	0,1	s	Zeitschritt
2	a =	2,8	m/s^2	Beschleunigung
3				
4				
5	t	v	s	
6	0,00	0,00	0,00	
7	0,10	0,28	0,03	
8	0,20	0,56	0,08	
9	0,30	0,84	0,17	
10	0,40	1,12	0,28	
11	0,50	1,40	0,42	
12	0,60	1,68	0,59	
13	0,70	1,96	0,78	
14	0,80	2,24	1,01	

B2

Als Graph erkennen wir den bekannten linearen Verlauf für die Geschwindigkeit und den parabelförmigen für den Weg.

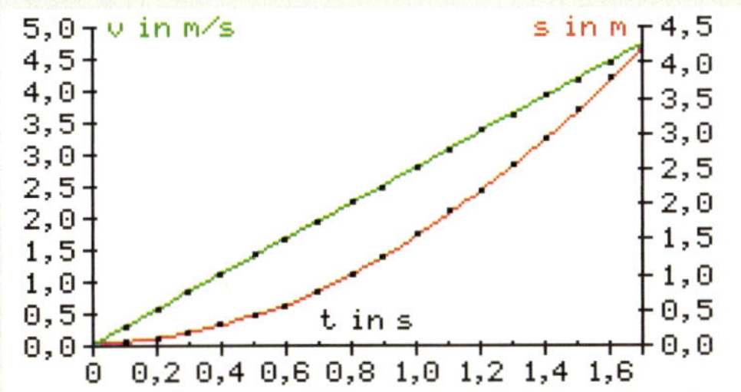

B3

Betrachten wir nun unser grafisches Modellbildungssystem und modellieren hier dieselbe Bewegung.

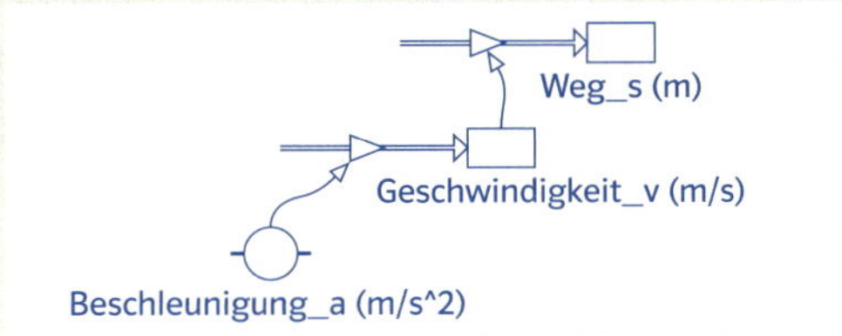

B4

Wir haben jetzt zwei Zustandsgrößen, nämlich den Weg s und die Geschwindigkeit v und zwei Änderungsraten, die der Geschwindigkeit und die des Weges. Die Änderungsrate der Geschwindigkeit ist die Beschleunigung, welche konstant ist. Wir erkennen das am entsprechenden Symbol -O-, das mit dem Konnektor mit der Änderungsrate verbunden ist. Die Geschwindigkeit v selbst kommt hier in einer Doppelrolle vor, als Änderungsrate und als Zustandsgröße. Wir erkennen dies an dem jeweiligen Symbol. Auch hier sind die entsprechenden Gleichungen im Modell versteckt:

☐ Weg_s(t) = Weg_s(t-dt) + (Wegaenderungsrate)*dt (m)
Wegaenderungsrate = Geschwindigkeit_v (m/s)
☐ Geschwindigkeit_v(t) = Geschwindigkeit_v(t-dt) + (Geschwindigkeitsaenderungsrate)*dt (m/s)
Geschwindigkeitsaenderungsrate = Beschleunigung_a (m/s^2)

☐ Weg_s_ini = 0 (m)
☐ Geschwindigkeit_v_ini = 0 (m/s)
Beschleunigung_a = 2,8 (m/s^2)

B5

Wir erkennen sofort die Gleichungen aus dem Tabellenkalkulationsprogramm wieder und auch die beiden Graphen für die Geschwindigkeit und den Weg:

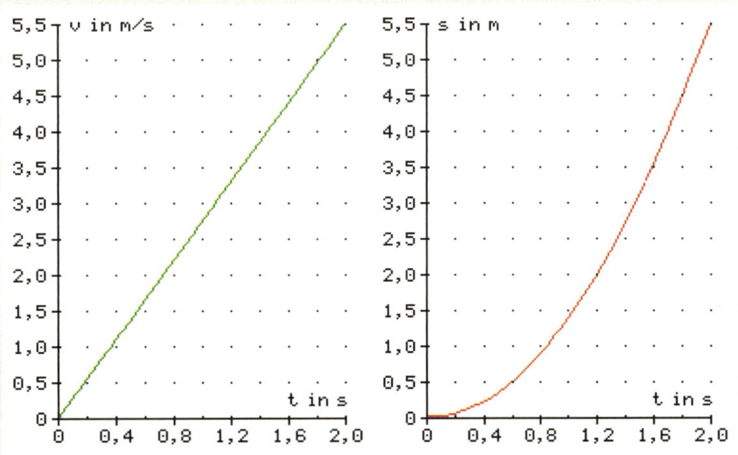

B6

Kräfte bewegen Körper – Ein einfaches Beispiel (1)

Ein Wagen der Masse $m = 200\,g$ wird von einer konstanten Kraft $F = 0{,}098\,N$ auf einer horizontalen Luftkissenbahn gezogen. Gesucht sind der zeitliche Verlauf der Geschwindigkeit v und des Weges s.

Die Geschwindigkeit v und der Weg s sind die Zustandsgrößen. Auf den Wagen wirkt die Kraft F. Sie und die Masse m des Wagens sind die Einflussgrößen für die Beschleunigung a des Wagens. Die Beschleunigung $a = \Delta v/\Delta t$ ist die Änderungsrate der Geschwindigkeit v. Die Geschwindigkeit v wiederum ist die Änderungsrate des Weges, also $v = \Delta s/\Delta t$. Damit ergibt sich folgendes Wirkungsgefüge mit folgenden Gleichungen:
$v(t + \Delta t) = v(t) + a \cdot \Delta t$ (1) und
$s(t + \Delta t) = s(t) + v \cdot \Delta t$ (2).

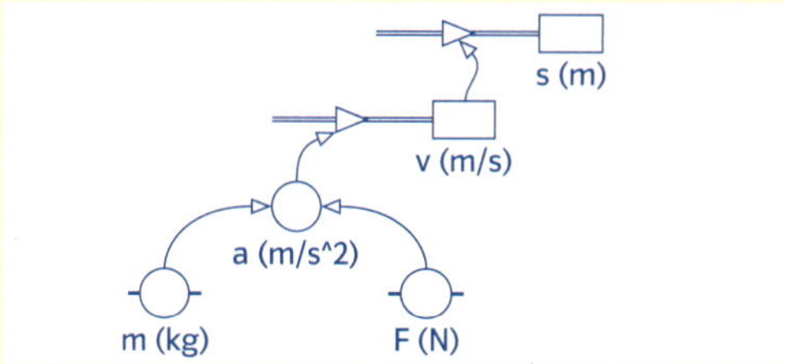

B1

Die Startwerte sind $s(0) = 0$ und $v(0) = 0$. Damit und mit $\Delta t = 1\,s$ erhält man **B2** und den entsprechenden Graphen (→ **B3**).

t in s	v in m/s
0	0,00
1	0,49
2	0,98
3	1,47
4	1,96
5	2,45
6	2,94
7	3,43
8	3,92
9	4,41
10	4,90

B2

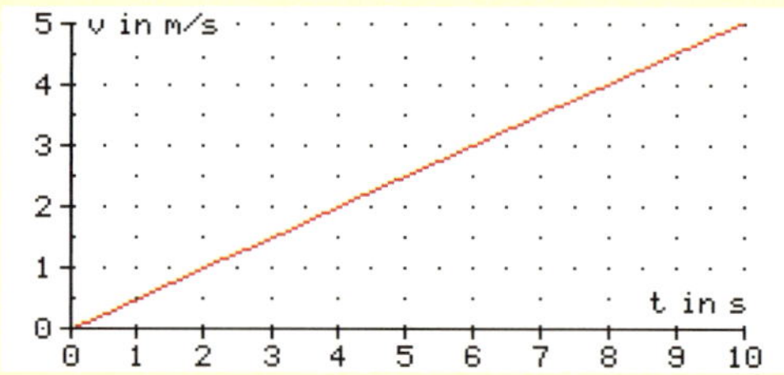

B3

Für den Weg s ergeben sich folgende Tabelle (→ **B4**) und Graph (→ **B5**):

t in s	s in m
0	0,00
1	0,00
2	0,49
3	1,47
4	2,94
5	4,90
6	7,35
7	10,29
8	13,72
9	17,64
10	22,05

B4

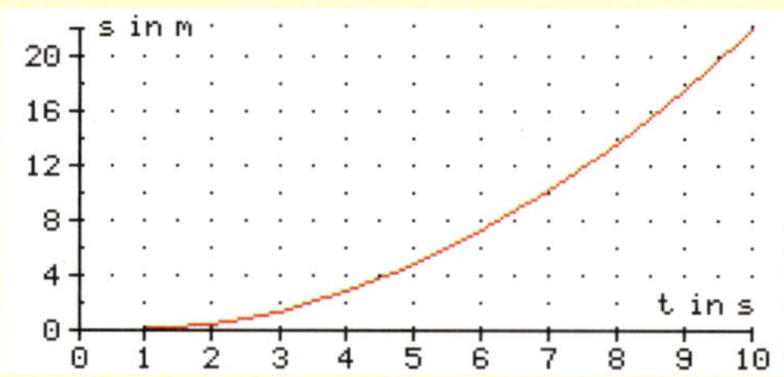

B5

Zunächst erscheinen diese Ergebnisse korrekt zu sein. Die Geschwindigkeit ändert sich linear und der Weg quadratisch mit der Zeit.

Wird der Weg jedoch mit der Formel $s_b = ½ \cdot a \cdot t^2$ berechnet, so ergeben sich beträchtliche Abweichungen (→ **B6**):

t in s	s in m	s_b in m
0	0,00	0,00
1	0,00	0,25
2	0,49	0,98
3	1,47	2,21
4	2,94	3,92
5	4,90	6,13
6	7,35	8,82
7	10,29	12,01
8	13,72	15,68
9	17,64	19,85
10	22,05	24,50

B6

Diese Abweichungen sind nicht auf ein fehlerhaftes Modell zurückzuführen, sondern auf eine Ungenauigkeit, die auf eine zu große Schrittweite zurückzuführen ist.

In der folgenden Tabelle wurde die Schrittweite für Δt von 0,1 s über 0,01 s auf 0,001 s verringert und jeweils das Modell neu berechnet.

Die gegenüber vorher verbesserten Werte sind in **B7** deutlich zu erkennen. Bei $\Delta t = 0{,}001\,s$ sind (bei der gegebenen Genauigkeit) bereits keine Abweichungen von den nach der Gleichung $s_b = ½ \cdot a \cdot t^2$ berechneten Werten zu erkennen.

s_b in m	s in m		
	0,1 s	0,01 s	0,001 s
0,00	0,00	0,00	0
0,25	0,22	0,24	0,25
0,98	0,93	0,98	0,98
2,21	2,13	2,20	2,21
3,92	3,82	3,91	3,92
6,13	6,00	6,11	6,13
8,82	8,67	8,81	8,82
12,01	11,83	11,99	12,01
15,68	15,48	15,66	15,68
19,85	19,62	19,82	19,85
24,50	24,26	24,48	24,50

B7

Kräfte bewegen Körper – Ein einfaches Beispiel (2)

Derselbe Wagen wie auf S. 28 (m = 200 g) wird wieder auf einer horizontalen Luftkissenfahrbahn gezogen. Diesmal soll die Kraft F jedoch durch ein fallendes Gewichtstück der Masse m_2 = 10 g erzeugt werden (→ **B1**).

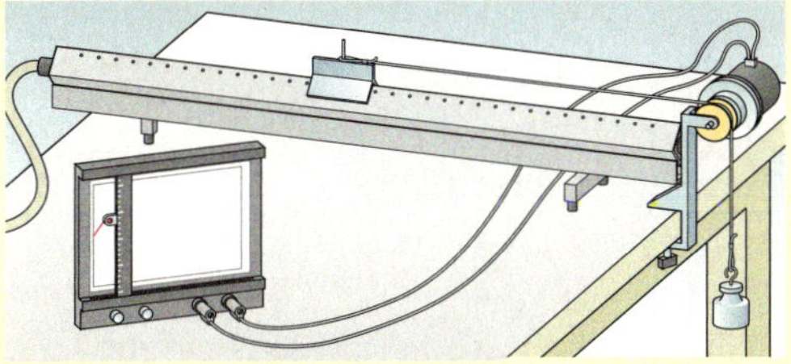

B1 Gleiter mit Masse

Da die Masse m_2 = 10 g beträgt, ergibt sich für $F_G = m_2 \cdot g$ = 0,098 N, so dass man meinen könnte, es handelt sich um dieselbe Situation wie oben. Dies ist jedoch nicht der Fall!
Die beschleunigende Kraft F_a wird tatsächlich von der Gewichtskraft der Masse m_2 erzeugt. Insgesamt aber muss nicht nur die Masse m des Gleiters, sondern die gesamte Masse, gebildet aus der Masse m des Gleiters und der Masse m_2 des fallenden Gewichtstücks, beschleunigt werden. In dem Wirkungsgefüge ist dies deutlich zu erkennen:

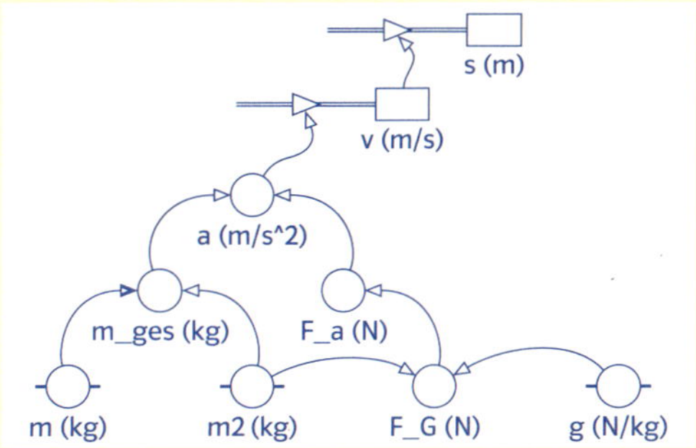

B2

Die Kraft F_G wird aus Masse m_2 und der Erdbeschleunigung g berechnet. $F_G = m_2 \cdot g$ ist die beschleunigende Kraft F_a. Aus dieser Kraft berechnet man die Beschleunigung $a = F_a / m_{ges}$, wobei $m_{ges} = m + m_2$ ist.

Der Weg s und die Geschwindigkeit v des Gleiters werden wieder mit den Iterationsformeln (1) und (2) bestimmt:

$v(t + \Delta t) = v(t) + a \cdot \Delta t$ (1) und
$s(t + \Delta t) = s(t) + v \cdot \Delta t$ (2) mit den Startwerten $v(0) = 0$ und $s(0) = 0$.

Die Ergebnisse zeigt **B3**, wobei v_b bzw. s_b die Werte sind, die man aus den Bewegungsgleichungen erhält. Als Schrittweite für Δt wurde 0,001 s gewählt.

t in s	v in m/s	v_b in m/s	s in m	s_b in m
0	0	0,00	0,00	0,00
1	0,47	0,47	0,23	0,23
2	0,93	0,93	0,93	0,93
3	1,40	1,40	2,10	2,10
4	1,87	1,87	3,74	3,74
5	2,34	2,34	5,84	5,84
6	2,80	2,80	8,41	8,41
7	0,27	0,27	11,44	11,45
8	3,74	3,74	14,95	14,95
9	4,20	4,20	18,92	18,92
10	4,67	4,67	23,35	23,36

B3

Deutlich ist zu erkennen, dass die Werte der grünen Kurve für v und s erwartungsgemäß unter denen des ersten Beispiels (rot) liegen.

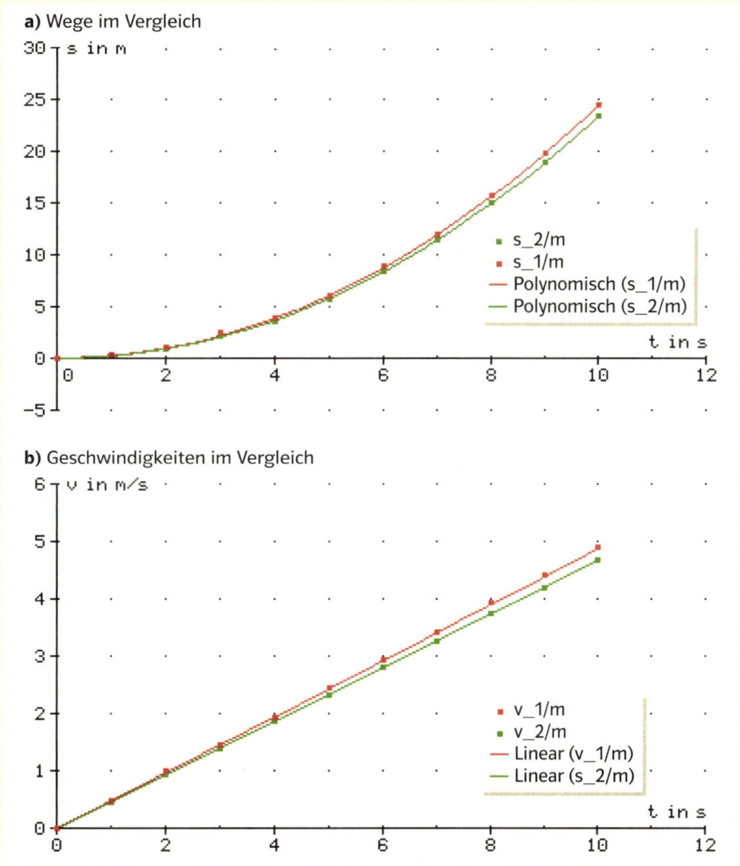

B4

Die Fallbewegung

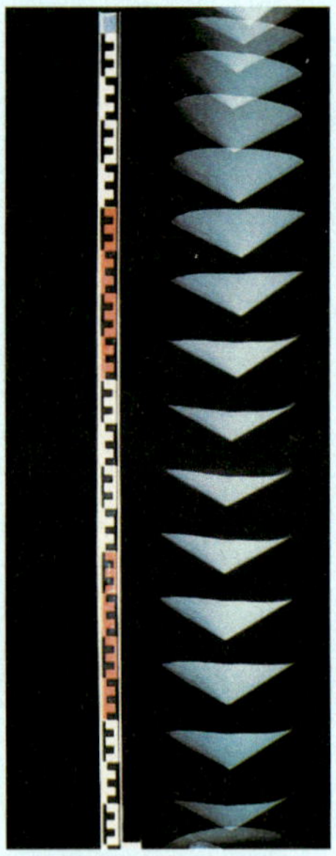

B1 Fall eines Papiertrichters. Stroboskopaufnahme mit 20 Bildern pro Sekunde

V1 In einer senkrecht gehaltenen luftgefüllten Glasröhre liegen unten eine Holzkugel, ein Stück Papier und eine Feder. Durch plötzliches Umdrehen der Röhre fallen diese drei Körper nach unten. Die Kugel trifft zuerst auf. Wird die Luft aus der Röhre gepumpt und der Versuch wiederholt, so kommen alle drei Körper gleichzeitig unten an.

V2 In einem Versuch wie in Abbildung **B2** wird mit zwei Lichtschranken die zu verschiedenen Weglängen *s* eines fallenden Körpers gehörende Fallzeit *t* gemessen.

In einem zweiten Versuch wird am Körper eine $\Delta s^* = 1\,\text{cm}$ breite Marke angebracht. Es wird die Zeitspanne Δt^* bestimmt, in der die untere Lichtschranke durch die vorbeifallende Marke verdunkelt wird.

V3 Aus 2,0 m Höhe werden verschiedene Papiertrichter fallen gelassen (→ **B1**). Je nachdem, welche Querschnittsfläche die Trichter haben, fallen sie schneller oder langsamer zu Boden.

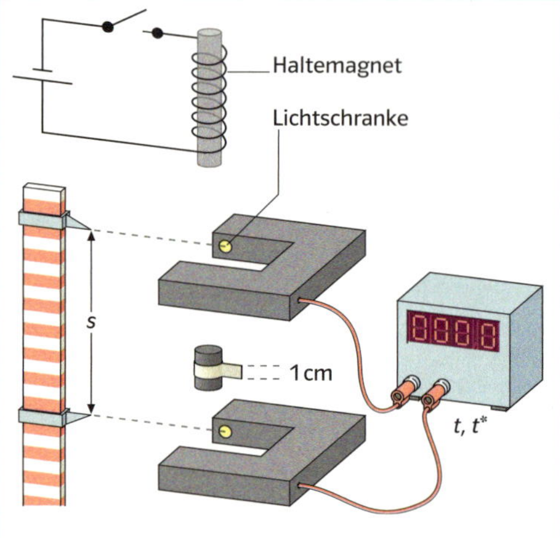

s in m	0,20	0,40	0,60	0,80	1,00
t in s	0,20	0,29	0,35	0,40	0,45
Δt^* in ms	5,0	3,6	2,9	2,5	2,3
v in m/s	2,0	2,8	3,4	4,0	4,3

B2 Messungen zur Fallbewegung

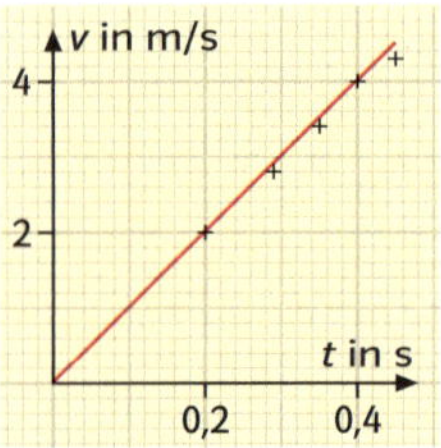

B3 *t*-*v*-Diagramm des freien Falls

Es gilt:

$1\,\frac{\text{N}}{\text{kg}} = 1\,\frac{\text{m}}{\text{s}^2}$

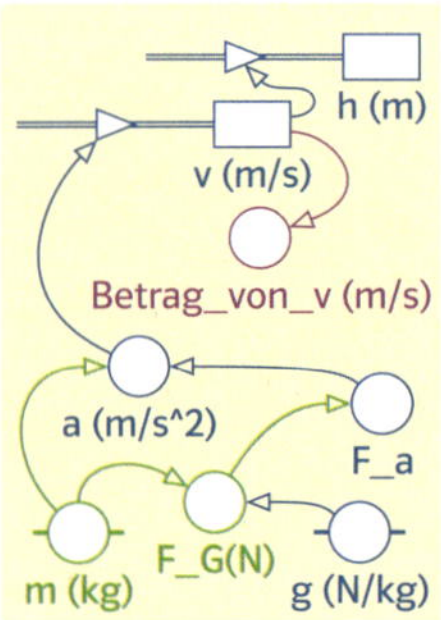

B4

Der freie Fall Im Jahre 1636 stellte Galileo Galilei (1564 – 1642) in den „Discorsi" seine Überlegungen zur Fallbewegung dar: *„Angesichts dessen glaube ich, dass, wenn man den Widerstand der Luft ganz aufhöbe, alle Körper ganz gleich schnell fallen würden."*

Der Versuch mit der luftleeren Fallröhre stützt Galileis Hypothese: Ohne den Einfluss der Luftreibung benötigen alle vom gleichen Ort aus fallenden Körper aus der Ruhe heraus für gleiche Weglängen die gleiche Zeit. Diese Bewegung heißt **freier Fall**.

Untersucht man den Fall einer Eisenkugel über eine kurze Strecke (→ **B2**), so kann man von der Luftreibung absehen. Mit Lichtschranken lässt sich zu jeder Weglänge *s* die Fallzeit *t* ermitteln. Die Geschwindigkeit *v* wird mit einer 1 cm hohen Markierung am fallenden Körper bestimmt, indem die Zeitspanne Δt^* gemessen wird, die für die Weglänge $\Delta s^* = 1\,\text{cm}$ nach der Fallzeit *t* benötigt wird. $v = \Delta s^* / \Delta t^*$ ist näherungsweise die Geschwindigkeit zum Zeitpunkt *t*. Messungen für verschiedene Fallzeiten ergeben das *t*-*v*-Diagramm in **B3**. Die Gerade zeigt, dass beim freien Fall die Geschwindigkeit proportional zur Fallzeit ist. Der freie Fall ist eine Bewegung mit konstanter Beschleunigung. Es gilt:

● **Die Beschleunigung beim freien Fall ist am selben Ort für alle Körper gleich.**

Diese Beschleunigung heißt **Fallbeschleunigung *g***. Sie hängt von der geografischen Breite des Ortes und von der Höhe ab. Auf Meereshöhe hat die Fallbeschleunigung in Deutschland den Wert $g = 9{,}81\,\text{m/s}^2$. Beginnt die Fallbewegung zum Zeitpunkt $t = 0$ am Ort $s = 0$, so gilt:

$$s = \frac{1}{2} \cdot g \cdot t^2 \quad \text{und} \quad v = g \cdot t = \sqrt{2g \cdot s}$$

Auf der Erde erfährt jeder Körper eine Gewichtskraft. Man misst für $m = 1\,\text{kg}$ die Kraft $F = 9{,}81\,\text{N}$.

Das 2. Newton'sche Axiom ergibt die Beschleunigung

$$a = \frac{F}{m} = \frac{9{,}81\,\text{N}}{1\,\text{kg}} = 9{,}81\,\frac{\text{m}}{\text{s}^2}$$

Das Wirkungsgefüge des freien Falls zeigt **B4**.

Schwingungen

V1 Eine Feder wird durch einen angehängten Körper (→ **B1**) bis zu einer Ruhelage gedehnt. Zieht man den Körper in verschiedene Positionen und lässt ihn dann los, so beobachtet man eine sich anscheinend ständig wiederholende Bewegung um die Ruhelage. Mit elektronischen Mitteln lassen sich Weg, Geschwindigkeit und Beschleunigung in Abhängigkeit von der Zeit erfassen und aufzeichnen.

V2 Ein Skateboardfahrer in einer Halfpipe vollführt eine Pendelbewegung zwischen zwei Umkehrpunkten (→ **B2**). Für verschiedene Starthöhen kann die Dauer einer vollständigen Hin- und Herbewegung gestoppt werden.

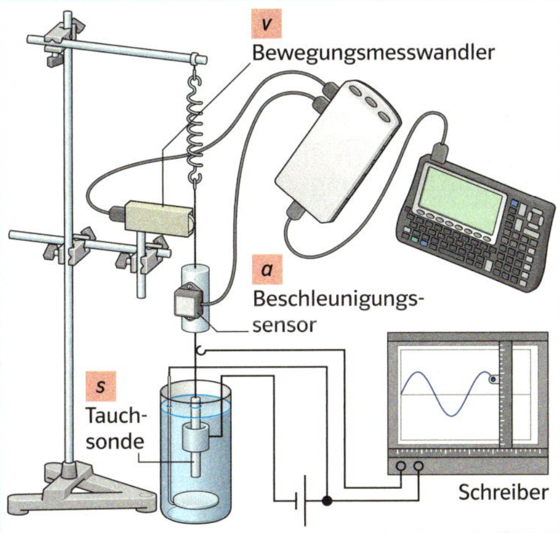

B1

B2

Beschreibung von Schwingungen Die Hin- und Herbewegung einer Kinderschaukel, die Bewegung des Pendels einer Standuhr oder die Auf- und Abbewegung eines Gewichts, das an einer Schraubenfeder hängt, sind Beispiele für Bewegungsabläufe, bei denen sich die Richtung immer wieder umkehrt und die sich nach einer bestimmten Zeit zu wiederholen scheinen. Derartige Bewegungen bezeichnet man als **Schwingungen.** Schwingungsfähige Systeme bezeichnet man allgemein als **Oszillatoren.**

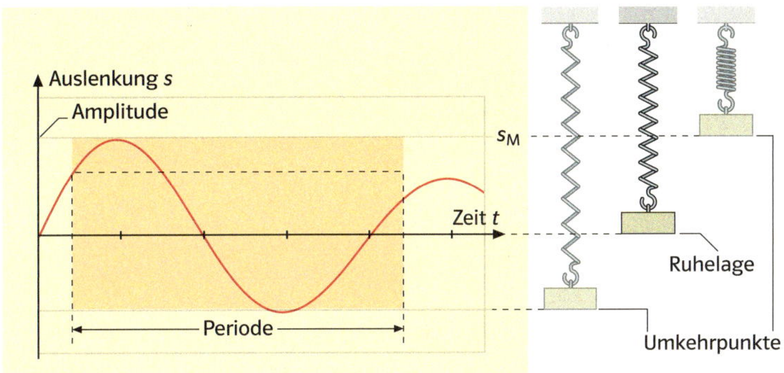

B3

Das Bild **B3** zeigt die Aufzeichnung einer Federschwingung, die nach längerer Zeit zur Ruhe kommt. Der Ort, in dem sich der Körper dann befindet, heißt **Ruhelage**. Vorher erfolgte die Schwingung zwischen zwei Umkehrpunkten. Die momentane Entfernung von der Ruhelage heißt **Auslenkung** oder **Elongation *s*.** Ihr Maximalwert heißt **Amplitude s_M**.

Schwingungen mit abnehmender Amplitude (→ **B4**) nennt man **gedämpfte Schwingungen**.

Bei einer ungedämpften Schwingung befindet sich das schwingende System nach einer gewissen Zeit wieder genau in der Ausgangssituation; ab da beginnt der Bewegungsablauf wieder von vorne. Eine solche Bewegung bezeichnet man als **periodische Bewegung.** Die Zeitdauer für einen Bewegungsabschnitt nennt man **Perioden-** oder **Schwingungsdauer *T*.**

Der Kehrwert der Schwingungsdauer *T* ist die **Frequenz *f***; sie gibt an, wie viele dieser sich wiederholenden Bewegungsabläufe in einer Zeiteinheit (meist in einer Sekunde) stattfinden. Damit besteht folgende Beziehung:

$$f = \frac{1}{T} \text{ bzw. } T = \frac{1}{f}$$

Wird die Schwingungsdauer in Sekunden gemessen, so erhält man als Einheit für die Frequenz 1/s; zu Ehren des deutschen Physikers **Heinrich Hertz** (1857–1894) heißt diese Einheit 1 Hertz (Hz). Es ist also 1 Hz = 1/s.

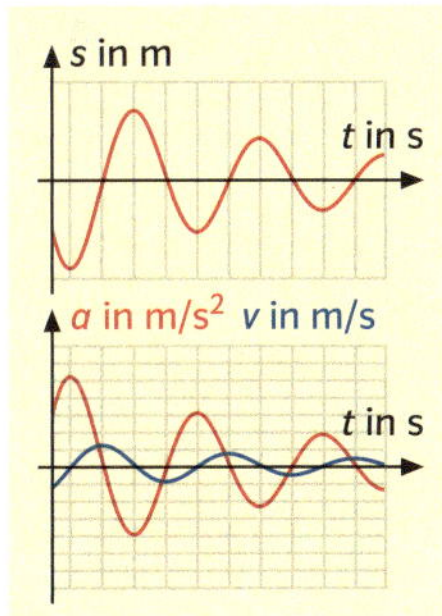

B4

Vollführt z. B. eine Schraubenfeder in einem Zeitraum von 8,0 s 32 vollständige Auf- und Abbewegungen, so ist die Periodendauer $T = 0{,}25\,\text{s}$ und die Frequenz

$$f = \frac{1}{0{,}25\,\text{s}} = 4 \cdot \frac{1}{\text{s}} = 4\,\text{Hz}$$

Federschwingung Hängt man an eine Schraubenfeder ein Massestück, so wird diese durch die Gewichtskraft gedehnt; in der Ruhelage halten sich dann die Gewichtskraft des Massestücks und die Rückstellkraft der Feder das Gleichgewicht (→ **B1**). Ist das Kräfte-Gleichgewicht bei der Dehnung y_0 erreicht, so ergibt das Hooke'sche Gesetz für die Beträge der Kräfte die Beziehung $D \cdot y_0 = m \cdot g$.

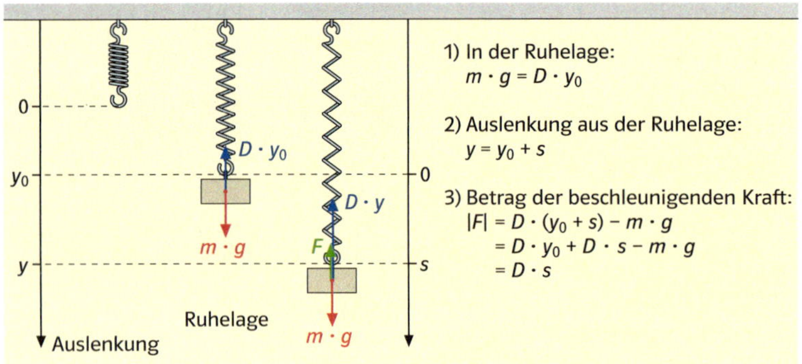

B1

Lenkt man die Feder aus der Ruhelage um die Strecke s zusätzlich aus, so ist die Gesamtauslenkung $y = y_0 + s$ und die Rückstellkraft der Feder ist $D \cdot (y_0 + s)$. Für den Betrag der das Gewicht beschleunigenden Kraft gilt dann: $F = D \cdot (y_0 + s) - m \cdot g = D \cdot s$; d.h., die beschleunigende Kraft und die Auslenkung aus der Ruhelage sind zueinander proportional.

Mit dem numerischen Näherungsverfahren kann jetzt die Schwingung des Federpendels berechnet werden. Da die beschleunigende Kraft und damit die Beschleunigung bei dieser Bewegung nicht konstant sind, müssen deren Veränderungen bei den Iterationsschritten in folgender Weise berücksichtigt werden:

Konstante Werte: Federkonstante D, Masse m
Startwerte: Auslenkung $s_0 = s(t = 0)$
Anfangsgeschwindigkeit $v_0 = v(t = 0) = 0$
Anfangsbeschleunigung $a_0 = a(t = 0) = -D \cdot s/m$

Das Minuszeichen berücksichtigt, dass die beschleunigende Kraft entgegengesetzt zur momentanen Auslenkung s gerichtet ist.

Berechnung der neuen Werte für den Zeitpunkt $t + \Delta t$ aus den Werten für den Zeitpunkt t:

Geschwindigkeit $v(t + \Delta t) = v(t) + a(t) \cdot \Delta t$

Auslenkung $s(t + \Delta t) = s(t) + v(t + \Delta t) \cdot \Delta t$

Beschleunigende Kraft $F(t + \Delta t) = -D \cdot s(t + \Delta t)$

Beschleunigung $a(t + \Delta t) = F(t + \Delta t)/m$

t in s	v in $\frac{m}{s}$	s in m	F in N	a in $\frac{m}{s^2}$
0,00	0,00	0,15	−0,45	−2,25
0,10	−0,22	0,13	−0,40	−2,00
0,20	−0,41	0,10	−0,29	−1,45
0,30	−0,54	0,05	−0,14	−0,69
0,40	−0,58	−0,01	0,04	0,18
0,50	−0,54	−0,07	0,20	1,02
0,60	−0,42	−0,11	0,34	1,70
0,70	−0,24	−0,14	0,43	2,14
0,80	−0,02	−0,15	0,45	2,26
0,90	0,20	−0,14	0,41	2,04
1,00	0,39	−0,10	0,30	1,52
1,10	0,53	−0,05	0,15	0,77
1,20	0,58	0,01	−0,02	−0,09
1,30	0,55	0,06	−0,19	−0,94
1,40	0,44	0,11	−0,33	−1,65
1,50	0,26	0,14	−0,42	−2,11
1,60	0,04	0,15	−0,45	−2,26
1,70	−0,18	0,14	−0,41	−2,07

B2

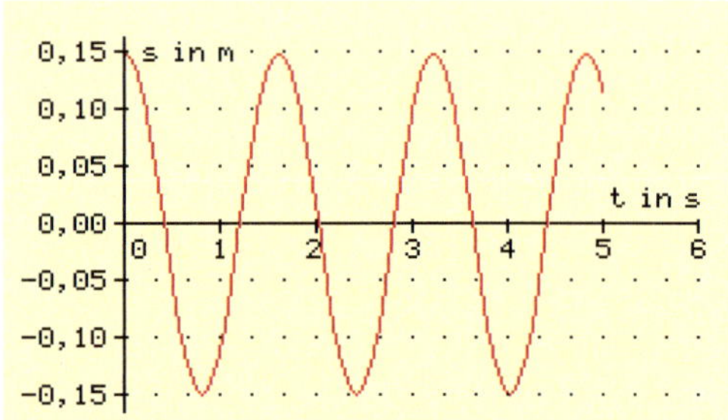

B3 Zugehöriges t-s-Diagramm

Diese Iterationsschritte können nun wieder in einem Tabellenkalkulationsprogramm umgesetzt werden. **B2** zeigt das entsprechende Rechenblatt für folgende konkreten Werte:
Federkonstante $D = 3\,N/m$
Masse $m = 0{,}2\,kg$
Anfangsauslenkung $s_0 = 0{,}15\,m$
Länge des Zeitintervalls $\Delta t = 0{,}05\,s$.

Im t-s-Diagramm (→ **B3**) kann man die Periodendauer T der Federschwingung ablesen. Sie beträgt hier ca. 1,6 s. Die mit dem Näherungsverfahren ermittelten Werte für T stimmen recht gut mit den tatsächlichen Werten der Federschwingung überein, wenn man die Länge der Zeitintervalle Δt nicht zu groß wählt. Im Rechenblatt lassen sich die Werte von D und m relativ leicht verändern und man kann die Auswirkungen auf T verfolgen. Eine genaue Analyse liefert für die Periodendauer einer Federschwingung den Zusammenhang:

$$T = 2\pi \cdot \sqrt{\frac{m}{D}}$$

Modellbildung zur Schwingung eines Federpendels

B5 zeigt das Wirkungsgefüge für die Schwingung eines Federpendels; die schwingende Masse und die Federhärte sind dabei vorgegebene Konstanten. Geschwindigkeit und Auslenkung sind Zustandsgrößen, für die Anfangswerte v_0 und s_0 festzulegen sind. Aus der Federhärte und der momentanen Größe der Auslenkung berechnet sich die Kraft (hier als Hilfsvariable) nach dem Hooke'schen Gesetz. Aus F und m ergibt sich die Beschleunigung a aus der Grundgleichung der Mechanik. Die Beschleunigung a ergibt jetzt eine Änderung der momentanen Geschwindigkeit v und diese wiederum bewirkt eine Änderung der Auslenkung s.

Die zu dieser Schwingung gehörenden *t-s-*, *t-v-* und *t-a-*Diagramme zeigen **B1** bis **B3**.

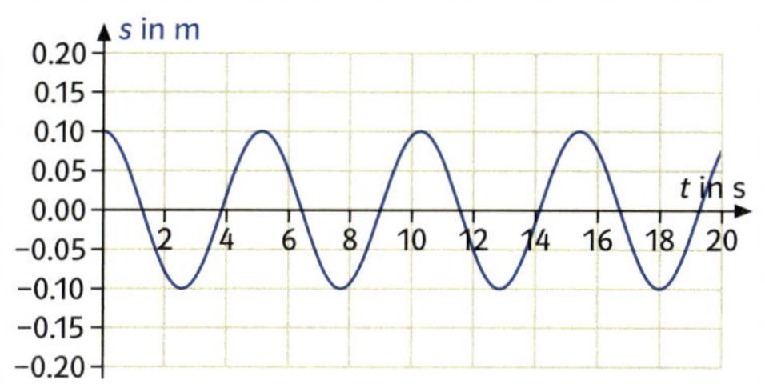

B1

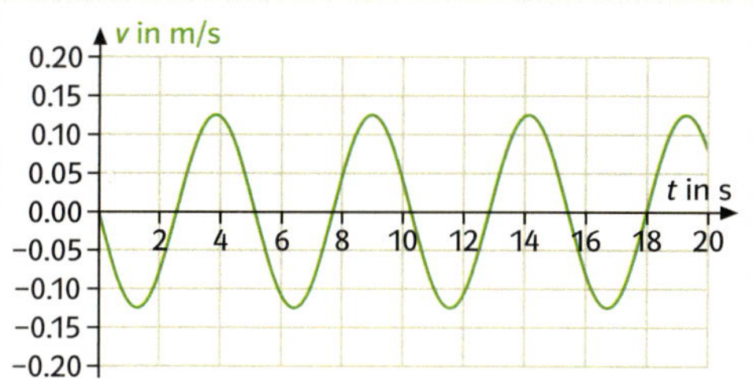

B2

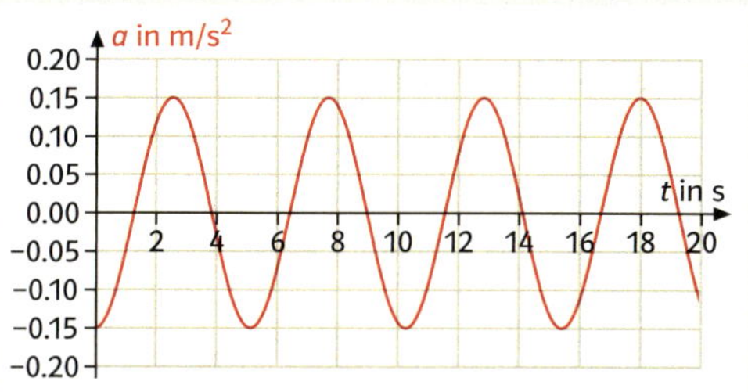

B3

An den Diagrammen lässt sich ablesen, dass die Beschleunigung immer dann maximal wird, wenn auch die Auslenkung ihren (betragsmäßig) maximalen Wert erreicht. Ebenso ist zu erkennen, dass die Geschwindigkeit ihren maximalen Wert beim Durchgang durch die Ruhelage (entspricht der Auslenkung $s = 0$) hat.

Die beschleunigende Kraft ist hier proportional zur Auslenkung; dieser Zusammenhang wird als **lineares Kraftgesetz** bezeichnet. Unterliegt die Bewegung eines schwingungsfähigen Systems einem linearen Kraftgesetz, so spricht man von einem **harmonischen Oszillator**, die zugehörige Bewegung nennt man **harmonische Schwingung.**

extra

Energiebetrachtungen Ein Wagen ist wie in **B6** zwischen zwei Federn eingespannt und vollführt nach einer Auslenkung eine Schwingung in horizontaler Richtung um seine Ruhelage. Die *t-s-*, *t-v-* und *t-a-*Diagramme haben dann das Aussehen wie in **B1** bis **B3**. Bei dieser Bewegung geschieht ein periodisches Umwandeln von Spannenergie der Federn in kinetische Energie des Wagens und umgekehrt.

Für die Spannenergie bei einer Auslenkung s erhält man $E_{spann} = ½ \cdot D \cdot s^2$ und für die kinetische Energie des Wagens ergibt sich $E_{kin} = ½ \cdot m \cdot v^2$. Die Spannenergie ist in den Umkehrpunkten maximal, da dort die Auslenkung am größten ist (s_{max}); die kinetische Energie ist zu diesem Zeitpunkt Null.

Beim Durchgang durch die Ruhelage ist dann E_{kin} maximal, während E_{spann} Null ist. Dazwischen besitzt das System sowohl Spannenergie als auch kinetische Energie, jedoch muss nach dem Energieerhaltungssatz die Summe aus diesen Energieformen konstant bleiben (→ **B4**).

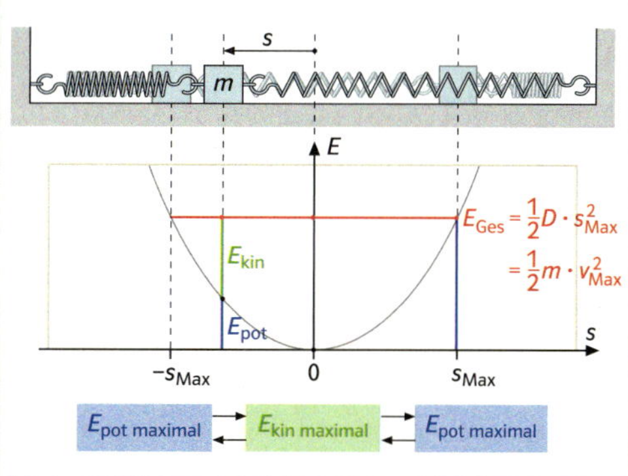

B4

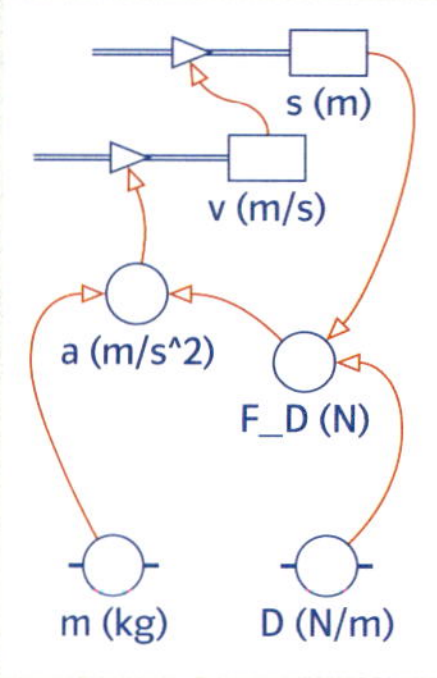

B5

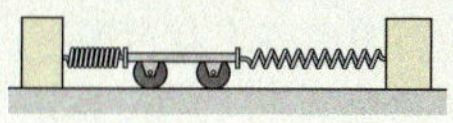

B6

Werkstatt

Modellbildung an einem weiteren Beispiel mit nicht konstanter Kraft

Rutschendes Seil Ein Seil (Gesamtlänge L, Masse m) liegt langgestreckt auf einem Tisch, ein Ende der Länge s hängt über die Tischkante (→ **B4**). Es wird angenommen, zwischen Seil und Tisch bestehe keine Reibung. Es soll nun die Bewegung des Punktes A des Seiles beschrieben werden. Wir simulieren die Bewegung mit einem Computermodell. Erläutere die *t-s*-, *t-v*- und *t-a*-Diagramme der Bewegung.

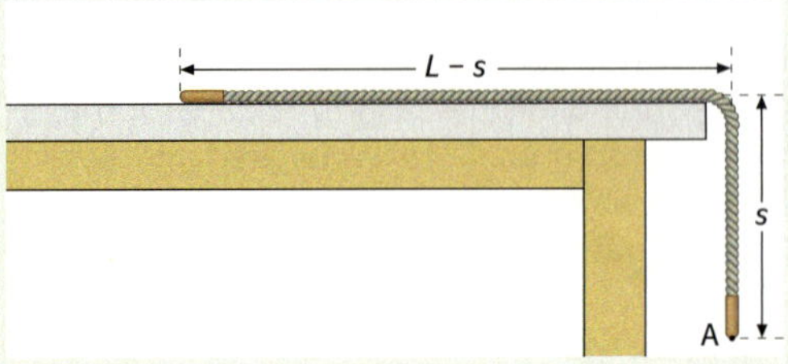

B4

Lösung:

a) Auf das Seil wirkt die Gewichtskraft F_G des überhängenden Seilstücks mit der Länge s. Sie bewirkt eine Beschleunigung, so dass sich A mit zunehmender Geschwindigkeit bewegt. Durch die Verlängerung von s wächst die Kraft und damit auch die Beschleunigung, da m konstant ist.

Hinweis:
Beim Eingeben der Formel in das Wirkungsgefüge ist folgende Bedingung zu berücksichtigen:

$m_s = m \cdot \frac{s}{L}$ für $s \leq L$

$m_s = m$ für $s > L$

b) Abbildung **B5** zeigt das Wirkungsgefüge. $m_s = m \cdot s/L$ bezeichnet die Masse des überhängenden Seilstückes. Die beschleunigende Kraft ist dann gegeben durch $F_a = m_s \cdot g$.
Als Startwerte werden verwendet:

$m = 0{,}035\,\text{kg}$ $L = 0{,}7\,\text{m}$
$s = 0{,}2\,\text{m}$ $g = 9{,}81\,\text{m/s}^2$
$v = 0{,}0\,\text{m/s}$

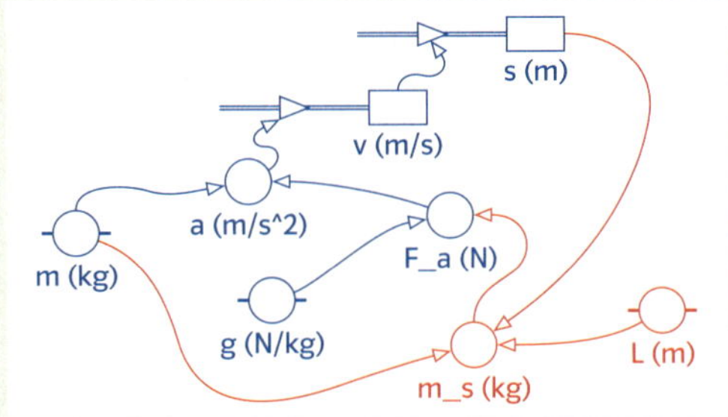

B5

Diagramm **B6** zeigt: Die Beschleunigung a nimmt zu, bis das ganze Seil vom Tisch gerutscht ist. Von da an handelt es sich um einen Freien Fall mit konstanter Beschleunigung $a = g = 9{,}81\,\text{m/s}^2$. Entsprechend nimmt die Geschwindigkeit ab da nur noch linear zu.

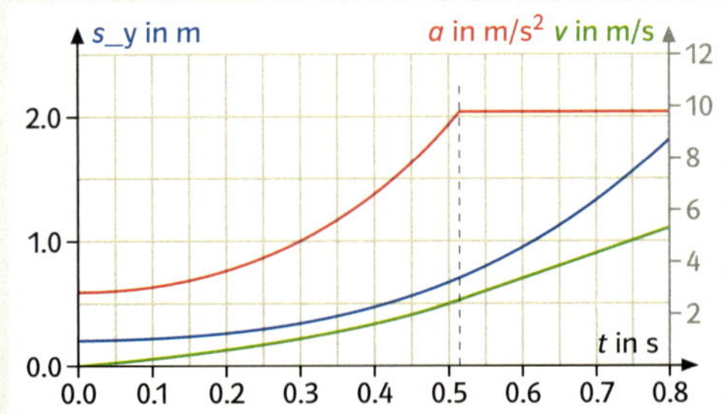

B6

Die Modellierung kann auch alternativ oder im Vergleich iterativ über eine Tabellenkalkulation erfolgen. Es ergeben sich das Datenblatt (→ **B7**) und die entsprechenden Graphen (*t-a*-, *t-v*- und *t-s*-Diagramme, → **B3, B1, B2**).

■ A1 Modelliere weitere Beispiele für Bewegungen bei nicht konstanter Krafteinwirkung.

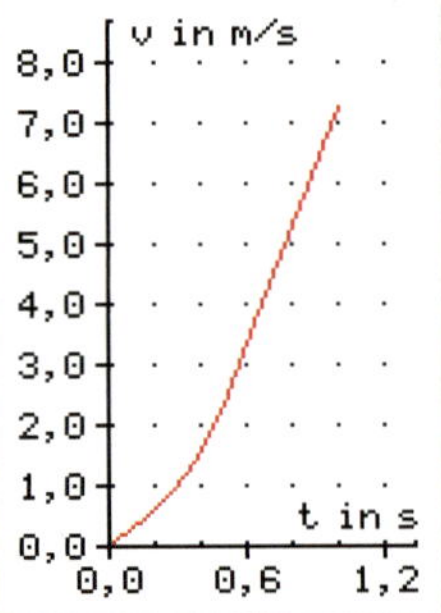

B1

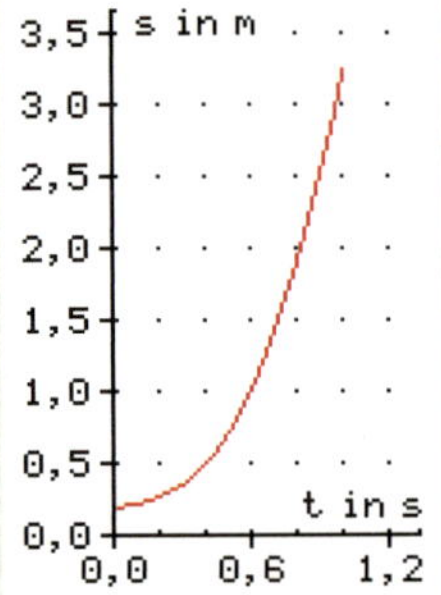

B2

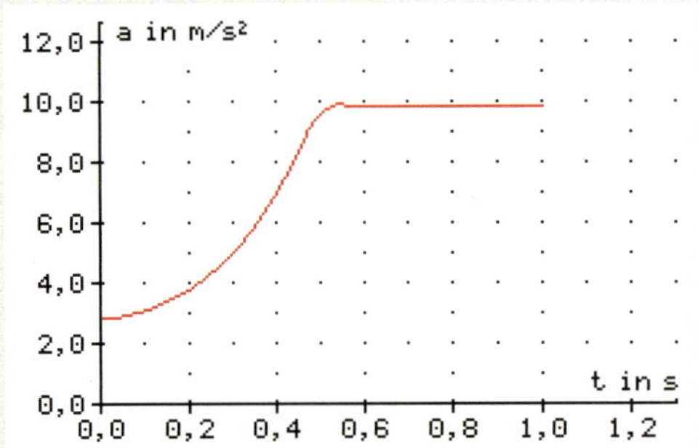

B3

fx =WENN(D5<0,7;9,81*D5/0,7;9,81)

B	C	D	E	F
m	L	s	v	
0,035	0,7	0,2	0	
t	v(t)	s(t)	a(t)	
0	0,00	0,20	2,80	
0,04	0,11	0,20	2,87	
0,08	0,23	0,21	2,99	
0,12	0,35	0,23	3,19	
0,16	0,47	0,25	3,45	
0,2	0,61	0,27	3,80	
0,24	0,76	0,30	4,22	
0,28	0,93	0,34	4,75	
0,32	1,12	0,38	5,38	
0,36	1,34	0,44	6,13	
0,4	1,58	0,50	7,01	
0,44	1,86	0,57	8,06	
0,48	2,19	0,66	9,28	
0,52	2,56	0,76	9,81	
0,56	2,95	0,88	9,81	
0,6	3,34	1,02	9,81	
0,64	3,73	1,17	9,81	
0,68	4,13	1,33	9,81	
0,72	4,52	1,51	9,81	
0,76	4,91	1,71	9,81	
0,8	5,30	1,92	9,81	

B7

Prüfe dein Wissen – Mehrere Kräfte wirken

Werkstatt

Mit folgendem Arbeitsauftrag kannst du Begriffe zur Konstruktion von Kräften wiederholen und dein Wissen überprüfen.

Dazu kannst du auch deine alten Hefte und Bücher zu Rate ziehen oder im Internet nachschlagen.

A1 Was ist eine Ersatzkraft zweier Teilkräfte und wie konstruiert man sie? Welche Besonderheit liegt bei gleichgerichteten und entgegengesetzt gerichteten Teilkräften vor? Wie geht man vor, wenn mehr als zwei Teilkräfte vorliegen?

A2 Was ist ein Kräftegleichgewicht?

A3 Wie konstruiert man die Zerlegung einer Kraft in Teilkräfte?

A4 Formuliere den Zusammenhang zwischen Hangabtriebskraft und Gewichtskraft eines Körpers auf einer schiefen Ebene!

Lösungen

L1 Die Ersatzkraft greift im gleichen Punkt an und hat als Einzelkraft die gleiche Wirkung wie die Teilkräfte zusammen.

- Lege einen Maßstab fest, z. B.: 2 cm entsprechen 1 N.
- Zeichne die beiden Kraftpfeile $\vec{F_1}$ und $\vec{F_2}$, ausgehend vom gemeinsamen Angriffspunkt.
- Ergänze die Figur zu einem Parallelogramm.
- Zeichne die vom Angriffspunkt ausgehende Diagonale als Pfeil. Sie stellt die Ersatzkraft $\vec{F}$ von $\vec{F_1}$ und $\vec{F_2}$ dar.
- Miss die Länge der Diagonale und ermittle, dem Maßstab entsprechend, den Betrag der Ersatzkraft in Newton.

Bei gleichgerichteten Kräften ist der Betrag der Ersatzkraft gleich der Summe der Beträge der Teilkräfte. Bei entgegengesetzt gerichteten Kräften ist die Differenz der Beträge zu bilden. Die Richtung der Ersatzkraft ist gleich der Richtung der größeren Teilkraft.

Greifen an einem Punkt mehrere Kräfte gleichzeitig an, so ergibt sich die Ersatzkraft durch die Addition der Kraftpfeile.

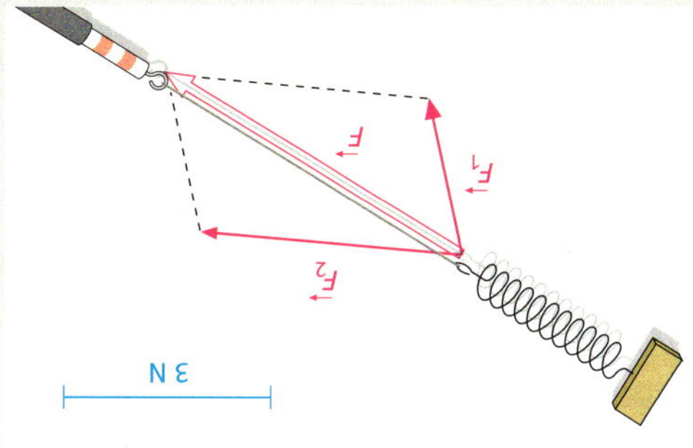

L2 Es herrscht Kräftegleichgewicht, wenn die Ersatzkraft aller Teilkräfte den Betrag 0 N hat.

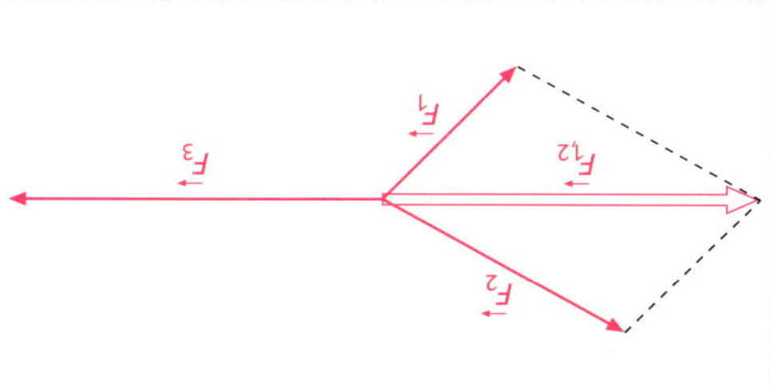

L3 Eine Kraft wird in zwei Teilkräfte zerlegt, indem man ein Kräfteparallelogramm mit der Kraft als Diagonale konstruiert.

- Zeichne den Pfeil der zu zerlegenden Kraft $\vec{F}$.
- Ziehe vom Angriffspunkt von $\vec{F}$ aus die Halbgeraden in den Richtungen der gesuchten Teilkräfte.
- Zeichne durch die Spitze von $\vec{F}$ die Parallelen zu den Halbgeraden.
- Die Schnittpunkte der Parallelen mit den Halbgeraden ergeben die Spitzen der vom Angriffspunkt ausgehenden Pfeile für $\vec{F_1}$ und $\vec{F_2}$.

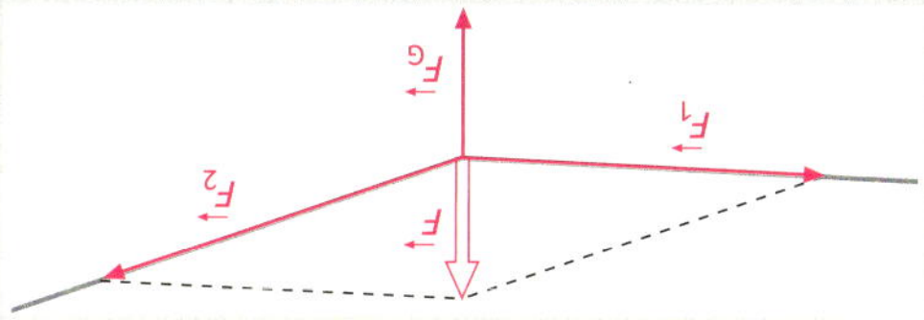

L4 Der Quotient aus der parallel zur schiefen Ebene bergab wirkenden Teilkraft F_H und der Gewichtskraft F_G entspricht dem Verhältnis von Höhenunterschied zu Weglänge. Es gilt:

$$\frac{F_H}{F_G} = \frac{h}{l}$$

Bewegung in zwei Dimensionen

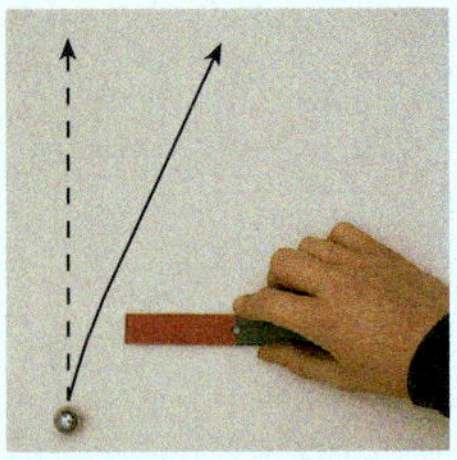

B1

V1 Am freien Ende eines eingespannten Lineals wird ein Stück Pappe so geklebt, dass man auf jede Seite eine Münze legen kann (→ **B2**). Biegt man das Lineal und lässt es zurückschnellen, so fällt eine Münze senkrecht nach unten, die andere fällt in einer Parabel zu Boden. Trotzdem kommen beide zum selben Zeitpunkt unten an.

V2 Eine Eisenkugel bewegt sich auf einen Magnet zu. Ihre Geschwindigkeit wächst. Rollt sie nahe an einem Pol vorbei, so ändern sich der Betrag ihrer Geschwindigkeit und ihre Bewegungsrichtung (→ **B1**).

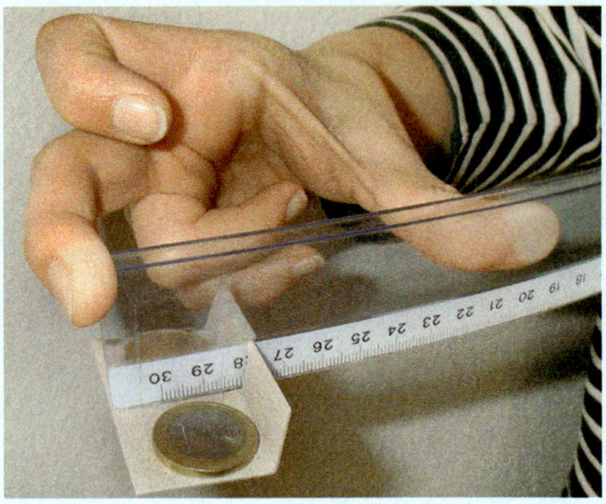

B2

B3

Bewegung und Richtung Seitenwind ist für Fahrzeuge gefährlich, weil dieser zu plötzlichen und unerwarteten Änderungen der Fahrtrichtung führen kann (→ **B3**). Windrichtung und Windstärke beeinflussen Richtung und Geschwindigkeit der Bewegung des Fahrzeuges.

Entlang einer Geraden gibt es für einen Körper nur zwei mögliche Bewegungsrichtungen: In Richtung der Ortsachse oder dagegen. Wenn man hier die Geschwindigkeit eines Körpers angibt, so reicht die Angabe einer sogenannten **skalaren** Größe aus. Ihr Betrag gibt an, wie schnell sich der Körper bewegt, ihr Vorzeichen gibt die Bewegungsrichtung an (→ **B4**).

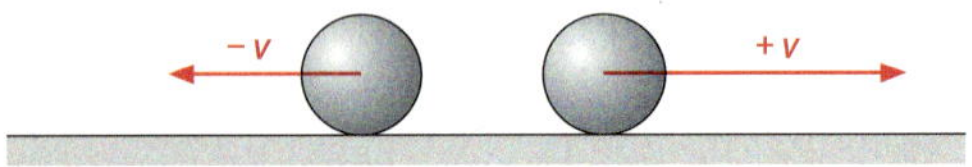

B4

Wo befindet sich ein Hase nach 10 s, wenn er sich mit der Geschwindigkeit 5 m/s auf einer Wiese „tummelt"? Vom Startpunkt aus gesehen innerhalb eines Kreises mit dem Radius 50 m. Eine genaue Ortsangabe ist ohne Beachtung der Bewegungsrichtungen des Hasen nicht möglich. In der Ebene gibt es nicht nur zwei, sondern beliebig viele verschiedene Bewegungsrichtungen.

● **Größen, die durch die Angabe eines Betrages nicht vollständig charakterisiert sind, sondern auch von der Richtung abhängen, werden durch Vektoren beschrieben.**

Gleiche Richtung, unterschiedlicher Betrag:

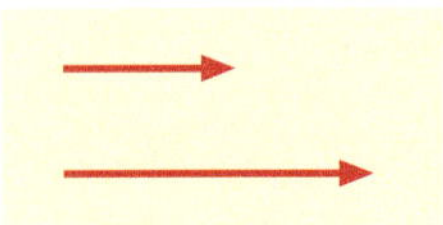

Gleicher Betrag, unterschiedliche Richtung:

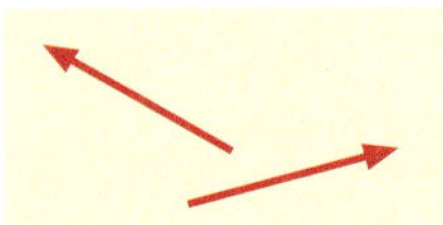

Gleiche Richtung und gleicher Betrag:

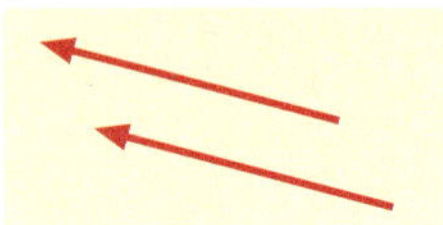

B5

Ihr Formelzeichen wird mit einem Pfeil gekennzeichnet, z. B. $\vec{v}$ für den **Vektor** der Geschwindigkeit. Für den Betrag der Geschwindigkeit (die „Schnelligkeit") schreibt man $|\vec{v}|$ oder kürzer v (ohne Pfeil). In Zeichnungen werden Vektoren durch Pfeile dargestellt. Die Länge des Pfeiles gibt den Betrag der Größe in einem bestimmten Maßstab wieder.

● **Ein Vektor wird eindeutig durch Betrag und Richtung beschrieben.**

Fährt ein Auto mit 40 km/h durch eine Kurve, so ändert sich der Betrag der Geschwindigkeit (also die „Schnelligkeit") zwar nicht, jedoch verändert das Auto dabei ständig seine Richtung. Somit ändert sich auch ständig seine Geschwindigkeit!

● **Geschwindigkeiten lassen sich durch Vektoren darstellen. Zwei Körper haben nur dann die gleiche Geschwindigkeit, wenn sie den gleichen Betrag und die gleiche Richtung haben.**

Ebenso wie die Geschwindigkeit sind in zwei Dimensionen auch die Größen Weg (nicht Weglänge!) und Beschleunigung Vektoren.

Es gilt dann

$$\Delta \vec{s} = \vec{v} \cdot \Delta t$$

und

$$\vec{a} = \frac{\Delta \vec{v}}{\Delta t}$$

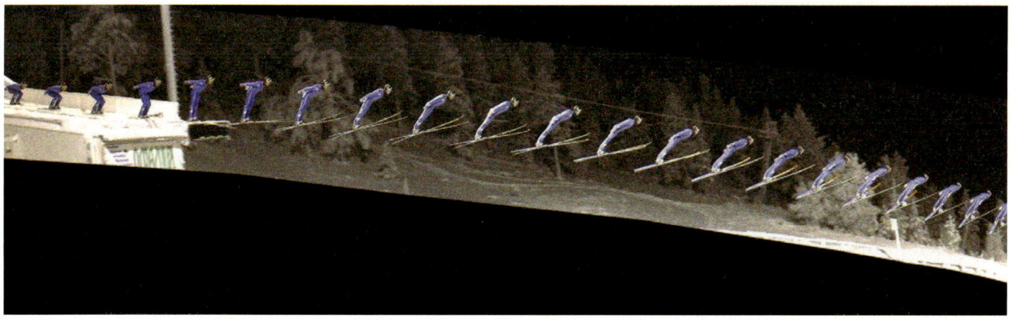

B1

Beschreibung krummliniger Bewegungen

Die bisher betrachteten Bewegungen verliefen alle geradlinig; für ihre mathematische Erfassung genügte es, eine Koordinatenachse in Richtung der Bewegung und deren Ursprung festzulegen. Mit Hilfe der Bewegungsgleichungen konnte dann der Ort $s(t)$ des bewegten Gegenstandes für beliebige Zeitpunkte t berechnet werden.

Die Bewegung einer Fliege durch ein Zimmer ist allerdings alles andere als geradlinig. Um eine solche Bewegung zu erfassen, muss ein dreidimensionales Koordinatensystem mit einer x-, einer y- und einer z-Achse verwendet werden. Zur Beschreibung des Ortes der Fliege zu einem bestimmten Zeitpunkt t müssen dann die Werte $x(t)$, $y(t)$ und $z(t)$ angegeben werden (→ **B2**).

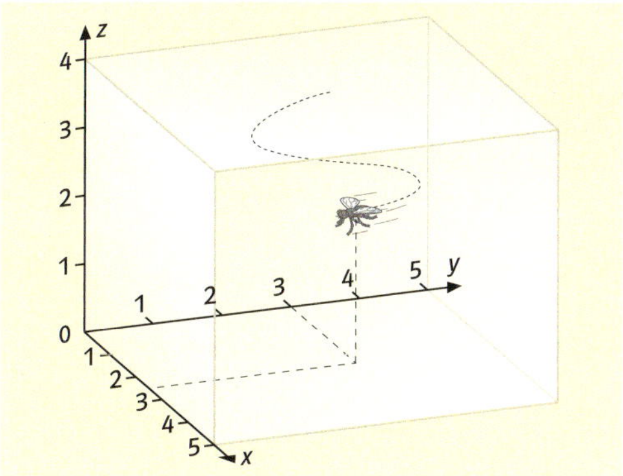

B2

Für manche krummlinige Bewegungen genügen allerdings zwei Koordinatenrichtungen, z. B. bei der Beschreibung der Bewegung eines aus einem Springbrunnen oder schräg gehaltenen Schlauch kommenden Wasserstrahls (→ **B3**) oder eines Skispringers (→ **B1**).

Wirkt auf den bewegten Gegenstand eine Kraft $\vec{F}$, so kann diese Kraft in ihre Komponenten $\vec{F_x}$ und $\vec{F_y}$ in x- bzw. y-Richtung zerlegt werden (→ **B4**). Diese Komponenten ergeben dann Beschleunigungen $a_x = F_x/m$ und $a_y = F_y/m$ in x- bzw. y-Richtung.

B3

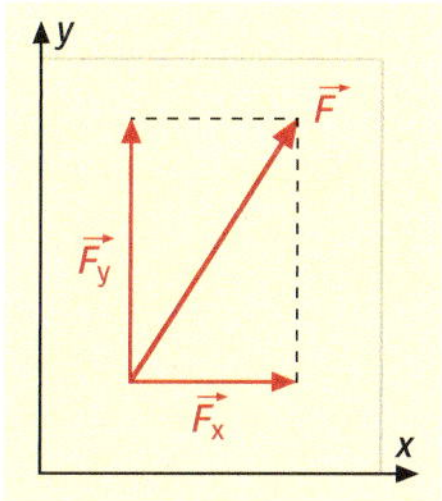

B4

Ist die einwirkende Kraft F konstant, so sind es auch ihre Komponenten und die entsprechenden Beschleunigungen. Somit lassen sich dann für jede Koordinatenrichtung einzeln Bewegungsgleichungen aufstellen:

In x-Richtung:

$v_x(t) = a_x \cdot t + v_{0,x}$

$x(t) = ½ \cdot a_x \cdot t^2 + v_{0,x} \cdot t + x_0$

In y-Richtung:

$v_y(t) = a_y \cdot t + v_{0,y}$

$y(t) = ½ \cdot a_y \cdot t^2 + v_{0,y} \cdot t + y_0$

Dabei ist $v_{0,x}$ bzw. $v_{0,y}$ die Komponente der Anfangsgeschwindigkeit in x- bzw. y-Richtung.

Möchte man die tatsächliche Geschwindigkeit $v(t)$ zum Zeitpunkt t ermitteln, so müssen die Geschwindigkeitskomponenten $v_x(t)$ und $v_y(t)$ vektoriell addiert werden (→ **B5**). Den Betrag der Geschwindigkeit zum Zeitpunkt t erhält man durch Anwendung des Satzes von Pythagoras:

$$v = \sqrt{v_x^2 + v_y^2}$$

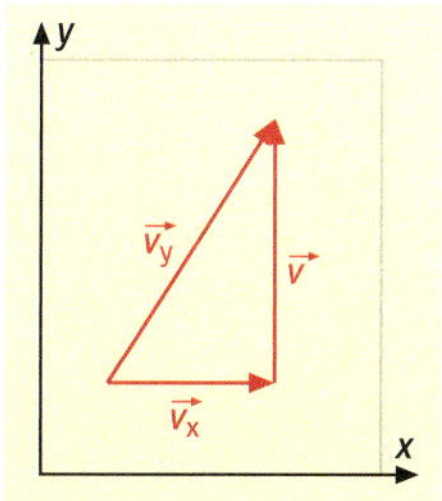

B5 Vektorielle Addition der Geschwindigkeitsvektoren $\vec{v_x}$ und $\vec{v_y}$ zu $\vec{v}$

Impuls und Kraft

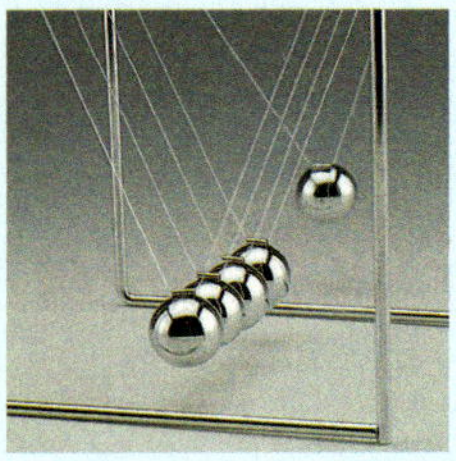

B1

V1 Eine Münze gleitet auf einer glatten Unterlage gegen eine ruhende Münze. Bei zwei gleichen Münzen beobachtet man entweder, dass sich nur eine Münze weiterbewegt oder dass sich beide in unterschiedlichen Richtungen bewegen.

Bei unterschiedlichen Münzen bewegen sich stets beide Münzen nach dem Stoß.

V2 Fünf gleiche Kugelpendel sollen sich in der Ruhelage berühren (→ **B1**). Wird eine der äußeren Kugeln ausgelenkt und dann losgelassen, so schlägt auf der anderen Seite nur die letzte Kugel aus. Sie erreicht die Ausgangshöhe der ersten Kugel. Werden von der einen Seite gleich zwei äußere Kugeln ausgelenkt, so werden auf der anderen Seite auch die beiden letzten Kugeln in Bewegung gesetzt.

V3 Blase einen Luftballon auf uns lasse ihn los. Nutze deine Beobachtungen zur Konstruktion eines Antriebs für ein leichtes Fahrzeug.

V4 Lasse einen Mitschüler mit ausgestreckten Armen einen Medizinball fangen. Wiederhole den Versuch, wobei nun der Ball während des Fangens an den Körper gezogen werden soll. Beobachte dabei deinen Mitschüler genau und lasse ihn seine Empfindungen schildern.

Die Kraft beträgt für die drei Pkws aus dem Beispiel jeweils:

Pkw 1:
$F = \frac{\Delta p}{\Delta t} = \frac{30\,000\,\frac{\text{kg}\cdot\text{m}}{\text{s}}}{60\,\text{s}}$
$= 500\,\text{kg}\,\frac{\text{m}}{\text{s}^2} = 500\,\text{N}$

Pkw 2:
$F = \frac{\Delta p}{\Delta t} = \frac{30\,000\,\frac{\text{kg}\cdot\text{m}}{\text{s}}}{5\,\text{s}}$
$= 6\,000\,\text{kg}\,\frac{\text{m}}{\text{s}^2} = 6\,000\,\text{N}$

Pkw 3:
$F = \frac{\Delta p}{\Delta t} = \frac{30\,000\,\frac{\text{kg}\cdot\text{m}}{\text{s}}}{0{,}5\,\text{s}}$
$= 60\,000\,\frac{\text{kg}\cdot\text{m}}{\text{s}^2}$
$= 60\,000\,\text{N}$

Der Impuls Betrachtet man den Untergang der „Titanic", wird klar: Wäre das Schiff vor dem missglückten Ausweichmanöver langsamer gewesen, hätte die Wirkung der Maschinen ausgereicht, um das Schiff zum Stehen zu bringen oder am Eisberg vorbeizusteuern. Ähnliches kann man folgern, wäre stattdessen die Masse des Luxusliners geringer gewesen. Was man in der Alltagssprache etwa mit „Schwung" oder „Wucht" bezüglich Masse und Geschwindigkeit eines bewegten Körpers und seines Zustandes meint, wird in der Physik durch die Größe **Impuls** $\boldsymbol{p}$ beschrieben. Je größer Masse oder Geschwindigkeit (oder beide) sind, desto größer ist der Impuls eines Körpers. Man legt fest:

● **Der Impuls eines Körpers ist das Produkt aus seiner Masse und seiner Geschwindigkeit:**
$p = m \cdot v$

Die Einheit für den Impuls ist $1\,\text{kg} \cdot \frac{\text{m}}{\text{s}}$.

Impulsänderung und Zeitspanne Aus unserer Erfahrung wissen wir, dass sich Bewegungszustände von Körpern ändern können, wenn man von außen auf den Körper einwirkt. Fängt man z. B. eine Kugel auf, so ruht sie danach in der Hand. Ihre Geschwindigkeit und damit auch der Betrag ihres Impulses ist gleich null. Gleichzeitig war für einen Augenblick aber auch eine Wirkung in der Hand, der Aufprall, spürbar. Genauer kann man feststellen:

Drei baugleiche Pkws der Masse 1500 kg fahren mit der Geschwindigkeit 20 m/s, daher besitzen sie den gleichen Impuls, nämlich
$p = m \cdot v = 1500\,\text{kg} \cdot 20\,\frac{\text{m}}{\text{s}} = 30\,000\,\frac{\text{kg}\cdot\text{m}}{\text{s}}$

Der erste Fahrer lässt sein Auto nur ausrollen und kommt nach einer Minute zum Stillstand. Der Fahrer des zweiten Wagens tritt auf die Bremse, sein Fahrzeug steht nach 5 Sekunden, während dies bei Pkw 3 im Crashtest innerhalb eines Sekundenbruchteils erfolgt. Stehen alle drei Autos, ist ihr Impuls wieder gleich, nämlich null, somit haben alle Pkws gleich viel Impuls „verloren". Trotzdem ist die Auswirkung auf das Fahrzeug in den drei Fällen unterschiedlich, da die Impulsänderung in verschieden langen Zeitspannen stattfand (→ **B2**).

Für die Impulsänderung in einer Zeitspanne erhält man $\Delta p / \Delta t = m \cdot \Delta v / \Delta t = m \cdot a$, was nach der Grundgleichung der Mechanik einer „**Kraft**" entspricht. Daher gilt:

● **Die Kraft ist der Quotient aus der Impulsänderung und der Zeitspanne, in der diese Änderung erfolgt:**
$F = \frac{\Delta p}{\Delta t}$

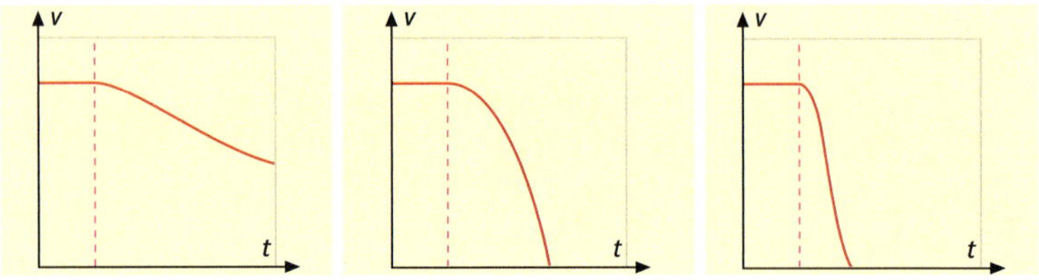

B2

Es ergibt sich somit 1 Newton (1 N) =

$$1\frac{\frac{kg \cdot m}{s}}{s} = 1\frac{kg \cdot m}{s^2}$$

Aus $F = \frac{\Delta p}{\Delta t}$ ergibt sich der Impuls als $p = F \cdot \Delta t$, kann also als die Einwirkung der Kraft über die Zeit interpretiert werden. Das Produkt $F \cdot \Delta t$ (und damit der Impuls) wird missverständlich oft „Kraftstoß" genannt.

Wie kann man den Impuls ändern? Der Impuls ist das Produkt aus Masse und Geschwindigkeit. Die Geschwindigkeit ist dabei eine vektorielle Größe (→ **S. 36**). Um sie zu beschreiben, benötigt man also den Betrag $|\vec{v}|$ und die Richtung der Geschwindigkeit. Der Impuls ändert sich somit, wenn sich mindestens einer der drei Bestandteile Masse, „Schnelligkeit/Tempo" oder Richtung ändert.

- **Kräfte wirken, wenn**

1. **ein Körper seine Masse ändert.**
2. **ein Körper den Betrag seiner Geschwindigkeit ändert.**
3. **ein Körper seine Bewegungsrichtung ändert.**

1 Masse ändert sich: Beispiele sind eine Rakete, die Gase nach hinten ausstößt und eine Kraft nach vorne erfährt; eine Pistole, die eine Kugel abfeuert und somit einen „Rückstoß" erfährt; ein Löschflugzeug, das im Gleitflug über einem See Wasser tankt.

2 Betrag der Geschwindigkeit ändert sich: Der alltägliche Fall, wenn man von „Geschwindigkeitsänderung" spricht: Ein Auto bremst; man springt auf eine Waage, diese schlägt aus.

3 Richtung der Geschwindigkeit ändert sich: Wenn man mit dem Auto „bei gleichem Tempo" durch eine Kurve fährt, ändert man trotzdem die Richtung und somit die Geschwindigkeit im physikalischen Sinn. Es wirkt eine Kraft (→ **S. 49**). Ein Schlauch im Garten, der nicht gerade liegt, erfährt eine Kraft, wenn Wasser durchfließt, da er dessen Richtung ändert, er „tanzt" in alle Richtungen.

Impulserhaltung Stoßen zwei frei bewegliche Körper so aneinander, dass sie sich nach dem Stoß getrennt weiterbewegen, so haben beide nach dem Stoß eine andere Geschwindigkeit und damit auch einen anderen Impuls. Die Wechselwirkung kann dabei entweder durch direktes Berühren der Körper oder über Federn, Magnete usw. erfolgen. Im Versuch (→ **B1**) sind zwei Gleiter in Ruhe auf einer Luftkissenfahrbahn durch eine gespannte Feder und einen Faden verbunden.

Für ihre Impulse gilt $p_1 = p_2 = 0$. Wird die Feder durch Lösen des Fadens entspannt, so wirken weiterhin keine äußeren Kräfte auf das System in mögliche Bewegungsrichtungen. Nach dem Wechselwirkungsgesetz gilt daher für die Kräfte, welche die Wagen in entgegengesetzte Richtungen beschleunigen: $-F'_1 = F'_2$ und so

$$-\frac{\Delta p'_1}{\Delta t} = \frac{\Delta p'_2}{\Delta t}$$

Multiplikation mit Δt ergibt dann für die Impulse nach dem Stoß:

$$-p'_1 = p'_2$$

Die Impulse der Gleiter nach dem Stoß sind also vom Betrag her gleich, es gilt also:

$$-p'_1 = p'_2 \text{ oder } p'_1 + p'_2 = 0$$

Lässt man in einer Abwandlung des Versuches zunächst beide Gleiter aufeinander zugleiten (→ **B2**) und bestimmt die Geschwindigkeiten der Gleiter jeweils vor und nach dem Stoß, so gilt – unabhängig von den Massen und Geschwindigkeiten der Gleiter – für die Impulse der beiden Gleiter:

$$p_1 + p_2 = p'_1 + p'_2 = p_{ges} = \text{konstant}$$

Die Summe der Impulse beider Gleiter $p_{ges} = p_1 + p_2 = p'_1 + p'_2$, die als Gesamtimpuls bezeichnet wird, ist zu jedem Zeitpunkt vor und nach dem Stoß gleich groß.

„Negative Impulse"
Bei Körpern, die sich entgegen der positiven x-Achsen-Richtung bewegen, kennzeichnet man die Richtung durch ein negatives Vorzeichen der Geschwindigkeit und auch des Impulses. Dies bedeutet nichts anderes, als dass sich ein Körper in „negativer Richtung" bewegt.

Bezeichnung:
Bei Stoßvorgängen werden die Größen vor dem Stoß üblicherweise ohne Strich und nach dem Stoß mit Strich dargestellt:
vor dem Stoß: v_1
nach dem Stoß: v'_1

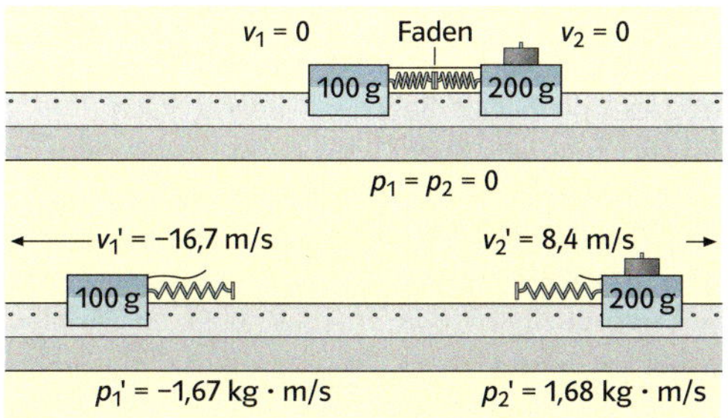

B1

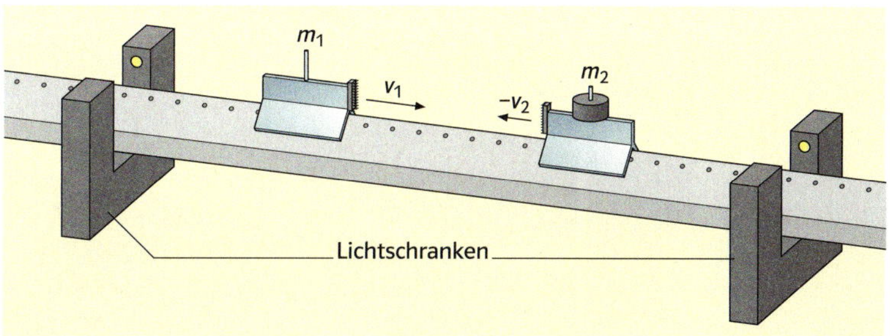

B2

Dies wird auch als **Impulserhaltungssatz** bezeichnet:

● **Der Impuls ist eine Erhaltungsgröße. Der Gesamtimpuls in einem abgeschlossenem System bleibt bei jeder Wechselwirkung konstant:**

$$p_{ges} = p'_{ges}$$

Da sich aufgrund des Impulserhaltungssatzes der Impuls eines Körpers nicht ändern kann, ohne dass sich der Impuls mindestens eines weiteren Körpers ebenfalls ändert, ist der Begriff Kraft immer mit der Impulsänderung mindestens zweier Körper verknüpft.

„Verlust und Gewinn“ von Impuls? Prallen zwei Körper bei einem Stoß ohne Energieverlust nach außen voneinander ab, so spricht man von einem **elastischen Stoß**, bewegen sich beide nach dem Stoß mit derselben Geschwindigkeit weiter (weil sie z. B. aneinander haften), so nennt man dies **inelastischen Stoß**.

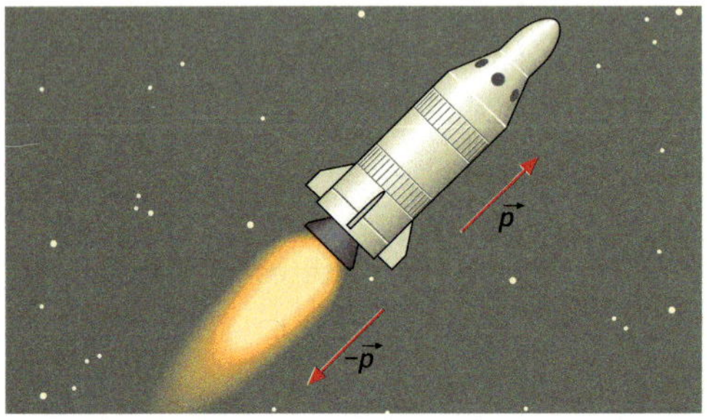

B1 Impulsübertragung bei einer Rakete

B2 Impulsübertragung beim Speedway-Start

B3 Pkws „schieben“ die Straße beim Anfahren nach hinten.

Ein Gummiball wird an eine Wand geworfen, er prallt zurück. Ein Spielzeugauto wird auf einer ebenen Fläche angeschubst und rollt aus. In beiden Versuchen ändern sich die Impulse von Flummi und Spielzeugauto scheinbar ohne dass eine Impulsübertragung auf einen anderen Körper beobachtbar ist. Der Gesamtimpuls ist augenscheinlich vorher anders als hinterher.

Wird hier der Impulserhaltungssatz verletzt und wurde hier Impuls aus dem Nichts gewonnen oder gar Impuls verloren?

Dies ist nicht der Fall, denn wir müssen immer die Impulse aller wechselwirkenden Körper betrachten. Der Ball konnte seine Richtung nur umkehren, weil er gegen die Wand prallte. Die Wand erfuhr also wie der Flummi eine Impulsänderung um den gleichen Betrag. Allerdings ist die Masse der Wand so groß, dass die Geschwindigkeitsänderung der Wand vernachlässigbar klein ist.

Würde man den Flummi ausreichend schnell gegen eine dünne Fensterscheibe werfen, so könnte man die Geschwindigkeitsänderung der Fensterscheibe durchaus beobachten. Sie würde sich etwas nach außen biegen und eventuell sogar zu Bruch gehen.

Das Spielzeugauto hat ebenfalls Impuls „verloren“, dieser wurde jedoch an den Erdboden abgegeben, so dass dies eine Änderung der Erddrehung hervorruft, die jedoch unmessbar klein und nicht spürbar ist.

● **Wenn sich bewegende Körper scheinbar selbstständig verlangsamen oder ihre Richtung ändern, wird trotzdem immer Impuls an einen anderen Körper übertragen.**

Auch wenn ein Körper beschleunigt, muss zwangsweise ein anderer Körper in entgegengesetzter Richtung beschleunigt werden, damit der Gesamtimpuls erhalten bleibt. Eine Rakete beschleunigt (→ **B1**), indem die Raketenabgase mit hoher Geschwindigkeit nach hinten ausgestoßen werden, ein Pkw beschleunigt, indem er die Straße nach hinten „wegschiebt“ (→ **B3**). Dies ist deutlich am „Verschieben“ der Fahrbahnmarkierung zu erkennen.

Auch beim Start auf einem sandigen Untergrund erkennt man die Impulsübertragung am Wegfliegen der Sandkörner (→ **B2**).

Billard und Hubschrauber: Beispiele für Impulsübertragung

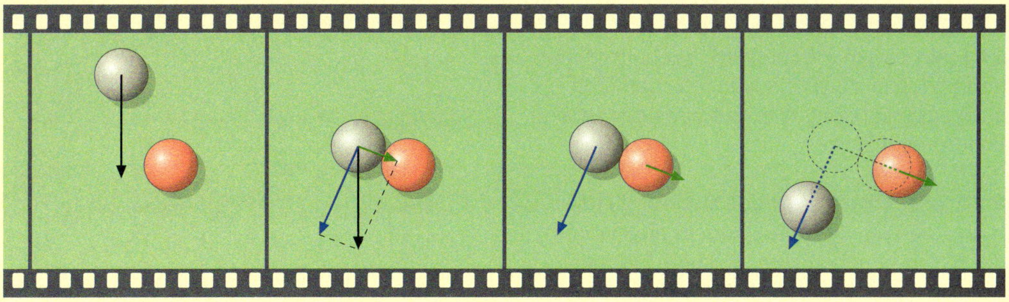

B1 Geometrie der Impulsübertragung beim Billard

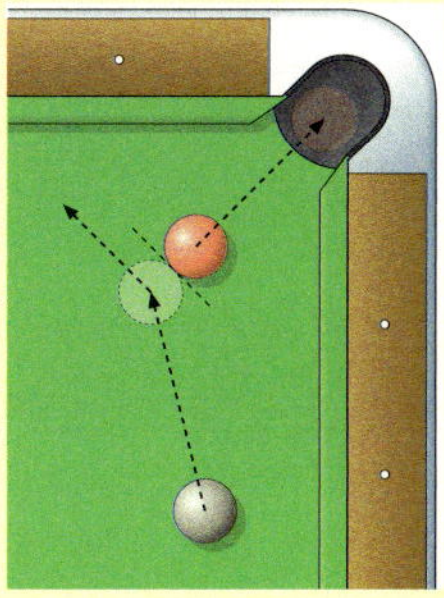

B2 So trifft man in die Tasche!

Billard Wie kann man einen erfolgreichen Billardstoß planen? Für die Stöße beim Billard sind Vorkenntnisse wichtig, dass es sich beim Impuls um eine vektorielle Größe handelt, deren geometrische Betrachtung bestimmten Regeln folgt (→ **S. 35**). Zudem ist zu beachten (→ **B1**):

- Der weiße Ball kann Impuls beim Kontakt mit einem anderen Ball auf diesen nur senkrecht zur gemeinsamen Tangente im Berührungspunkt der beiden Bälle übertragen.
- Dabei wird der Impuls des weißen Balls in zwei Komponenten parallel (blauer Pfeil) und senkrecht (grüner Pfeil) zur Berührtangente aufgeteilt.
- Der Impulsanteil senkrecht zur Berührtangente wird vollständig auf den roten Ball übertragen, der weiße Ball behält den Impulsanteil parallel zur Berührtangente.

Der Spielball muss die Zielkugel also so berühren, dass in diesem Moment der Berührung die beiden Kugelmittelpunkte mit dem Zielpunkt eine Gerade bilden (→ **B2**)!

Selbstverständlich spielen noch andere Faktoren wie Reibung und Rotationen der Bälle eine Rolle. Wird die Spielkugel beim Stoß mit dem Queue in Eigenrotation versetzt, so lässt sich die Richtung der Bälle nach dem Stoß beträchtlich beeinflussen.

Hubschrauber Wieso kann ein Hubschrauber eigentlich fliegen? Anscheinend wird keine der uns bekannten Möglichkeiten der Impulsänderung (→ **S. 39**) beim Hubschrauber genutzt. Man muss hierbei einen zweiten Körper mitberücksichtigen: die Luft.

Über dem Hubschrauber befindet sich Luft, welche ruht. Diese wird durch den sich bewegenden Rotor nach unten beschleunigt, womit sich ihr Impuls nach unten ändert. Da der Impuls erhalten bleibt, muss sich der Impuls des zweiten beteiligten Körpers, nämlich des Hubschraubers, nach oben ändern. Eine Änderung des Impulses nach oben entspricht aber einer Kraft nach oben, einer Auftriebskraft. Ist diese Auftriebskraft so groß wie die Gewichtskraft des Hubschraubers, schwebt er, ist sie größer, steigt er, ist sie kleiner, sinkt der Hubschrauber.

Ein Modellhubschrauber steht auf einer austarierten, also „genullten" Waage (→ **B3**). Geht er in den Schwebeflug, so zeigt die Waage weiterhin „0 g" an. Wieso? Die nach unten beschleunigte Luft besitzt Impuls. Trifft sie auf die Glasplatte, so kommt es auch dort zu einer Impulsübertragung. Der Impuls der Luft ändert sich, sie erfährt eine Kraft nach oben. Aufgrund der Impulserhaltung erfährt auch die Glasplatte als zweiter Stoßpartner eine Impulsänderung und somit eine gleich große Kraft nach unten.

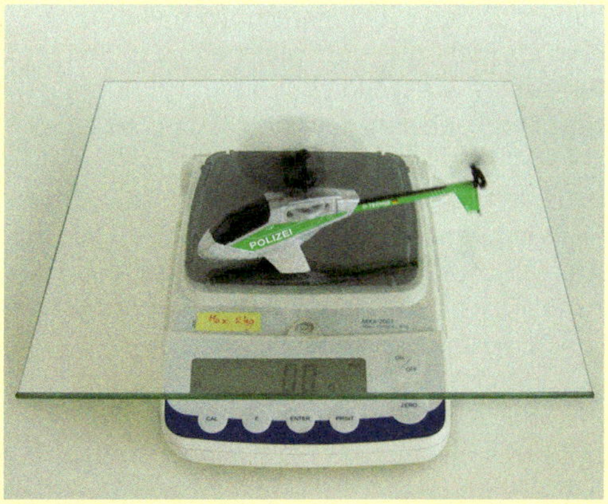

B3 Hubschrauber auf Waage

Wurfbewegungen

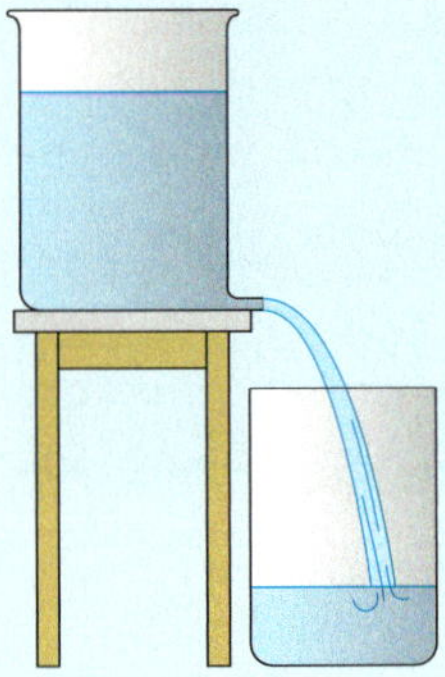

B1

V1 Aus einem großen Vorratsbehälter fließt unten Wasser durch ein waagerechtes Röhrchen aus (→ **B1**). Das Wasser folgt einer parabelförmigen Bahn.

V2 Zwei Kugeln befinden sich auf gleicher Höhe. Die erste wird waagerecht abgeworfen, die zweite daneben zum gleichen Zeitpunkt frei fallen gelassen (→ **B1**). Beide Kugeln stoßen in der Luft zusammen. Die horizontale Abwurfgeschwindigkeit wird geändert. Wieder stoßen die Kugeln zusammen. Dies geschieht auch, wenn die Startposition der Kugel 2 horizontal entlang der s_x-Achse verschoben wird. Durch Auswerten stroboskopischer Aufnahmen in einem s_x-s_y-Koordinatensystem ergeben sich die aufgeführten Messwerte (→ **B2**).

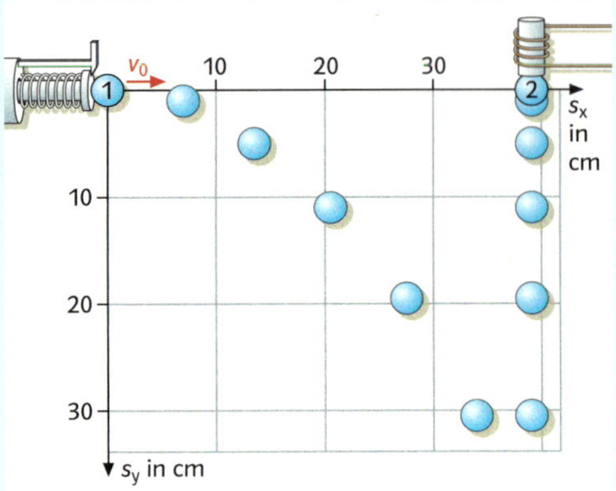

t in s	0	0,05	0,10	0,15	0,20	0,25
s_x in cm	0	7,0	13,5	20,5	27,5	34,0
s_y in cm	0	1,0	5,0	11,0	19,5	30,5

B2

V3 Beim Gehen oder Schieben auf einem Versuchswagen mit konstanter Geschwindigkeit wird ein Gegenstand senkrecht nach oben geworfen (→ **B3**).

Er fällt in die Hand zurück, wenn diese sich, bezogen auf den Körper, nicht bewegt. Für Außenstehende beschreibt der Ball eine Kurve. Der Werfer dagegen beschreibt die Bewegung des Balles als ein senkrechtes Hochsteigen und Fallen.

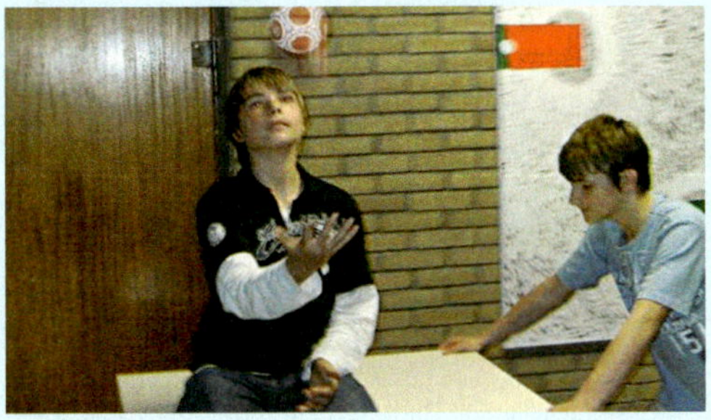

B3

Der waagerechte Wurf Christian steht auf der Plattform eines 10-m-Turms im Freibad. Kann er den gegenüberliegenden Beckenrand erreichen? **B5** zeigt die Analyse seiner Bewegung.

Springt Christian waagerecht vom Plattformrand ab, kommt er zum gleichen Zeitpunkt im Wasser an, wie wenn er sich einfach nur fallen lässt (→ **B5**), obwohl sein Weg länger ist.

In beiden Fällen bewegt er sich in senkrechter Richtung genauso wie beim freien Fall. Nur in waagerechter Richtung bewegt er sich noch zusätzlich mit der konstanten Geschwindigkeit von 7 m/s.

Die senkrechte Bewegung läuft also offenbar völlig unabhängig von der waagerechten ab.

Das zugehörige Wirkungsgefüge zeigt **B4**.

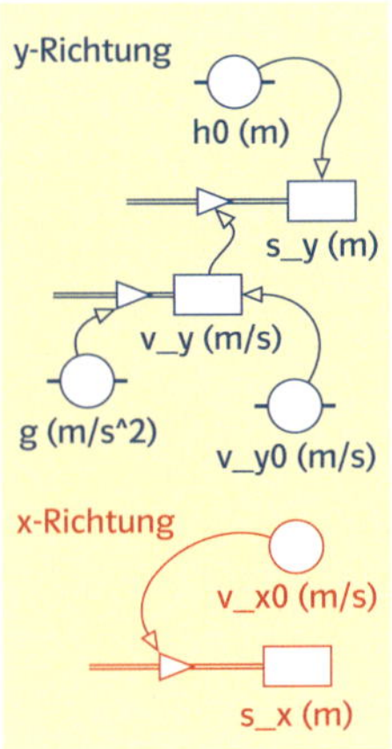

B4

t in s	0,0	0,25	0,50	0,75	1,0
s_x in m	0	1,8	3,5	5,2	7,0
s_y in m	10	9,7	8,9	7,3	5,1

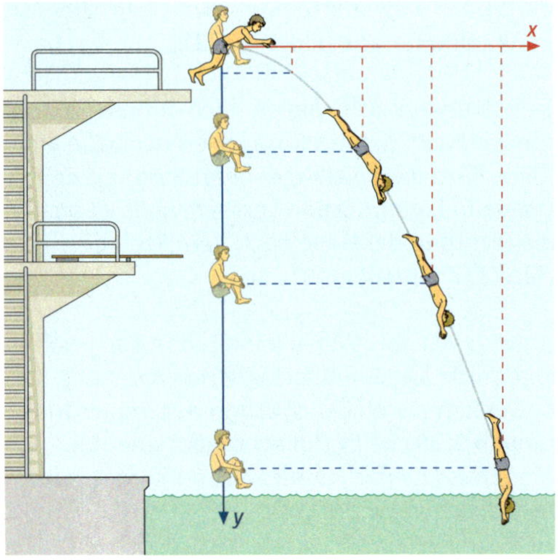

B5

Die Bewegung in x-Richtung ist eine gleichförmige Bewegung mit der konstanten Absprung- bzw. Anlaufgeschwindigkeit. Die Bewegung in y-Richtung ist ein freier Fall aus der Ruhe heraus.

Zwischen beiden sich überlagernden Bewegungen besteht keinerlei Verbindung, sie laufen unabhängig voneinander ab. Man spricht von **Superposition**. Die gleichzeitige Überlagerung der beiden Bewegungen ergibt als Bahnkurve eine Parabelhälfte (→ **B2**).

Analysieren wir die Bewegung von Christian in waagerechter Richtung, so lauten die Bewegungsgleichungen von Christian in x-Richtung also:

$$x = s_x = v_0 \cdot t;\ v_x = v_0;\ a_x = 0 \quad (1)$$

In y-Richtung fällt er nach den Gesetzen des freien Falls:

$$y = s_y = \frac{1}{2} \cdot g \cdot t^2;\ v_y = g \cdot t;\ a_y = g \quad (2)$$

Lösen wir die erste Gleichung von (1) nach t auf und setzen sie in (2) ein, so erhalten wir:

$$t = \frac{s_x}{v_0} \text{ in (2)} \Rightarrow s_y = \frac{1}{2} \cdot g \cdot \frac{s_x^2}{v_0^2} \quad (3)$$

Wegen $s_y \sim s_x{}^2$ ist dies die Gleichung einer Parabel, der sogenannten **Wurfparabel**.

Vergleichen wir noch die in der Tabelle aufgeführten Werte von s_y (= $s_{y;exp}$) mit den nach der Formel (3) berechneten ($s_{y;ber}$), so finden wir eine gute Übereinstimmung.

$s_{y;exp}$ in m	10	9,7	8,9	7,3	5,1	0,25
$s_{y;ber}$ in m	10	9,69	8,77	7,24	5,10	0,39

● **Die Bahnkurve beim waagerechten Wurf ist eine Parabel mit dem Startpunkt als Scheitel.**

Wurfweite Interessant ist die von Christian anfangs gestellte Frage, wie weit er maximal in waagerechter Richtung kommen würde, also die Frage nach der Wurfweite x_W.

Da Christian aus 10 m Höhe abspringt, können wir zunächst die Fallzeit berechnen:

$$h = \frac{1}{2} \cdot g \cdot t^2$$

$$\Rightarrow t = \sqrt{2 \cdot \frac{h}{g}} = \sqrt{2 \cdot 10\,\text{m}/9{,}81\,\frac{\text{m}}{\text{s}^2}} = 1{,}4\,\text{s}$$

Mit dieser Zeit berechnen wir, wie weit er in x-Richtung kommen würde.

$$s_x(t = 1{,}4\,\text{s}) = x_W = v_0 \cdot t = 7\,\frac{\text{m}}{\text{s}} \cdot 1{,}4\,\text{s} = 9{,}8\,\text{m}$$

B1

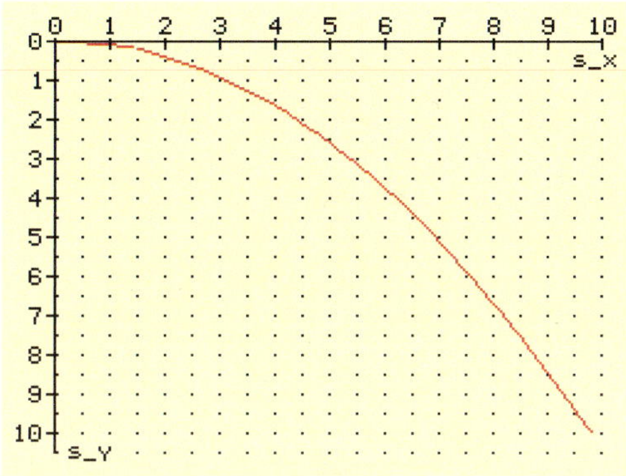

B2

Die Wurf- oder besser die Flugweite beträgt in diesem Fall also knapp 10 m. Wenn man noch berücksichtigt, dass die Plattform aus Sicherheitsgründen etwa 3 m über den Beckenrand ragt, würde Peter bei 13 m im Wasser auftreffen. Ein zugelassenes Sprungbecken ist mindestens 18 m lang, so dass er ungefähr 5 m vor dem gegenüberliegenden Beckenrand ins Wasser tauchen würde.

Für die Flug- oder Wurfweite x_W lässt sich eine allgemeine Formel herleiten. Nach den obigen Ausführungen gilt:

(1) $t_F = \sqrt{2 \cdot \frac{h}{g}}$ und weiter

(2) $x_W = v_0 \cdot t_F$ und daraus folgt:

$$x_W = v_0 \cdot \sqrt{2 \cdot \frac{h}{g}}$$

Das bedeutet, dass die Wurfweite beim waagerechten Wurf proportional zur Abwurfgeschwindigkeit steigt, aber nur proportional zur Wurzel aus der Abwurfhöhe. Um also die doppelte Wurfweite zu erzielen, müsste man entweder die Geschwindigkeit v_0 verdoppeln oder die Höhe vervierfachen.

Rückblick

1 Begriffe
Was versteht man unter
- einer numerischen Iteration?
- einem linearen Kraftgesetz?
- dem freien Fall?
- der Amplitude einer Schwingung?
- einer periodischen Bewegung?
- Superposition?
- einem waagerechten Wurf?
- Impuls und Impulsänderung?
- Impulserhaltung?

2 Erläuterungen
Erläutere mit eigenen Worten
- die Einflussgrößen auf eine Fallbewegung ohne Luftreibung.
- wie du die Periodendauer einer periodischen Bewegung ermitteln kannst.
- welche Größen die Wurfweite beim waagerechten Wurf beeinflussen.
- wie man Impuls verändern kann.
- wieso ein Tabellenkalkulationsprogramm zur Simulation einer Bewegung mit nicht konstanter Beschleunigung geeignet ist.

3 Beobachtungen
Welche Beobachtungen macht man
- wenn man ein Federpendel in einer Flüssigkeit schwingen lässt?
- wenn der gleiche Betrag an Impuls in kürzerer Zeit auf einen anderen Körper übertragen wird?
- eine Billardkugel eine zweite nicht zentral trifft?
- man im Auto einen Apfel senkrecht nach oben wirft?
- man von außen einen Apfel betrachtet, der in einem fahrenden Auto senkrecht nach oben geworfen wird?

4 Gesetzmäßigkeiten
Beschreibe mit eigenen Worten
- von welchen Größen die Schwingungsdauer eines ungedämpften Federpendels abhängt.
- den Impulserhaltungssatz.
- wie Abwurfhöhe und Wurfweite beim waagerechten Wurf zusammenhängen.

Erläutere die Erscheinungen in den folgenden Bildern und beantworte die Fragen!

B1 Handelt es sich hier um eine periodische Bewegung? Woher kommt hier die rückstellende Kraft?

B2 Wieso werden als Stehseile Spezialseile eingesetzt, obwohl die Kletterer doch gar nicht so schwer sind?

B3 Welche Aufgabe soll die Schraubenfeder beim Stoßdämpfer erfüllen? Unter welchen Umständen kommt es zu Schwingungen?

B4 Wie werden sich Ball und Spielerkopf nach dem Aufprall weiterbewegen?

B5 Wieso muss beim Abheben die Schubkraft der Düsen wesentlich größer sein als die Gewichtskraft der Rakete?

B6 Worauf muss der Pilot des Löschflugzeugs achten, damit die abgeworfene Fracht ihr Ziel nicht verfehlt?

Beispiele

„Gewehrkugelimpuls" Um die Geschwindigkeit einer Gewehrkugel (20 g) zu bestimmen, wird diese in einen anfangs ruhenden Sandsack der Masse 4,5 kg geschossen, in dem die Kugel nach dem Einschuss stecken bleibt. Unmittelbar nach dem Einschuss bewegt sich der Sandsack mit einer Geschwindigkeit von 3,10 m/s.

a) Berechne aus den angegebenen Größen die Geschwindigkeit der Gewehrkugel!

b) Wie viel Prozent der ursprünglichen kinetischen Energie gehen beim Einschuss verloren?

Lösung:

a) Impuls von Gewehrkugel und Sandsack vor dem Einschuss:

$p_{vor} = m_1 \cdot v_1 + m_2 \cdot v_2 =$
$0{,}02\,\text{kg} \cdot v_1 + 4{,}50\,\text{kg} \cdot 0\,\text{m/s}$

Impuls von Gewehrkugel und Sandsack nach dem Einschuss:

$p_{nach} = 4{,}52\,\text{kg} \cdot 3{,}10\,\text{m/s}$

Nach dem Impulserhaltungssatz gilt dann:

$p_{vor} = p_{nach} = 0{,}02\,\text{kg} \cdot v_1 = 4{,}52\,\text{kg} \cdot 3{,}10\,\text{m/s}$

und daraus ergibt sich die ursprüngliche Geschwindigkeit der Gewehrkugel zu

$v_1 = 7{,}0 \cdot 10^2\,\text{m/s}$

b) Kinetische Energie vor dem Einschuss:

$E_{kin} = 0{,}5 \cdot m \cdot v^2 = 0{,}5 \cdot 0{,}02\,\text{kg} \cdot (7{,}0 \cdot 10^2\,\frac{\text{m}}{\text{s}})^2$
$= 4{,}9\,\text{kJ}$

Nach dem Einschuss:

$E_{kin} = 0{,}5 \cdot 4{,}52\,\text{kg} \cdot (3{,}10\,\text{m/s})^2 = 22\,\text{J}$

D. h., es gehen 99,6 % der kinetischen Energie verloren.

B1

Fragen

Schwingungen eines Federpendels

1 An einer Schraubenfeder mit bestimmter Federhärte hängt ein Massestück und schwingt nach einer Auslenkung aus der Ruhelage mit der Schwingungsdauer T.

a) Wie ändert sich die Schwingungsdauer, wenn man
- die Amplitude verdoppelt,
- die Masse verdoppelt,
- die gleiche Masse an einer Feder mit doppelt so großer Federhärte schwingen lässt?

b) Wie könnte man eine Schwingung mit doppelt so großer Schwingungsdauer erreichen?

2 Die Schwingung eines ungedämpften Federpendels startet zum Zeitpunkt $t = 0$ mit der Auslenkung s_M (= maximale Auslenkung bzw. Amplitude). Die Periodendauer dieser Schwingung beträgt 1,20 s.

a) Gib die nächsten drei Zeitpunkte an, an denen die Feder ihre maximale Auslenkung erreicht!

b) Gib die ersten drei Zeitpunkte an, an denen das schwingende Massestück die größte Geschwindigkeit hat!

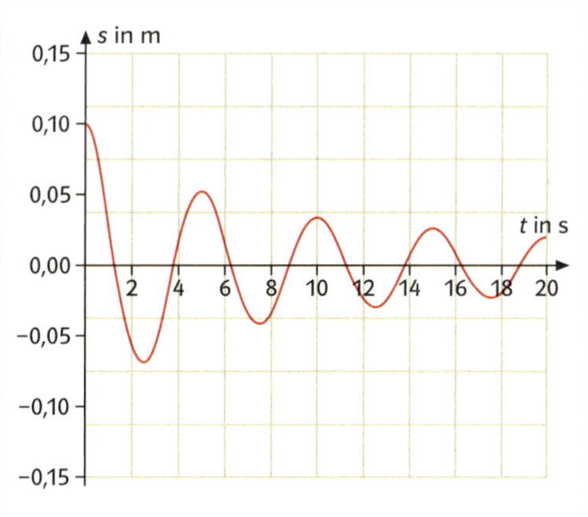

B2

3 Abbildung **B2** zeigt das t-s-Diagramm einer gedämpften Federschwingung.

a) Ermittle aus dem Diagramm die Schwingungsdauer dieser Schwingung!

b) Versuche den Verlauf des zugehörigen t-v-Diagramms qualitativ (d. h. ohne Zahlenwerte für v) zu skizzieren!

c) Wie viel Prozent der anfangs vorhandenen Spannenergie der Feder sind nach einer vollen Schwingung noch vorhanden?

Fragen

Kraft und Beschleunigung

4 Ein Fahrradfahrer hat zusammen mit seinem Fahrrad eine Masse von 90 kg. Die Bremsen können eine Bremskraft von 300 N entwickeln.
a) Der Radfahrer fährt mit einer Geschwindigkeit von 25 km/h. Wie lange dauert es, bis er durch Bremsen zum Stehen kommt?
b) Berechne die Länge seines Bremsweges!

5 Ein Güterzug besteht aus einer Lokomotive mit 120 t Masse und 20 Waggons mit einer Masse von jeweils 40 t. Der Elektromotor der Lokomotive kann eine Zugkraft von 50 kN entwickeln.
a) Berechne, mit welcher Beschleunigung sich dieser Güterzug in Bewegung setzen kann!
b) Wie lange dauert es, bis der Zug seine Fahrgeschwindigkeit von 80 km/h erreicht hat?
c) Wie weit ist der Zug bis dahin gefahren?

6 Bei einem scharf geschossenen Elfmeter erreicht ein Fußball (Masse 420 g) eine Geschwindigkeit von 90 km/h. Der Torwart, der diesen Ball hält, bremst ihn innerhalb von 0,04 s auf 0 km/h ab.
a) Wie groß ist die (mittlere) Beschleunigung des Fußballs während dieser 0,04 s?
b) Welche Kraft muss der Torwart dafür aufbringen?

B1 zu Frage 11

Impuls

7 Mit einem Luftgewehr wird auf ein ruhendes Pendel der Masse 250 g geschossen. Die Geschwindigkeit des Pendelkörpers nach dem Aufprall der Kugel beträgt 0,38 m/s.
a) Berechne mit Hilfe des Impulserhaltungssatzes die Mündungsgeschwindigkeit der Luftgewehrkugel (m = 0,50 g).
b) Zeige, dass die kinetischen Energien vor bzw. nach dem Aufprall unterschiedlich groß sind. Wo ist die restliche Energie geblieben?

8 Auf einem See schwimmt ein ruhendes Boot mit der Masse 160 kg. In dem Boot sitzen zwei Kinder, jedes mit der Masse 40 kg.
a) Mit einem flachen Startsprung springt das erste Kind ins Wasser. Durch den Rückstoß erreicht das Boot eine Geschwindigkeit von 0,75 m/s. Mit welcher Geschwindigkeit ist das Kind ins Wasser gesprungen?
b) Nun springt das zweite Kind in die gleiche Richtung wie das erste mit einer Geschwindigkeit von 3,75 m/s ins Wasser. Welche Geschwindigkeit hat nun das Boot?
c) Wie groß wäre die Geschwindigkeit des Bootes, wenn beide Kinder gleichzeitig mit v = 3,75 m/s in die gleiche Richtung ins Wasser springen würden?

9 Eine Kugel (m_1 = 100 g) stößt zentral mit einer Geschwindigkeit v_1 = 1,0 m/s auf eine ruhende Kugel (m_2 = 150 g), die dadurch eine Geschwindigkeit v_2 = 0,50 m/s erhält.
a) Welche Geschwindigkeit hat die erste Kugel nach dem Stoß?
b) Prüfe rechnerisch, ob bei diesem Stoß die mechanische Energie erhalten blieb.

10 Eine schwarze Katze (m_K = 3,0 kg) fährt auf einem Skateboard (m_S = 4,0 kg), das sich mit der Geschwindigkeit v = 1,5 m/s bewegt.
a) Mit welcher Geschwindigkeit fährt das Skateboard weiter, wenn die Katze mit der Absprunggeschwindigkeit (relativ zur Straße) v_K' = 4,5 m/s nach hinten abspringt?
b) In welche Richtung und mit welcher Geschwindigkeit muss die Katze abspringen, damit das Skateboard stehen bleibt?

Fall- und Wurfbewegungen

11 Eppelein v. Gailingen war ein berühmter fränkischer Raubritter, der Mitte des 14. Jahrhunderts die Gegend um Nürnberg herum unsicher machte. Um das Jahr 1370 soll er von den Nürnbergern gefangen genommen und zum Tode verurteilt worden sein. Er entkam ihnen jedoch der Legende zufolge durch einen kühnen Sprung über die Mauer und den Burggraben. Die Mauer war damals eher eine Art Erdwall, der Graben auch sicher bei Weitem nicht so breit wie heute, denn die komplette Burganlage wurde etwa 50 Jahre nach Eppeleins Flucht zerstört und komplett neu und jetzt sprungsicher wieder aufgebaut. Welche Ausmaße hatten Burgwall und Graben ungefähr, falls die Legende der Wahrheit entspricht? (Hilfen: Nimm einen waagerechten Wurf an. Im Wettkampf-Geländereiten sind Sprungtiefen von zwei Metern an Hindernissen üblich.)

12 Ein Sprungbecken mit 10-m-Turm hat die Abmessungen von 18 m mal 18 m. Die 5 m lange und 10 m hohe Plattform ragt 3 m in das Becken hinein. Mit welcher waagerechten Geschwindigkeit müsste ein Turmspringer von der Plattform abspringen, wenn er den gegenüberliegenden Beckenrand erreichen soll? Sind unsere Sprungbecken sicher?

Kreisbewegung

Aufrecht um die Kurve Im Bahnradsport werden im Sprint oft Geschwindigkeiten über 70 km/h erreicht, obwohl die Sportler „im Kreis herumfahren" müssen. Die engen Kurven einer Radrennbahn sind stark überhöht, daher können sie von den Rennfahrern mit sehr hohen Geschwindigkeiten durchfahren werden.

Auf dem Jahrmarkt Wer in einem Kettenkarussell mitfährt, meint, dass ihn eine Kraft vom Karussell nach außen wegzieht. Von außen kann man beobachten, dass die Sitze während der Drehung nicht mehr senkrecht nach unten hängen.

Auf einer Kreisbahn „Schwung holen" Hammerwerfen ist koordinativ und athletisch sehr anspruchsvoll. Ein Hammerwerfer muss beim schnellen Andrehen eine große Kraft aufbringen, um die Kugel auf einer Kreisbahn zu halten. Gleichzeitig muss die Athletin oder der Athlet dabei diese Kreisbahn so gegen den Boden neigen, dass der Hammer im richtigen Anstellwinkel abgeworfen werden kann. Zuletzt muss auch noch genau der Moment zum Loslassen abgepasst werden, damit der Hammer auch den gültigen Wurfsektor trifft.

Funkenflug Bei dem sich schnell drehenden Schleifstein fliegen die Funken tangential weg.

Die Kreisbewegung

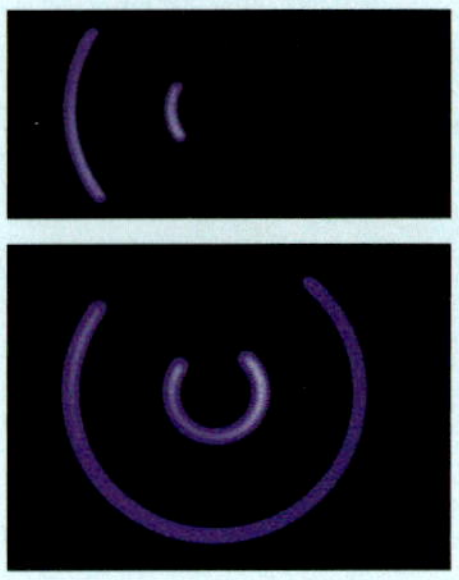

B1

Beim 400-m-Lauf starten die Läuferinnen und Läufer nicht auf gleicher Höhe, sondern versetzt (→ **B2**). Sind die Sportler auf der äußeren Bahn deshalb im Vorteil?

V1 Auf einer rotierenden Scheibe befinden sich in unterschiedlicher Entfernung vom Mittelpunkt zwei Lämpchen. Abbildung **B1** zeigt deren Spuren bei unterschiedlicher Belichtungszeit.

B2

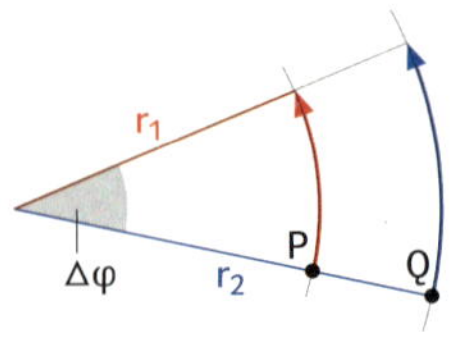

B3 Zwei Punkte mit unterschiedlichen Radien und unterschiedlichem Bogen, aber gleichem Winkel

Die Einheiten von f und ω sind zwar gleich (1/s), die Größen selbst sind aber unterschiedlich!

Die Kreisbewegung Bewegt sich ein Körper auf einer kreisförmigen Bahn, so spricht man von einer **Kreisbewegung**. Um die Kreisbewegung eines Körpers beschreiben zu können, werden folgende Größen benötigt:

Die **Umlaufdauer** T gibt an, wie lange ein Körper für einen vollen Umlauf benötigt, die Einheit ist 1 s.

Die (Dreh-) **Frequenz** f gibt an, wie viele Umläufe ein Körper in einer Sekunde ausführt. Ihre Einheit ist 1 Hz oder 1/s. Die Drehfrequenz ist der Kehrwert der Umlaufdauer, es gilt:

$$f = \frac{1}{T} \text{ bzw. } T = \frac{1}{f}$$

In einem sich drehenden Kettenkarussell bewegen sich alle Mitfahrer in der gleichen Zeit (der Umlaufdauer T) einmal im Kreis herum. Nebeneinander sitzende Personen können sich dabei an den Händen halten, obwohl die Weglänge außen größer ist als innen. Die Bahnkurve ist für jeden Karussellfahrer ein Kreis. Anders als bei einer geradlinigen Bewegung wird sie immer wieder neu durchlaufen. Eine solche Bewegung nennt man **periodisch**.

Die **Bahngeschwindigkeit** gibt an, welche tatsächliche Weglänge ein Körper auf seiner Kreisbahn in einer bestimmten Zeit zurücklegt. Sie entspricht dem Begriff „Geschwindigkeit", den wir aus geradlinigen Bewegungen kennen, mit dem Unterschied, dass der Weg eben keine gerade Strecke ist, sondern ein Abschnitt der Kreisbahn. Die Einheit der Bahngeschwindigkeit ist 1 m/s. Wenn sich der Betrag der Geschwindigkeit auf einer bestimmten Kreisbahn mit dem Radius r während der Bewegung nicht ändert, ergibt sich der Betrag der Bahngeschwindigkeit aus dem Umfang $2\pi \cdot r$ und der Dauer T eines Umlaufs

$$v = \frac{\Delta s}{\Delta t} = \frac{2\pi \cdot r}{T} = \frac{2\pi}{T} \cdot r.$$

Der Faktor $2\pi/T$ ist unabhängig vom Radius und daher für alle Karussellfahrer gleich. 2π beschreibt den Winkel von 360° für einen vollen Umlauf im Bogenmaß.

Die Winkelgeschwindigkeit Zieht man von jedem Karussellfahrer eine Schnur zum Kreismittelpunkt, so überstreicht sie in einer Zeitspanne Δt einen Winkel $\Delta\varphi$ (→ **B3**). Man definiert: Der Quotient

$$\omega = \frac{\Delta\varphi}{\Delta t}$$ heißt **Winkelgeschwindigkeit**.

Wird $\Delta\varphi$ im Bogenmaß gemessen, so hat ω die Einheit 1/s. Wenn ω konstant ist, gilt $\omega = 2\pi/T = 2\pi \cdot f$. Dabei ist die Frequenz f der Quotient aus der Anzahl der Umläufe und der dafür benötigten Zeitdauer.

Für die Bahngeschwindigkeit gilt also $v = \omega \cdot r$.

Die Winkelgeschwindigkeit ist unabhängig vom Radius und zur Beschreibung der periodischen Bewegung geeignet.

Bewegen sich zwei Körper mit gleicher Drehfrequenz auf Kreisbahnen mit unterschiedlichen Radien, so benötigen beide für einen Umlauf die gleiche Zeit, haben also die gleiche Umlaufdauer und die gleiche Winkelgeschwindigkeit.

Da die beiden Kreisbahnen jedoch unterschiedliche Radien haben und damit auch einen unterschiedlichen Umfang ($U = 2\pi \cdot r$), legt der Körper auf der äußeren Bahn somit in der gleichen Zeit eine größere Strecke zurück, hat also eine größere Bahngeschwindigkeit.

Kräfte bei der Kreisbewegung

V1 Auf einem Drehteller liegen unterschiedliche Geldstücke; erhöht man die Drehfrequenz, so rutschen die Geldstücke nacheinander vom Drehteller. Lässt sich voraussagen, welche als erste vom Teller rutschen?

V2 In einer Anordnung wie in Abbildung **B2** wird die Kraft gemessen, die den Wagen auf der Kreisbahn hält. Die Winkelgeschwindigkeit, die Masse des Wagens und sein Abstand von der Drehachse werden variiert. Es zeigt sich, dass die Kraft proportional zur Masse, zum Radius und zum Quadrat der Winkelgeschwindigkeit ist.

Versuch a) $m = 0{,}1\,\text{kg},\ T = 0{,}5\,\text{s}$				
r in m	0,1	0,2	0,3	0,4
F in N	1,5	3,1	4,4	6,1
Versuch b) $r = 0{,}2\,\text{m},\ T = 0{,}5\,\text{s}$				
m in kg	0,10	0,15	0,2	0,25
F in N	3,2	4,7	6,4	8,1
Versuch c) $r = 0{,}2\,\text{m},\ m = 0{,}1\,\text{kg}$				
T in s	1,0	0,8	0,6	0,5
ω in 1/s	6,3	7,9	10,5	12,6
ω^2 in $1/\text{s}^2$	40	62	110	159
F in N	0,7	1,1	2,1	3,0

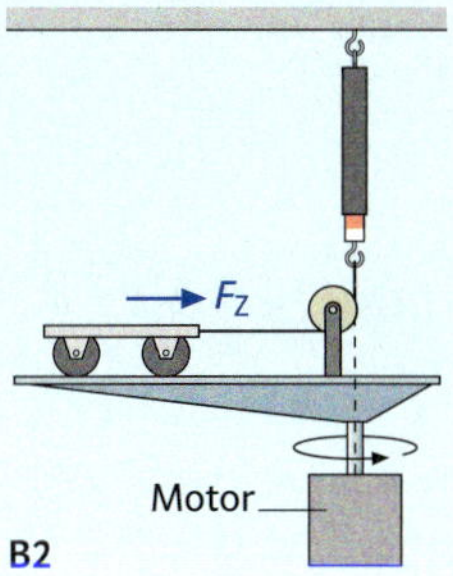

B2

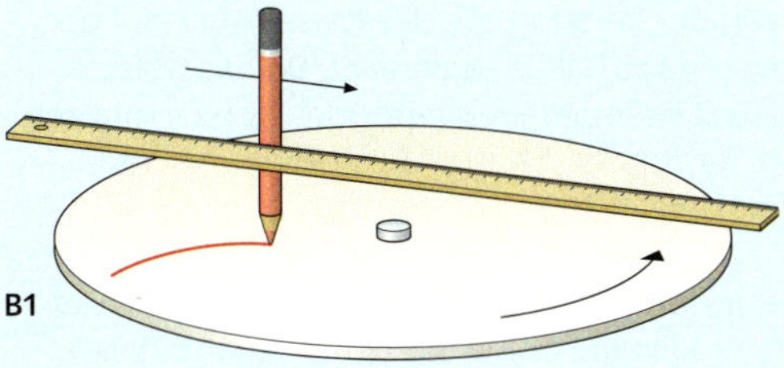
B1

V3 Die Bewegung eines Bleistiftes an einem Lineal entlang, unter dem sich ein Blatt Papier dreht, lässt auf dem Papier eine gekrümmte Bahnkurve entstehen (→ **B1**).

Die Zentripetalkraft Eine Astronautin nähert sich einem Satelliten. Wenn sie ihn umrunden will, muss sie ihre kleine Handrakete so richten, dass eine Kraft in Richtung des Satelliten entsteht, eine zum Mittelpunkt gerichtete **Zentripetalkraft** F_Z (→ **B3, B4**). Auch der Satellit selbst umkreist die Erde annähernd auf einer Kreisbahn, da deren Gravitationskraft ihn von seiner geraden Trägheitsbahn ablenkt und ihn auf eine Kreisbahn zwingt. Da sich bei diesen Bewegungen permanent die Richtung ändert, handelt es sich um beschleunigte Bewegungen. Aus dem 2. Newton'schen Axiom ergibt sich $F_Z \sim m$ (m ist dabei die Masse des auf dem Kreis umlaufenden Körpers). Messungen zeigen außerdem $F_Z \sim r$ und $F_Z \sim \omega^2$. Insgesamt ergibt sich aus den Messungen

$$F_Z = m \cdot \omega^2 \cdot r = m \cdot v^2/r \quad (\text{mit } v = \omega \cdot r).$$

Die Zentripetalkraft ist stets senkrecht zur jeweiligen Geschwindigkeit zum Kreismittelpunkt gerichtet. Sie bewirkt eine **Zentripetalbeschleunigung** a_Z mit der gleichen Richtung und dem Betrag

$$a_Z = \omega^2 \cdot r = v^2/r$$

Eine Kurve kann nur gefahren werden, wenn eine durch Masse, Kurvenradius und Geschwindigkeit bestimmte Zentripetalkraft auf den bewegten Körper wirkt. Jede gekrümmte Bahnkurve lässt sich aus verschiedenen Kreisbögen und geraden Strecken zusammensetzen. Bei der Untersuchung von Kreisbewegungen geht es immer darum, wodurch bzw. durch wen die für die Kreisbewegung nötige Zentripetalkraft aufgebracht wird. Da diese Kraft immer senkrecht zur Bewegungsrichtung steht, wird durch sie keine Arbeit verrichtet, d.h. durch die Zentripetalkraft wird der Betrag der Bahngeschwindigkeit nicht verändert.

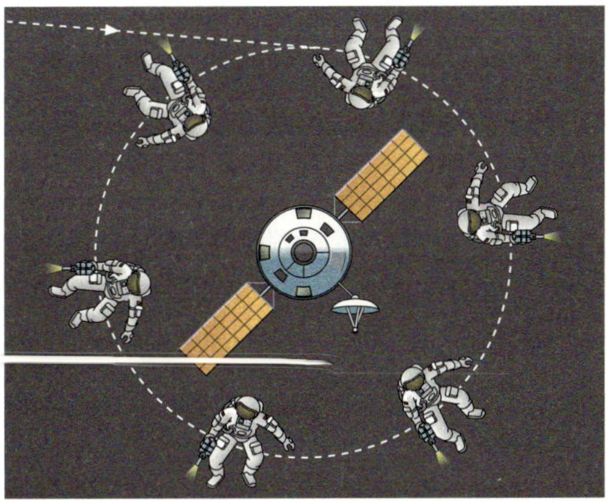
B3 Astronautin

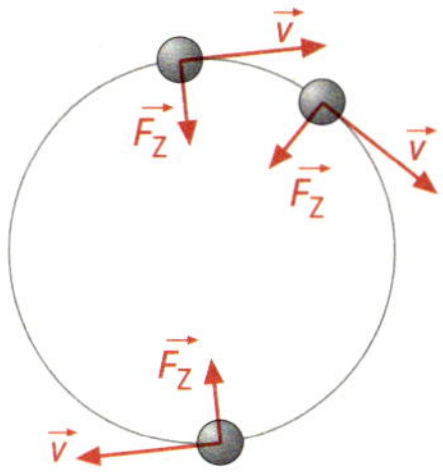

B4

Zentripetalkraftberechnungen

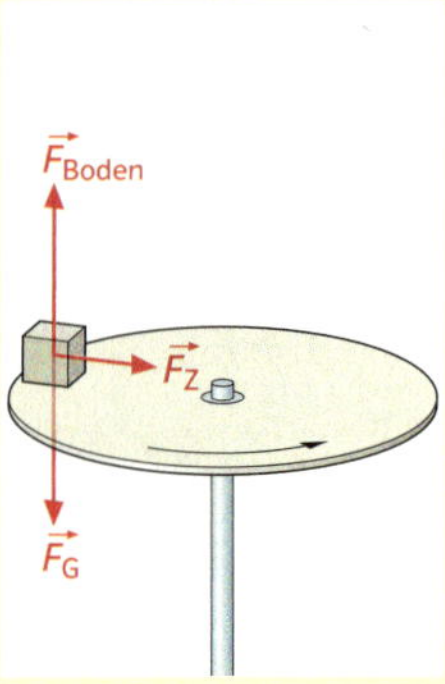

B1 Massestück auf Drehteller

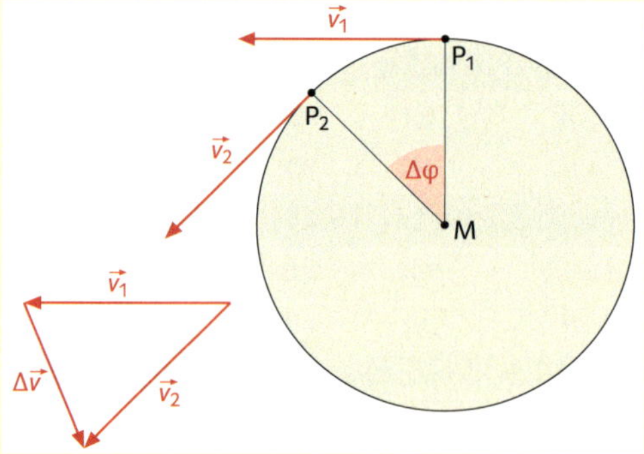

B2

Herleitung der Formel für die Zentripetalbeschleunigung Die Skizze zeigt einen Gegenstand auf seiner Kreisbahn zu den Zeitpunkten t_1 und t_2 mit den jeweiligen Geschwindigkeitsvektoren $\vec{v}_1$ und $\vec{v}_2$. Ist der Betrag der Bahngeschwindigkeit v konstant, so haben die beiden Vektoren die gleiche Länge. Während dieses Zeitraums Δt ist der Gegenstand um den Winkel $\Delta\varphi$ vorwärts gekommen (→ **B2**).

Lässt man die beiden Geschwindigkeitsvektoren von einem gemeinsamen Punkt ausgehen, so kann man durch Vektoraddition den Vektor $\Delta\vec{v}$ der Geschwindigkeitsänderung ermitteln (→ **B2**).

B3

Das aus den drei Vektoren gebildete Dreieck ist dabei gleichschenklig; der Winkel zwischen $\vec{v}_1$ und $\vec{v}_2$ ist dabei genau der Winkel $\Delta\varphi$. Daher ist dieses Dreieck ähnlich zum Dreieck MP_1P_2 in → **B2**.

Deshalb ist $\Delta v/v = \overline{P_1P_2}/r$. Die Strecke $\overline{P_1P_2}$ ist für kleine Zeitintervalle etwa so groß wie der Kreisbogen von P_1 nach P_2 und dieser ist $r \cdot \Delta\varphi = r \cdot \omega \cdot \Delta t$. Also ist $\Delta v/v = \omega \cdot \Delta t$ bzw. $\Delta v/\Delta t = \omega \cdot v$.

Für kleine Zeiträume Δt ist der Quotient $\Delta v/\Delta t$ die Beschleunigung a. Zusammen mit der Beziehung $v = \omega \cdot r$ ergibt sich die Formel für die Zentripetalbeschleunigung:

$$a_z = \omega^2 \cdot r \text{ bzw. } a_z = \frac{v^2}{r}$$

Für die Zentripetalkraft erhält man dann

$$F_z = m \cdot \omega^2 \cdot r \text{ bzw. } F_z = m \cdot \frac{v^2}{r}$$

Beispiele für Kreisbewegungen Auf einem Drehteller liegt im Abstand von 4,0 cm vom Mittelpunkt ein Massestück der Masse 100 g (→ **B1**). Wird die Drehfrequenz langsam erhöht, so beobachtet man, dass bei Überschreiten der Frequenz 1,5 Hz das Massestück vom Drehteller rutscht.

Bei einer Drehfrequenz von 1,5 Hz erfährt der Körper auf seiner Kreisbahn eine Zentripetalbeschleunigung von

$$a_z = \omega^2 \cdot r = (2\pi \cdot f)^2 \cdot r = 3{,}5\,\frac{\text{m}}{\text{s}^2}$$

Die nötige Zentripetalkraft, die in diesem Fall das Gewichtstück auf seine Kreisbahn zwingt, beträgt dann $F_z = m \cdot a_z = 0{,}35\,\text{N}$. Sie wird von der Reibung, die das Massestück auf der Unterlage hält, aufgebracht. Da das Massestück bei einer Frequenz über 1,5 Hz vom Drehteller rutscht, beträgt diese Reibungskraft maximal 0,35 N.

Kurvenfahrt mit Auto Ein Auto der Masse 1,4 t soll eine Kurve mit dem Kurvenradius 150 m durchfahren. Auch hier wird die nötige Zentripetalkraft durch die Reibung zwischen Straßenbelag und den darauf haftenden Reifen aufgebracht. Beträgt die maximale Reibungskraft auf trockener Straße für dieses Auto 4,5 kN, so kann man berechnen, mit welcher Geschwindigkeit diese Kurve höchstens durchfahren werden kann:

Aus dem Ansatz Zentripetalkraft = maximale Reibungskraft

$$m \cdot \frac{v^2}{r} = 4{,}5 \cdot 10^3\,\text{N}$$

ergibt sich

$$v^2 = 4{,}5 \cdot 10^3\,\text{N} \cdot \frac{150\,\text{m}}{1{,}4 \cdot 10^3\,\text{kg}}$$

Die maximale Kurvengeschwindigkeit berechnet sich daraus zu $v = 22\,\text{m/s}$. Dies sind etwa 80 km/h. Bei nasser bzw. vereister Straße sinkt die Reibungskraft für die Haftung, d. h., bei gleicher Geschwindigkeit kann die für die Kurvenfahrt nötige Zentripetalkraft nicht mehr durch die Reibung aufgebracht werden. Das Auto würde aus der Kurve herausrutschen.

Verkehrsrowdies vergrößern durch „Schneiden" einer Kurve (→ **B3**) den Radius der gefahrenen Kurve und können dadurch mit etwas höherer Geschwindigkeit fahren.

Kreisbewegungen in Technik und Verkehr

Fliehkraftregler **B4** zeigt einen sogenannten Fliehkraftregler, mit dem bereits James Watt und Matthew Boulton im 18. Jahrhundert die Drehgeschwindigkeit ihrer Dampfmaschinen gesteuert haben. Je größer die Drehgeschwindigkeit der Maschine und damit des Gestänges war, desto höher wurden die sich mitdrehenden Metallkugeln gehoben; wird eine bestimmte Drehgeschwindigkeit überschritten, so wird ein Ventil oder ein Schaltkontakt geöffnet, so dass die Drehgeschwindigkeit nicht noch weiter steigt (→ **B1**).

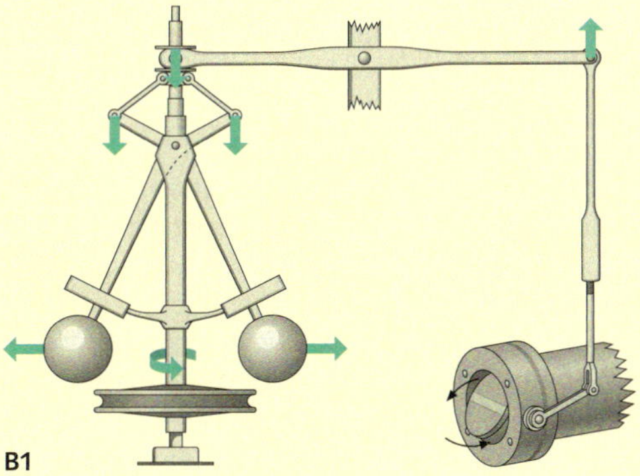

B1

Ein außenstehender Beobachter sieht, dass die beiden Metallkugeln an dem Gestänge eine Kreisbewegung vollführen; um zu verstehen, woher die dafür nötige Zentripetalkraft F_Z stammt, muss man eine Kräftezerlegung der Gewichtskraft vornehmen (→ **B5**).

Die Gewichtskraft F_G wird zerlegt in eine radiale Komponente F_r in Richtung des Mittelpunkts der Kreisbewegung und eine Komponente F_s in Richtung des Gestänges. Für eine stabile Kreisbewegung muss die Komponente F_r gerade die nötige Zentripetalkraft F_Z aufbringen. Aus dem Kräfteparallelogramm erhält man die Beziehung

$$F_r = F_G \cdot \tan \alpha$$

und mit der Bedingung, dass F_r gleich F_Z sein muss, ergibt sich

$$F_r = F_G \cdot \tan \alpha = m \cdot \omega^2 \cdot r = F_Z$$

Hier erkennt man, dass mit zunehmender Winkelgeschwindigkeit auch der Auslenkungswinkel größer wird. Allerdings muss für die Angabe des exakten Zusammenhangs zwischen ω und α noch berücksichtigt werden, dass sich auch der Radius der Kreisbahn mit dem Winkel α verändert.

Kurvenfahrt **B2** zeigt einen Motorradfahrer, der in extremer Schräglage eine Kurve durchfährt. Dabei neigt er sich um den Winkel α gegen die Vertikale.

B2

Die Schräglage bewirkt, dass eine Komponente der Gewichtskraft F_G die für die Kurvenfahrt nötige Zentripetalkraft F_z aufbringt (→ **B3**).

B3

Für die Radialkomponente F_r der Gewichtskraft gilt wieder

$$F_r = F_G \cdot \tan \alpha.$$

Diese Komponente muss genau die nötige Zentripetalkraft liefern. Damit erhält man als Bedingung für eine Kurvenfahrt mit Geschwindigkeit v und Radius r:

$$F_G \cdot \tan \alpha = m \cdot \frac{v^2}{r} \quad \text{bzw.} \quad g \cdot \tan \alpha = \frac{v^2}{r}$$

Man erkennt, dass bei höherer Geschwindigkeit auch der Neigungswinkel größer werden muss. Gefährlich wird das Kurvenfahren mit extremen Neigungswinkeln durch die zweite Komponente, die das Motorrad schräg auf die Straße drückt. Im Auflagepunkt ergibt sich hier eine Querkomponente, die zum Wegrutschen führt, wenn die Reibungskraft für das Haften auf dem Straßenbelag nicht groß genug ist.

B4 Fliehkraftregler

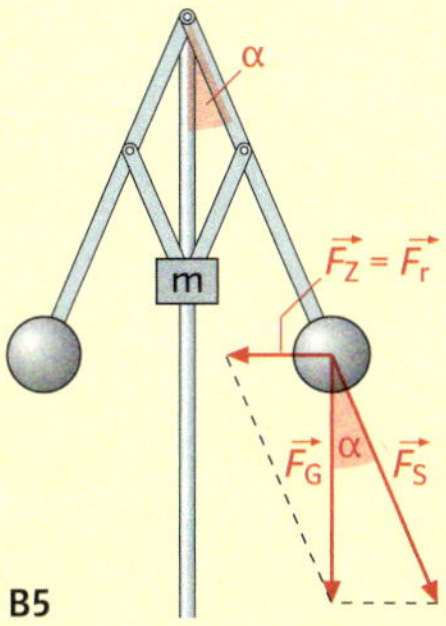

B5

Planetenbewegung

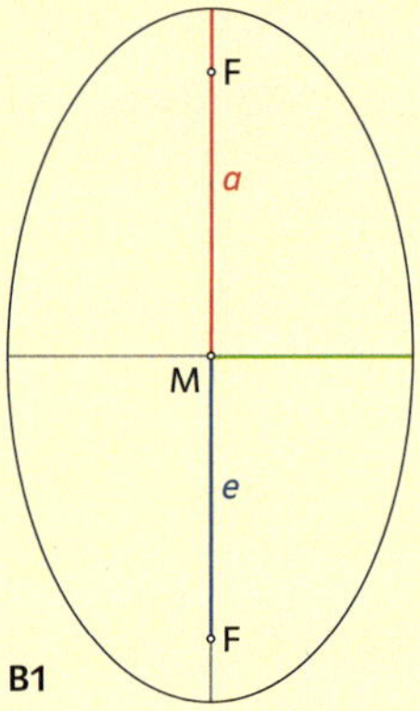

B1

Die meisten Planeten unseres Sonnensystems bewegen sich auf Ellipsenbahnen, die kaum von einer Kreisbahn zu unterscheiden sind. Die Abweichung von einer Kreisbahn wird durch die numerische Exzentrizität ε beschrieben; diese berechnet sich nach $\varepsilon = e/a$, wobei e die Entfernung des Brennpunktes der Ellipse von ihrem Mittelpunkt und a ihre große Halbachse ist (→ **B1**). Für die Bahn der Erde um die Sonne beträgt die numerische Exzentrizität 0,017, d.h., Brennpunkte und Mittelpunkt dieser Ellipse fallen fast zusammen. Nur bei Merkur und dem Kleinplaneten Pluto* hat man merkliche Abweichungen von einer Kreisbahn (→ **B2**). Die folgenden Berechnungen gehen von einer Kreisbahn aus. Die für die Bahn eines Planeten der Masse m_P nötige Zentripetalkraft F_Z wird von der wechselseitigen Gravitationskraft zwischen Planet und Sonne aufgebracht, d.h. die Kraft, die ein Planet durch die Masse der Sonne erfährt, zwingt ihn auf die Kreisbahn (→ **B3**).

Bahn	ε
Kreis	0
Merkur	0,205
Venus	0,0067
Erde	0,017
Mars	0,094
Jupiter	0,049
Saturn	0,056
Uranus	0,046
Neptun	0,011
Pluto*	0,244

B2
*Pluto zählt seit August 2006 nicht mehr zu den Planeten.

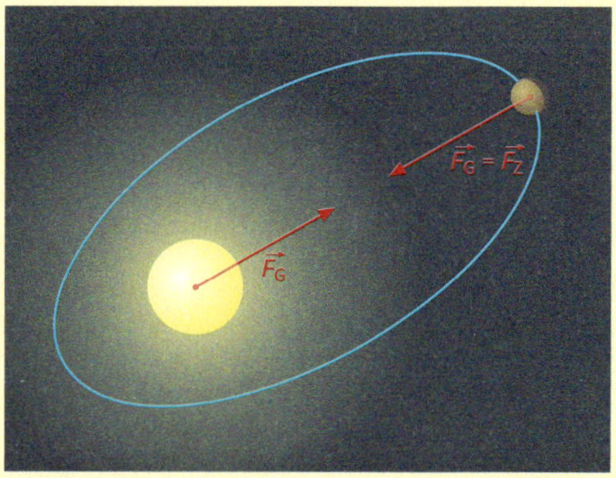

B3

Aus der Bedingung, dass die Zentripetalkraft gleich der Gravitationskraft ist, ergibt sich:

$$m_P \cdot \omega^2 \cdot r = \gamma \cdot \frac{m_P \cdot m_S}{r^2}$$

Dabei sind m_P und m_S die Massen von Planet und Sonne, ω die Winkelgeschwindigkeit des Planeten, r der Radius der Kreisbahn und γ die Gravitationskonstante. Aus dieser Gleichung kürzt sich die Planetenmasse heraus; ersetzt man die Winkelgeschwindigkeit durch $2\pi/T$, wobei T die Umlaufdauer des Planeten ist, so erhält man die Gleichung

$$\left(\frac{2\pi}{T}\right)^2 \cdot r = \gamma \cdot \frac{m_S}{r^2}$$

und daraus durch Umformung

$$\frac{T^2}{r^3} = \frac{(2\pi)^2}{\gamma \cdot m_S}$$

B4 Fernseh-Satellit

Da auf der rechten Seite nur Zahlen und Größen vorkommen, die unabhängig vom jeweiligen Planeten sind, ist dieser Ausdruck eine für alle Planeten gleiche Konstante. Ersetzt man den Bahnradius durch die große Halbachse a, so beschreibt diese Gleichung genau das dritte Kepler'sche Gesetz. Diese Konstante gilt allgemein für alle Objekte, die durch die von der Sonne ausgeübte Gravitationskraft auf eine Bahn um die Sonne gezwungen werden, wie z.B. auch die Asteroiden, das sind kleinere Himmelskörper, die sich hauptsächlich zwischen der Mars- und der Jupiterbahn bewegen, oder auch die periodisch wiederkehrenden Kometen.

Das dritte Kepler'sche Gesetz lässt sich auf alle Systeme verallgemeinern, bei denen Körper bedingt durch die Gravitationskraft auf Bahnen um einen Zentralkörper kreisen. Beispielsweise wird die Erde als Zentralkörper vom Mond und inzwischen von einer Vielzahl künstlicher Satelliten umkreist (→ **B4**). Für die Umlaufsdauer T und den Bahnradius r dieser Körper gilt in diesem System die Beziehung

$$\frac{T^2}{r^3} = \frac{(2\pi)^2}{\gamma \cdot m_E}$$

Diese Gleichung erhält man aus dem gleichen Ansatz wie für die Planetenbewegung um die Sonne; statt der Masse der Sonne steht jetzt die Masse der Erde m_E in der Gleichung.

Bestimmte Satelliten wie z.B. Fernseh- oder GPS-Satelliten (→ **B4**) sollen sich immer über demselben Punkt der Erdoberfläche befinden. Ihre Umlaufsdauer muss dann genauso groß sein wie die Dauer einer Drehung der Erde um ihre Achse, nämlich ca. 24 h, das sind 86 400 Sekunden. (Tatsächlich beträgt die Dauer einer Erddrehung 23 h 56 min 4 s). Für einen solchen geostationären Satelliten ergibt sich dann eine Winkelgeschwindigkeit von

$$\omega = \frac{2\pi}{86\,400\,\text{s}} = 7{,}3 \cdot 10^{-5}\,\frac{1}{\text{s}}$$

Aus der Gleichung

$$\frac{T^2}{r^3} = \frac{(2\pi)^2}{\gamma \cdot m_E}$$

und der bekannten Masse der Erde ($m_E = 6{,}0 \cdot 10^{24}$ kg) kann dann der Bahnradius eines geostationären Satelliten errechnet werden. Man erhält $r = 4{,}2 \cdot 10^6$ m = 42 000 km. Damit muss ein solcher Satellit in einer Höhe von etwa 36 000 km über der Erdoberfläche kreisen.

1 Begriffe
Was versteht man unter
- Kreisbewegung?
- Umlaufdauer und Frequenz?
- der Bahngeschwindigkeit und der Winkelgeschwindigkeit?
- der Zentripetalbeschleunigung?
- der Zentripetalkraft?
- Exzentrizität einer Ellipse?

2 Beobachtungen
Was beobachtet man, wenn
- eine Kurve von zwei Autos mit gleichem Geschwindigkeitsbetrag mit zwei unterschiedlichen Radien durchfahren wird?
- ein Drehteller, auf dem unterschiedliche Geldstücke liegen, immer schneller gedreht wird?
- ein Motorradfahrer in die Kurve fährt?
- man einen gefüllten Eimer in einer vertikalen Kreisbewegung über den Kopf schleudert?

3 Erklärungen
Wie lässt sich begründen, dass
- ein auf einer Kreisbahn außen laufender Läufer langsamer scheint als ein innen laufender, aber dennoch schneller ist?
- ein Motorradfahrer ab einem bestimmten Geschwindigkeitsbetrag aus der Kurve rutscht?
- dass durch die Zentripetalkraft keine Arbeit verrichtet wird?
- dass ein Satellit ohne eigenen Antrieb auf seiner Kreisbahn bleibt?

4 Gesetzmäßigkeiten
Beschreibe mit eigenen Worten
- den Zusammenhang zwischen Bahngeschwindigkeit und Radius.
- den Zusammenhang zwischen Bahngeschwindigkeit und Winkelgeschwindigkeit.
- den Zusammenhang zwischen Zentripetalbeschleunigung und Radius.
- den Zusammenhang zwischen Zentripetalkraft und Radius.

Erläutere die Erscheinungen in den folgenden Bildern und beantworte die Fragen!

B1 Warum hängen alle Sitze gleich schräg, egal ob sie besetzt oder unbesetzt sind?

B2 Was hält die Short-Track-Läufer in der Kurve?

B3 Was hat die Wasserfontäne mit der Kurvenfahrt des Wasserskifahrers zu tun?

B4 Warum bewegen sich die Funken auf fast gerader Bahn? Wie sieht die Bahn aus, wenn man die Funken länger beobachten kann?

Beispiele

Bestimmung der Sonnenmasse Die Erde bewegt sich auf einer (fast exakten) Kreisbahn um die Sonne. Der Radius dieser Bahn beträgt $150 \cdot 10^6$ km. Für einen Umlauf benötigt sie etwa 365 Tage. Die für die Kreisbewegung nötige Zentripetalkraft wird dabei von der zwischen Erde und Sonne wirkenden Gravitationskraft aufgebracht. Bestimme aus diesen Angaben die Masse der Sonne.

Lösung: Es gilt die Beziehung

Zentripetalkraft = Gravitationskraft

oder mit den bekannten Gesetzmäßigkeiten

$$m_{\text{Erde}} \cdot \omega^2 \cdot r = \gamma \cdot \frac{m_{\text{Erde}} \cdot m_{\text{Sonne}}}{r^2}$$

m_{Erde} und m_{Sonne} sind dabei die Masse von Erde bzw. Sonne, r ist der Radius der Erdbahn und $\omega = 2\pi/T$ die Winkelgeschwindigkeit der Erde auf ihrer Kreisbahn. In der obigen Gleichung lässt sich m_{Erde} herauskürzen. Durch Umstellen erhält man

$$m_{\text{Sonne}} = \frac{4\pi^2 \cdot r^3}{T^2 \cdot \gamma}$$

Somit kann die Masse der Sonne aus den bekannten Daten der Erdbahn und der Gravitationskonstanten berechnet werden. Für die Masse der Sonne ergibt sich der unvorstellbar große Wert von ca. $2{,}0 \cdot 10^{30}$ kg, das ist etwa die 330 000-fache Erdmasse. Trotzdem zählt unsere Sonne eher zu den kleinen Sternen im Universum.

Fragen

Bahn- und Winkelgeschwindigkeit

1 Berechne die Winkelgeschwindigkeit für den kleinen und großen Zeiger einer Armbanduhr. Wie groß sind diese Werte für die entsprechenden Zeiger einer großen Turmuhr?

2 Berechne Bahn- und Winkelgeschwindigkeit für einen Menschen
a) am Äquator,
b) in deinem Heimatort (Hinweis: für die Ermittlung des Bahnradius benötigst du die geografische Breite deines Ortes),
c) am geografischen Nordpol.

3 Berechne Bahn- und Winkelgeschwindigkeit für die Erde auf ihrer Bahn um die Sonne.

Zentripetalkraft

4 Eine Kugel mit einer Masse von 150 g ist an einem Faden befestigt und wird auf einem horizontalen Kreis herumgeschleudert. Der Faden hat eine Reißfestigkeit von 6,0 N.
a) Ab welcher Frequenz droht der Faden zu reißen?
b) Wie bewegt sich die Kugel weiter, wenn der Faden gerissen ist?

5 Ein Auto der Masse 1,20 t durchfährt eine Kurve (Radius 45 m) mit einer Geschwindigkeit von 25 km/h.
a) Berechne die für diese Kreisbahn nötige Zentripetalkraft.
b) Von wem wird diese Kraft aufgebracht?
c) Wie groß ist diese Kraft bei einer doppelt so hohen Geschwindigkeit?

6 Die Trommel einer Waschmaschine hat 50 cm Durchmesser und dreht im Schleudergang mit 1200 Umdrehungen pro Minute.
a) Mit welcher Geschwindigkeit läuft die Trommelwand um?
b) Mit welcher Kraft müsste dort ein Wassertropfen der Masse 1 g vom Stoffgewebe festgehalten werden, um nicht wegzufliegen?
c) Eine gleich schnell drehende Wäscheschleuder hat den Durchmesser 25 cm. Wie groß ist hier die Kraft auf den Wassertropfen? Begründe ohne erneute Rechnung.
d) Wie schnell müsste die Wäscheschleuder aus c) drehen, damit die Kraft doppelt so groß ist wie in Teil b)?

Himmelsmechanik und Gravitationsgesetz

7 Ein Satellit soll die Erde in einer Höhe von 1500 km über dem Erdboden auf einer stabilen Bahn umkreisen.
a) Wie groß ist seine Bahngeschwindigkeit und seine Umlaufsdauer?
b) In welchen Abständen wird dieser Satellit von einem festen Ort auf der Erde zu sehen sein (abhängig von seiner Umlaufrichtung)? (Erdradius: 6 370 km; Erdmasse: $5{,}98 \cdot 10^{24}$ kg).

8 Der Mond umkreist die Erde auf einer näherungsweisen Kreisbahn. Besorge dir die Daten der Mondbahn (Bahnradius, Umlaufdauer) und berechne aus diesen Daten die Erdmasse.

9 Die internationale Raumstation ISS kreist in zirka 92 Minuten einmal um die Erde. Berechne die Höhe der Raumstation und die Bahngeschwindigkeit.

Grenzen klassischer Physik

Licht – ein ganz besonderer „Stoff"? 1905 veröffentlichte Albert Einstein in den „Annalen der Physik" einen Artikel „Zur Elektrodynamik bewegter Körper", in dem er revolutionäre Gedanken zu Raum und Zeit darlegte. Grundlage der Überlegungen war die Erkenntnis des amerikanischen Physikers A. A. Michelson aus dem Jahre 1881, dass für die Ausbreitung des Lichtes in allen Richtungen, auch bei bewegter Quelle oder bewegtem Beobachter, die gleiche Geschwindigkeit gemessen wird.

Der bewegte Wald Bei dieser Aufnahme wurde die Kamera mit dem Rennboot mitbewegt. Der Hintergrund scheint am stehenden Boot vorbeizurasen. Wir wissen, es ist genau umgekehrt. Oder ist dieses Wissen auch nur relativ?

Verschieden alte Zwillinge? Einer von zwei Zwillingen reist als Raumfahrer von der Erde aus zu einem mehrere Lichtjahre entfernten Stern und erreicht dabei eine Endgeschwindigkeit nahe der Lichtgeschwindigkeit. Man stellt bei seiner Rückkehr zur Erde fest, dass er gegenüber seinem auf der Erde zurückgebliebenen Verwandten langsamer gealtert ist.

Schmetterlingseffekt Wenn wir einen Ball stärker werfen, erwarten wir, dass er entsprechend weiter fliegt, dass also ähnliche Ursachen ähnliche Wirkungen haben. Können minimale Ursachen auch große Änderungen nach sich ziehen? Ist es möglich, dass ein Schmetterling mit seinem Flügelschlag das Wetter so beeinflussen kann, dass in der Zukunft irgendwo ein Sturm entsteht?

Relativität und Licht

Ein Boot fährt flussabwärts. Für einen Beobachter am Ufer addieren sich Bootsgeschwindigkeit relativ zu Wasser und Strömungsgeschwindigkeit. Fährt das Boot flussaufwärts, so sind die Geschwindigkeiten zu subtrahieren. Für die gleiche Strecke entlang des Ufers wird eine andere Zeitspanne benötigt. Fährt das Boot quer zur Strömungsrichtung, so ist die Zeit zum Überqueren von der Strömungsgeschwindigkeit unabhängig.

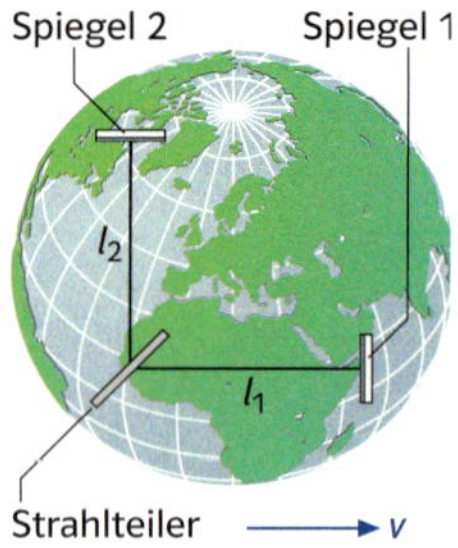

B1 Vergleich der Laufzeiten auf verschiedenen Lichtwegen

Inertialsysteme und Relativität In einem mit konstanter Geschwindigkeit geradlinig fahrenden Zug spielen zwei Kinder mit einem Ball. Zwei Beobachter, beispielsweise einer im Zug und ein anderer draußen auf der Wiese, beobachten zwar unterschiedliche Geschwindigkeiten und Bahnkurven des Balls, führen die Ballbewegung aber auf dieselben Wurfgesetze zurück.

Physikalisch gesehen liegen hier zwei **Bezugssysteme** vor, die mit konstanter Geschwindigkeit gegeneinander bewegt werden. Sie unterscheiden sich bei der gesetzmäßigen Beschreibung von Bewegungsabläufen nicht, auch wenn sich die gemessenen Werte einiger Größen unterscheiden. Solche Bezugssysteme heißen **Inertialsysteme**, wenn sich Körper, auf die keine Kräfte wirken, in ihnen infolge ihrer Trägheit (lat. inertia) mit konstanter Geschwindigkeit geradlinig weiter bewegen. Erst wenn der Zug beschleunigt, unterscheiden sich die Gesetzmäßigkeiten zum Ballspiel für die beiden Beobachter. Ein beschleunigtes Bezugssystem ist kein Inertialsystem.

● **Relativitätsprinzip: Alle Inertialsysteme sind bezüglich physikalischer Gesetze gleichberechtigt.**

Besonderheit von Lichtsignalen Beobachtete Geschwindigkeiten hängen im Allgemeinen davon ab, in welchem Bezugssystem sie gemessen werden. Ein Auto hat zum Beispiel aus der Sicht eines Fußgängers eine andere Geschwindigkeit als aus einem vorbeifahrenden Zug betrachtet. Beim Schall ist die Geschwindigkeit relativ zum Medium Luft fest, deshalb hängt die Übertragungsgeschwindigkeit nicht von der Bewegung der Quelle ab, wohl aber von der des Beobachters. Nähert sich z. B. ein Beobachter einer Schallquelle mit der Geschwindigkeit *v*, so misst er als Signalgeschwindigkeit die Summe aus Schallgeschwindigkeit und eigener Geschwindigkeit *v*.

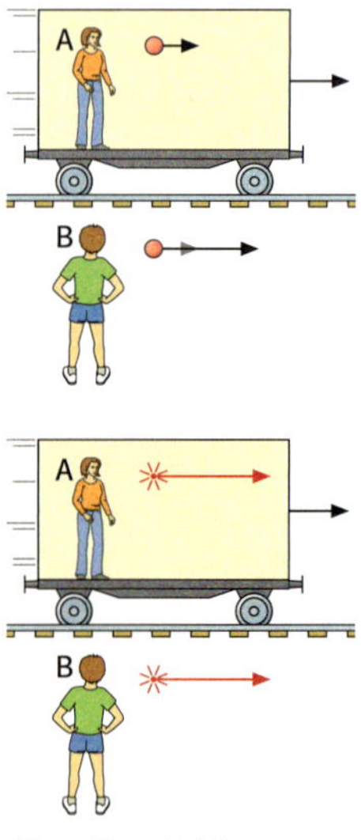

B2 Ball und Licht aus unterschiedlicher Sicht

Bei Lichtsignalen verhält es sich grundlegend anders. Die Physiker A. A. Michelson und E. W. Morley untersuchten von 1881 an, ob die Bahngeschwindigkeit der Erde bei ihrer Bewegung um die Sonne einen Einfluss auf die Ausbreitung von Licht hat. Sie beträgt $30\,\text{km/s} = 3 \cdot 10^4\,\text{m/s}$, also 0,01 % der Lichtgeschwindigkeit. Sie konstruierten einen Versuch, in dem Licht, das zwei senkrecht zueinander stehende Wege durchlaufen hat, überlagert wird (→ **B1**). Wird die Anordnung so aufgestellt, dass die Lichtwege parallel bzw. senkrecht zur Erdbahn verlaufen, so sollte sich die Erdbewegung auf beide Lichtwege unterschiedlich auswirken. Sie beobachteten aber keinerlei Einfluss! Viele Jahre lang hat man Experimente, die das überprüfen sollten, wiederholt und verbessert. Doch alle bestätigten, dass die Lichtgeschwindigkeit im Vakuum unabhängig vom Bewegungszustand von Quelle und Beobachter ist.

Wird in unserem Beispiel der Ball im Zug in Fahrtrichtung geworfen, so erhöht sich die Geschwindigkeit des Balles für einen Beobachter auf der Wiese um die Geschwindigkeit des Zuges. Wird im fahrenden Zug ein Lichtblitz erzeugt, so ist die Geschwindigkeit des Lichtes in beiden Bezugssystemen gleich groß (→ **B2**). Durch Messung der Lichtgeschwindigkeit lässt sich also nicht feststellen, mit welcher Geschwindigkeit sich die Bezugssysteme gegeneinander bewegen.

Albert Einstein (1879 – 1955) hat diese Beobachtungen in seiner speziellen Relativitätstheorie von 1905 als **Postulat** festgelegt:

● **Konstanz der Lichtgeschwindigkeit: Die Lichtgeschwindigkeit *c* im Vakuum ist unabhängig von der Bewegung der Quelle und vom Inertialsystem, in dem sie gemessen wird.**

Es ist $c = 299\,792\,458\,\text{m/s}$; dieser Wert dient heute als Grundlage unserer Längenmessung.

Relativität, Zeit und Raum

V1 Ein Beobachter am Bahndamm sieht, dass sich ein Reisender in einem mit konstanter Geschwindigkeit vorbeifahrenden Zug nach vorne bewegt. Beide geben verschiedene Werte für die beobachteten Geschwindigkeiten an.

V2 Ein Gedankenversuch (→ **B1**): Raumschiff I fliegt mit $v = 0{,}5 \cdot c$ an einem Beobachter-Raumschiff II vorbei und sendet in diesem Moment ein Lichtsignal in Flugrichtung aus. Nach 1 s befindet sich Raumschiff I $1{,}5 \cdot 10^8$ m entfernt, das Signal $3 \cdot 10^8$ m. In Raumschiff I beobachtet man aber, dass sich das Signal mit Lichtgeschwindigkeit von ihm entfernt hat und deshalb nach 1 s den Abstand $3 \cdot 10^8$ m hat. l_1 ist von l_2 verschieden. Zeit- und Längenmessungen liefern verschiedene Werte!

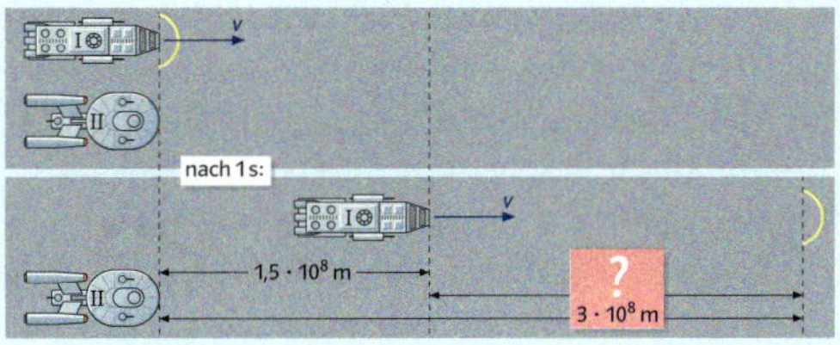

B1 Gedankenversuch: Gleiche Strecken mit verschiedenen Längen

V3 Werden Atome von schnellen Protonen getroffen, so können Myonen entstehen. Statistisch zerfällt die Hälfte davon in $2{,}2 \cdot 10^{-6}$ s. Im Kernforschungszentrum CERN in Genf wurden Myonen auf 99,94 % der Lichtgeschwindigkeit gebracht. Nun zerfiel die Hälfte von ihnen in $44 \cdot 10^{-6}$ s. Sie „lebten" also 20-mal länger als ruhende Myonen.

Dass die Lichtgeschwindigkeit unabhängig von der Bewegung des Systems, in dem sie gemessen wird, immer gleich ist, bedingt, dass sich Zeit und Länge, mit denen die Geschwindigkeit bestimmt wird, mit der Bewegung des Systems ändern müssen.

Zeitdilatation und Längenkontraktion

Newton ging davon aus, dass die Zeit unbeeinflussbar und gleichförmig fließt und ebenso der Raum absolut und unveränderbar ist. 1971 startete ein Flugzeug zu einem Flug um die Erde. An Bord befand sich eine hochgenaue sogenannte „Caesium-Atomuhr", die beim Start exakt die gleiche Zeit wie eine zweite Caesium-Atomuhr anzeigte, die am Startort zurückblieb. Bei der Ankunft nach der Erdumrundung und einer Flugzeit von 41,2 Stunden zeigte die bewegte Uhr 59 ns weniger als die am Startort befindliche an. Man spricht von einer Zeitdehnung, der **Zeitdilatation**. Zeit ist im Gegensatz zu Newtons Vorstellungen systemabhängig!

● **Gegeneinander bewegte Uhren zeigen verschieden lange Zeitspannen an. Eine bewegte Uhr geht gegenüber ruhenden Uhren nach.**

Neben der Zeit gehört die Länge zu den wichtigsten fundamentalen Größen, die in der Physik gemessen werden. Unter der Ruhelänge eines Stabes versteht man die Länge, die ein relativ zum Stab ruhender Beobachter feststellt. Bewegt sich nun der Stab, so ergeben jetzt für den Beobachter die gleichzeitig ermittelten Ortskoordinaten eine kleinere Differenz als vorher. Dieser Effekt heißt **Längenkontraktion**.

„Einsteins Welt" Bei Geschwindigkeiten nahe der Lichtgeschwindigkeit stellt sich die Welt völlig anders dar als in der klassischen Mechanik. Dieser „Zerreffekt" entsteht dabei durch die Endlichkeit der Lichtgeschwindigkeit und die relativistischen Effekte. Dies macht sich erst bei Geschwindigkeiten in der Größenordnung der Lichtgeschwindigkeit bemerkbar. Die geringen Gangunterschiede von bewegten Uhren sind hingegen auch im Alltag bedeutsam, z. B. bei der Satellitennavigation („GPS").

B2 „Fahrt durch Tübingen mit 95% Lichtgeschwindigkeit"

Vorsicht! Der weit entfernte Fluchtpunkt in **B2** entsteht zwar durch Längenkontraktion des Beobachterauges, der „Christbaumkugeleffekt" hingegen jedoch dadurch, dass sich Beobachter und Licht mit ähnlicher Geschwindigkeit bewegen!

extra

Allgemeine Relativitätstheorie

V1 Ein Beobachter im System A eines Raumschiffs weitab von jeglichen Gravitationsquellen führt ein Experiment durch, ein Beobachter im frei fallenden System B führt das gleiche Experiment durch. Beide erhalten die gleichen Messwerte (→**B1**).

V2 Ein Beobachter im System C eines Raumschiffs, das mit $9{,}81\,m/s^2$ gleichmäßig beschleunigt wird, führt ein Experiment durch, ein Beobachter im System D, das auf der Erde steht, führt das gleiche Experiment durch. Beide erhalten die gleichen Messwerte (→**B2**).

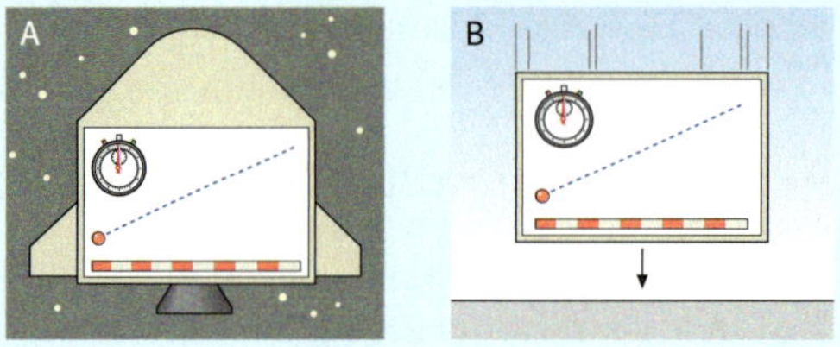

B1 Systeme ohne merkliche Gravitation

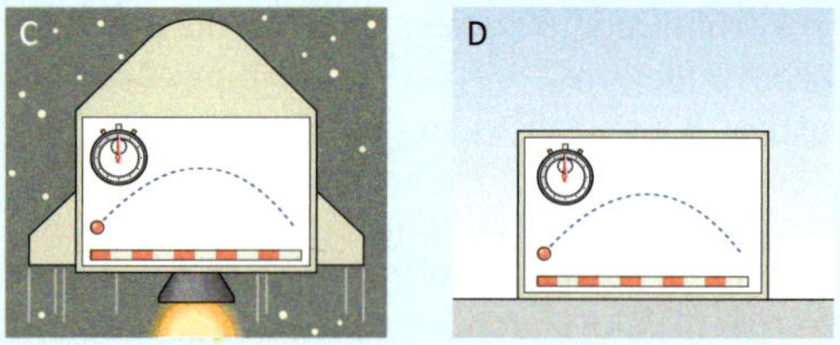

B2 Systeme mit beschleunigten Körpern

Das Äquivalenzprinzip Einstein formulierte 1915 das **Äquivalenzprinzip** der Allgemeinen Relativitätstheorie: Die Wirkung einer konstanten Beschleunigung eines Bezugssystems ist von der Wirkung einer konstanten Gravitationskraft nicht unterscheidbar. Mit einer entsprechenden Beschleunigung kann es also gelingen, auch im freien Weltall in einem Raumschiff eine Flugkurve eines geworfenen Balles wie auf der Erde zu erzeugen (→**B2**). Der Werfer könnte dann nicht unterscheiden, ob die Gravitation eines nahen Himmelskörpers oder die Beschleunigung des Raumschiffes für die Wurfparabel des Balles verantwortlich ist.

● **Schwerkraft und Trägheit sind ununterscheidbare Eigenschaften.**

Daraus folgerte Einstein konsequent, dass analog zum Wurf eines Balles der „Wurf eines Lichtstrahles", der in einem beschleunigten System gekrümmt erscheint, auch in einem ruhenden System unter dem Einfluss von Gravitation wie der Ball zur Gravitationsquelle hin abgelenkt werden müsste. Und tatsächlich ließ sich dieser Effekt erstmals bei einer Sonnenfinsternis 1919 am Lichtweg von Sternen nachweisen.

Die Raum-Zeit Zeitdilatation und Längenkontraktion zeigen, dass dreidimensionaler Raum und eindimensionale Zeit nicht absolut und für sich alleine existieren, sondern als ein einziges Phänomen, die vierdimensionale **Raum-Zeit**, aufgefasst werden können. Albert Einstein erkannte, dass sich Gravitation nicht im Rahmen der speziellen Relativitätstheorie beschreiben lässt. Die Grundidee der Allgemeinen Relativitätstheorie besteht darin, die Gravitation nicht als „Kraft", sondern als eine geometrische Veränderung der Raum-Zeit zu betrachten. Der Lichtweg als kürzeste Verbindung zwischen zwei Ereignissen ist unter dem Einfluss der Gravitation keine Gerade mehr; daher muss die Geometrie der Raum-Zeit durch die Anwesenheit der Masse eines Körpers verändert sein. Man sagt, die Raum-Zeit ist „gekrümmt". Diese Krümmung bewirkt zahlreiche Effekte, die auch experimentell nachgeprüft sind:

- Die Lichtgeschwindigkeit hängt vom Gravitationspotenzial ab. Uhren gehen in größerer Höhe schneller als näher am Gravitationszentrum. Dies ist sogar mit Atomuhren auf der Erde nachweisbar.
- Die Farbe von Licht einer Quelle im Gravitationsfeld ist im Vergleich zu einer Quelle außerhalb zum Roten hin verschoben, dies wird **gravitative Rotverschiebung** genannt. Ursprünglich sichbares Licht aus dem Zentrum unserer Milchstraße ist bis in den Radiowellenbereich hinein verschoben.
- Die Planetenbahnen sind keine Ellipsen.

Kosmologie Die Allgemeine Relativitätstheorie beschreibt auch das Verhalten der Massen im gesamten Universum, insbesondere die Expansion des Weltalls nach dem Urknall sowie die Entstehung von „Schwarzen Löchern", Sternen mit so großer Masse und Gravitation, dass nicht einmal mehr Licht aus ihrem Inneren entkommen kann.

Die Sonne wäre ein „Schwarzes Loch", wenn ihre Masse auf weniger als sechs Kilometer Durchmesser konzentriert wäre.

Eingeschränkte Vorhersagbarkeit

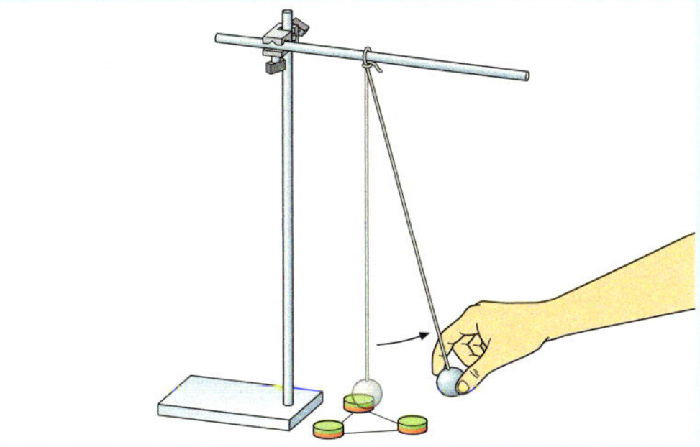

B1 Wo bleibt die Stahlkugel am Ende stehen?

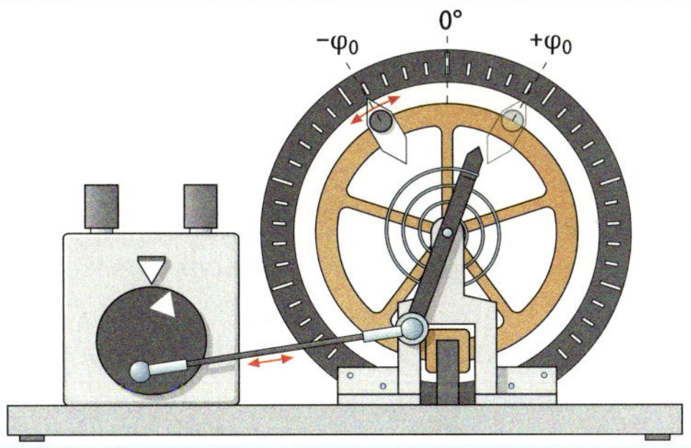

B2 Drehpendel mit Unwucht

V1 Drei Scheibenmagnete werden in gleicher Orientierung so angebracht, dass sie ein gleichseitiges Dreieck bilden. Über der Mitte des Dreiecks hängt eine Eisenkugel an einem Faden (→ **B1**). Die Kugel wird mehrfach von möglichst gleicher Stelle außerhalb des Dreiecks gestartet. Es ergeben sich einander ähnelnde Bewegungen. Bei welchem Magneten die Kugel zur Ruhe kommt, ist jedoch kaum vorhersagbar.

V2 Die Abbildung **B2** zeigt ein drehbar gelagertes Rad, das mit einer an der Achse befestigten Spiralfeder verbunden ist. Das Rad kann dadurch Drehschwingungen ausführen. Wird außen am Rad ein Massestück angebracht, dann hat das System „Rad-Feder-Massestück" zwei Ruhelagen, bei $-\varphi_0$ und bei $+\varphi_0$.

Lenkt man das Rad etwas aus einer der Ruhelagen aus, so schwingt es um diese Position, bis es zur Ruhe kommt. Die Dämpfung kann dabei mit Hilfe einer Wirbelstrombremse verändert werden. Über einen Motor wird der Feder periodisch Energie zugeführt. Damit lassen sich die Energieverluste durch die Reibung ausgleichen. Bei starker Dämpfung schwingt das Rad mit konstanter Periode um eine der beiden Ruhelagen.

Verringert man die Dämpfung, so ändert sich ab einem bestimmten Wert der Dämpfung die Periodizität der Bewegung: Die Drehschwingung wiederholt sich immer erst nach zweimaliger Hin- und Herbewegung. Bei weiterer Verringerung der Dämpfung treten weitere Periodenverdopplungen auf, bis die Bewegung völlig unregelmäßig wird.

Kausalität und Chaos „Der momentane Zustand des Systems ‚Natur' ist offensichtlich eine Folge des vorigen Zustandes und wenn wir uns eine Intelligenz vorstellen, die zu einem gegebenen Zeitpunkt alle Beziehungen zwischen den Teilen des Universums verarbeiten kann, so könnte sie Orte, Bewegungen und allgemeine Beziehungen zwischen all diesen Teilen für alle Zeitpunkte in Vergangenheit und Zukunft vorhersagen."

So beschrieb 1776 der französische Mathematiker **Pierre de Laplace** den Grundgedanken eines deterministischen Weltbildes, in dem natürliche und technische Vorgänge nach unveränderlichen Gesetzmäßigkeiten wie bei einem Uhrwerk ablaufen (→ **B3**). Dieses von Laplace in einem Gedankenspiel entworfene Wesen, der „Laplace'sche Dämon", wäre demnach fähig, alle zukünftigen Ereignisse vorherzusagen und damit den Fortgang des Weltgeschehens zu kennen.

Hingegen sagte **Henri Poincaré** (1854 – 1912): „... dass kleine Unterschiede in den Anfangsbedingungen große Unterschiede in den späteren Erscheinungen bedingen (können); ein kleiner Irrtum in den Ersteren kann einen außerordentlich großen in den Letzteren nach sich ziehen. Die Vorhersage wird unmöglich."

Marquis Pierre de Laplace (1749 – 1827)

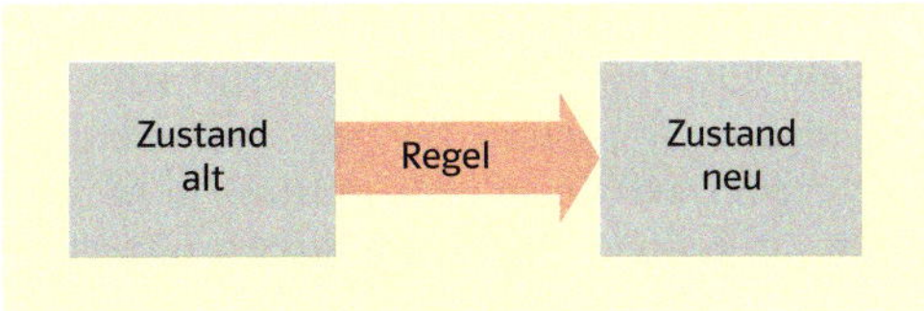

B3 Das deterministische Weltbild

Im alten Zustand werden Anfangsbedingungen festgelegt, bei einem Ballwurf z. B. Geschwindigkeit und Richtung. Nach den Wurfgesetzen kommt der Ball an einer bestimmten Stelle an und man erwartet, dass bei Wiederholung unter gleichen Bedingungen die gleiche Stelle getroffen wird. Wenn man etwas zu kurz geworfen hat, wird man die Abwurfgeschwindigkeit etwas steigern. Man erwartet, dass kleine Änderungen der Anfangsbedingungen nur kleine Auswirkungen auf die weitere Entwicklung haben. Man spricht vom **Prinzip der starken Kausalität**. Es besagt:

- **Ähnliche Ursachen haben ähnliche Wirkungen (starke Kausalität).**

Eine Stahlkugel wird von einem Magnet angezogen, die Kraft nimmt mit der Entfernung ab. Genau in der Mitte zwischen zwei gleichen Magneten müsste die Stahlkugel ruhen. Es gelingt nicht, diesen Zustand zu erreichen. Eine Kugel, die über drei in Form eines gleichseitigen Dreiecks angeordneten gleichartigen Magnetpolen pendelt, kommt immer bei einem der Magnete zur Ruhe. Es ist nicht vorhersagbar, bei welchem das der Fall ist. In der Mitte zwischen zwei Magnetpolen führen kleinste Unterschiede zu einer Entscheidung für die eine oder andere Richtung. Man spricht vom **Prinzip der schwachen Kausalität**. Es besagt:

- **Gleiche Ursachen haben gleiche Wirkungen, aber kleinste Abweichungen führen zu völlig anderen Folgen (schwache Kausalität).**

Auch Vorgänge mit schwacher Kausalität unterliegen bekannten physikalischen Gesetzen. Dennoch ist eine Vorhersage nicht möglich, wenn im Verlauf eines Vorganges häufig Entscheidungssituationen mit sehr unterschiedlichen Ergebnissen auftreten, wobei die Entscheidung sehr empfindlich von den Anfangsbedingungen und den Einflüssen während des Vorgangs abhängt. Solche Vorgänge nennt man **chaotische Vorgänge**. Da im Prinzip Gesetzmäßigkeiten gelten, spricht man vom **deterministischen Chaos**. Es gilt:

- **Beim deterministischen Chaos sind langfristige Vorhersagen nicht möglich.**

A1 Recherchiere die Begriffe stabiles und labiles Gleichgewicht. Stelle anhand von Beispielen Beziehungen zu starker und schwacher Kausalität her.

Physik überall

Der Weg ins Chaos

Im deterministischen Weltbild ergibt sich ein neuer Zustand, z. B. gekennzeichnet durch die Größe x_{n+1}, nach einer bestimmten Regel, z. B. durch Multiplikation mit einem Faktor k aus einem alten mit der Größe x_n. Die Gleichung $x_{n+1} = k \cdot x_n$ beschreibt einen Wachstumsvorgang wenn $k > 1$ gewählt wird (→ **B1**). Bei diesem exponentiellen Wachstum werden die Werte beliebig groß. Häufig ist Wachstum nach oben begrenzt, z. B. durch begrenzte Verfügbarkeit von Rohstoffen. Um große Zahlen zu vermeiden, ist es jetzt sinnvoll, den maximal möglichen Wert mit 1 festzulegen und mit x_n einen Bruchteil zu bezeichnen, $(1 - x_n)$ bedeutet dann den Abstand des momentanen Wertes von der oberen Grenze. Die Gleichung $x_{n+1} = r \cdot x_n \cdot (1 - x_n)$ erfasst dann einerseits die Abhängigkeit vom momentanen Wert und zugleich die Begrenzung. Man spricht vom logistischen Wachstum. Der neue Wert hängt jetzt nicht mehr linear vom alten ab. Je nach Wahl von r zeigt sich sehr unterschiedliches Verhalten:

$k = 2,\ x_0 = 3$
$x_0 = 3$
$x_1 = 2 \cdot x_0 = 2 \cdot 3 = 6$
$x_2 = 2 \cdot x_1 = 2^2 \cdot 3 = 12$
$x_3 = 2 \cdot x_2 = 2^3 \cdot 3 = 24$
…
$x_n = 2x_{n-1} \cdot 3 = 2^n \cdot 3$

B1 Exponentielles Wachstum

$r = 2{,}5$: x_n nähert sich 0,5 an.
$r = 3{,}2$: x_n springt zwischen 2 Werten.
$r = 3{,}5$: x_n springt zwischen 4 Werten.
$r = 3{,}7$: Keine Regelmäßigkeit, chaotisch.

- **Nichtlineare Gesetzmäßigkeiten können zu chaotischem Verhalten führen.**

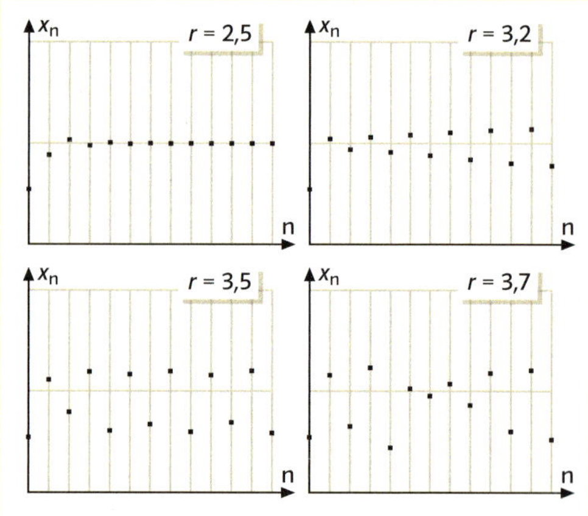

Vorhaben **Wellen und Quantenmechanik**

Untersuche in „Forschungsvorhaben" die Erzeugung, Ausbreitung und Wahrnehmung von Schallwellen!
- **Formuliere dein Vorhaben genau.**
- **Plane deine Experimente und führe sie sorgfältig durch.**
- **Protokolliere zuverlässig.**
- **Entwickle eine Präsentation und trage sie vor.**

Untersuchung von Schallereignissen Es ist erstaunlich, wie viele, auch sehr leise Geräusche, Stimmen, Klänge verschiedenster Quellen wir getrennt voneinander wahrnehmen und zuordnen können, wenn wir uns ganz aufs Hören konzentrieren. Eine einfach zu handhabende Schallquelle ist ein Lautsprecher. Mit Hilfe eines Tonfrequenzgenerators und eines Verstärkers können reine Töne erzeugt werden. Ihre Frequenz kann mit dem Oszilloskop genau bestimmt werden. Auch die Amplitude der sinusförmigen Wechselspannung des Frequenzgenerators, mit der der Lautsprecher betrieben wird, kann damit genau ausgemessen werden. Sie ist ein Maß für die abgestrahlte Energie der Schallwelle. Die Energie der Schallwelle, die auf unser Hörorgan trifft, bestimmt die Lautstärke, mit der wir den Ton wahrnehmen. Mit einem Schallpegelmessgerät kann die Lautstärke eines Tons, so wie wir sie hören, in Dezibel bestimmt werden.

Allerdings ist unsere Lautstärkeempfindung auch von der Frequenz der Schallwelle abhängig. Eine Versuchsperson kann entscheiden, ob sie Töne verschiedener Frequenzen gleich laut hört. Die dafür nötigen, verschiedenen Amplituden der Spannung können gemessen werden.

Wenn wir Klänge und Geräusche wahrnehmen, handelt es sich in der Regel um relativ komplizierte Schallereignisse. Sie setzen sich aus verschiedenen Tönen mit unterschiedlicher Lautstärke zusammen. So entsteht der unverwechselbare Klang z. B. eines Saxofons.

B1 Rockkonzert in der Köln-Arena

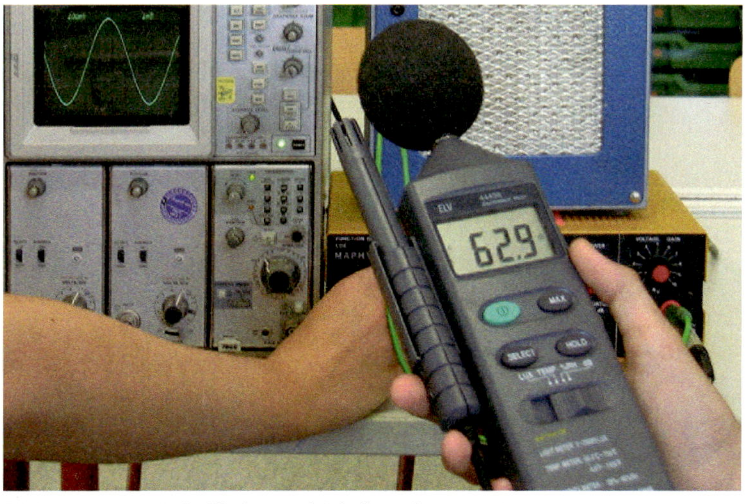

B2 Messungen mit Oszilloskop und Schallpegelmessgerät

Mit einem geeigneten Computerprogramm können mit dem Mikrofon aufgenommene und im PC gespeicherte Klänge und Geräusche analysiert werden. Ein Sonogramm zeigt die Frequenzen der Schallwellen, aus denen sich ein Schallereignis zusammensetzt. Außerdem wird auch der energetische Anteil der verschiedenen Schallwellen daran dargestellt.

Was wird erwartet?

- Experimente zur Erzeugung, Registrierung und Wahrnehmung von Tönen und Klängen.
- Genaue Analyse der Zusammensetzung von Schallereignissen mit dem Computer.

Wichtige Kenntnisse zur Lösung:

- Was sind Schallwellen?
- Wie kann man Schallwellen erzeugen und überlagern?
- Wie bestimmt man die Schallintensität und ihre Wahrnehmung als Lautstärke?
- Was sind Grund- und Oberschwingungen?
- Wie entsteht der Klang eines Musikinstruments?
- Wie wird eine Klanganalyse erstellt?
- Was ist ein Sonogramm?

Wichtige Untersuchungen und Fragen:

- Messungen von Lautstärken in Unterrichtsräumen. Bei welchem Geräuschpegel beginnt Lärmstress?
- Messung der Lautstärke eines Tons in Abhängigkeit von der Entfernung zum Lautsprecher. Lässt sich der Zusammenhang mathematisch formulieren?
- Aufnahme einer Hörkurve. Wie geht man vor, um die Hörschwelle des Menschen zu bestimmen?
- Vergleich der Schallereignisse zweier Stimmgabeln mit geringfügig und stark unterschiedlichen Frequenzen.
- Vergleich verschiedener Streichinstrumente, die den gleichen Ton spielen. Worin unterscheidet sich der Klang?
- Vergleich der Sonogramme (→ **B1**) dieser Instrumente!
- Vergleich verschiedener Stimmen, die denselben Text sprechen. Vergleich der Sonogramme dieser Stimmen. Wodurch lässt sich ihr unterschiedlicher Klang erklären?
- Vergleich des Sonogramms eines Knalls mit dem eines Klangs und dem einer Stimme!
- Wozu kann man die Analyse von Geräuschen nutzen?
- Vergleich von Frequenzspektren desselben Klangs, bei denen unterschiedliche Zeitdauern zur Erstellung des Frequenzspektrums berücksichtigt wurden. Was fällt auf?

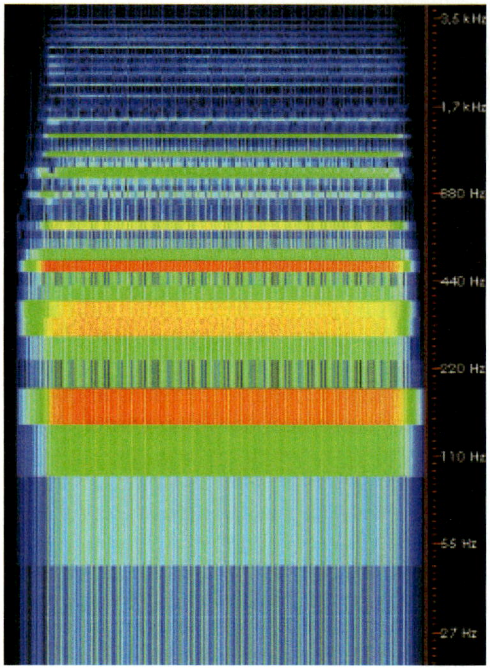

B1 Sonogramm eines Saxofons bei 175 Hz

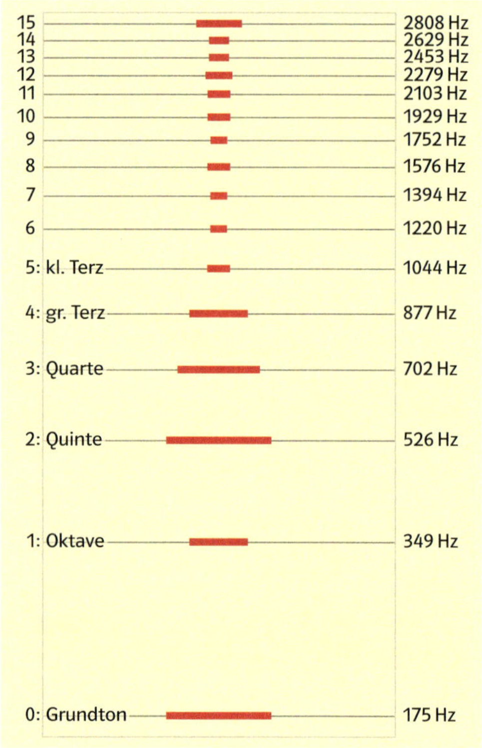

B2 Notenbild zum Sonogramm aus **B1**

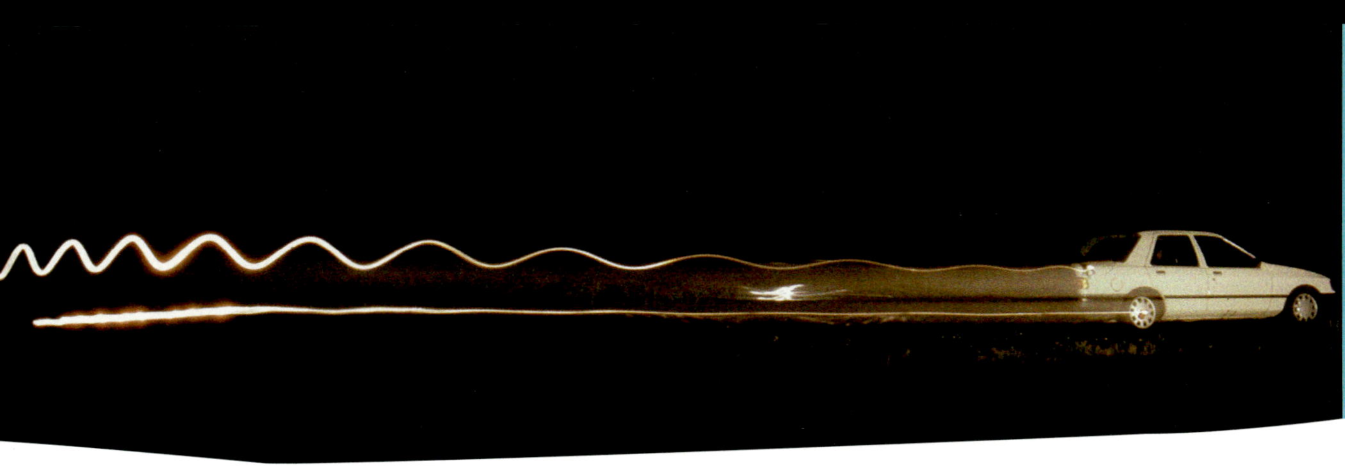

Wellen

Komfort und Fahrsicherheit Ein Auto beschleunigt nach einer Bodenwelle wieder. Ein Reflektor am Heck des Fahrzeugs erzeugt ein auseinandergezogenes Wellenbild: Federn mit Stoßdämpfern sorgen normalerweise dafür, dass nicht das ganze Fahrzeug jeder Auf- und Abbewegung eines Rades folgt. Stoßdämpfer bringen die Federschwingung möglichst schnell wieder zur Ruhe.

Wellen-„Bilder“ Mit Urgewalt rollt das Meer auf die Küste zu und die Menschen in den Booten sind ihm ausgeliefert. Dieses Bild einer Meereswelle wurde von dem japanischen Künstler Katsushita Hokusai (1760 – 1849) als Holzschnitt gefertigt.

Musik kann beruhigen Klassische Musik im Kuhstall soll die Milchproduktion steigern. In Kaufhäusern berieselt ständig leise Musik die Kunden, denn der Verkauf soll durch die beruhigende Atmosphäre gesteigert werden. EKG-Messungen zeigen einen starken Einfluss klassischer Musik auf unsere Gehirntätigkeit. Amerikanische Wissenschaftler haben entdeckt, dass Musik von Mozart sogar Epileptiker beruhigt.

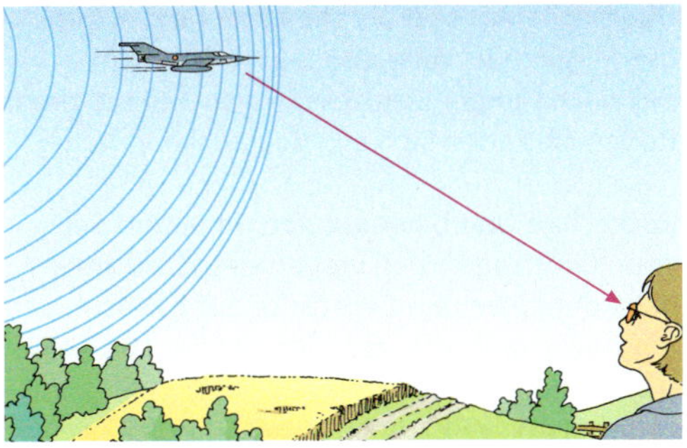

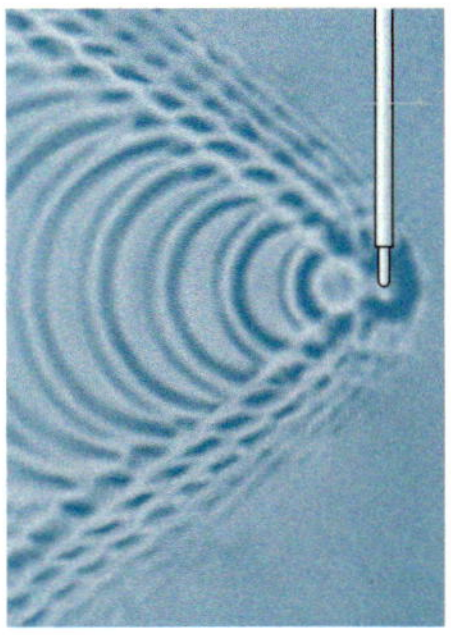

Schallmauer Am Himmel fliegt ein schnelles Düsenflugzeug vorbei. Es scheint sehr leise zu fliegen. Doch plötzlich bricht ein ohrenbetäubender Krach über uns herein. Der Schallkegel hat uns erreicht. Bewegt sich der Verursacher von Wellen schneller als ihre Ausbreitungsgeschwindigkeit, bildet sich solch ein kegelförmiger Wellenteppich hinter dem Objekt, wie die Bugwelle von Schiffen.

Wellen

V1 Ein Wassertropfen, der auf eine Wasseroberfläche fällt, ruft Störungen hervor, die sich auf ihr ringförmig als Wasserberge und Wassertäler ausbreiten (→ **B1**). Papierschnipsel auf der Wasseroberfläche bewegen sich dabei nur auf und ab.

B1

V2 Ein langes Seil liegt auf dem Boden. Ein Seilende wird ruckartig zur Seite und wieder zurückbewegt. Diese Auslenkung, ein Berg oder Tal, wandert durch das Seil (→ **B2**). Bewegt man das Seilende ständig hin und her, wandert ein Wellenzug durch das Seil. In einem Gummischlauch pflanzen sich solche Störungen mit höherer Geschwindigkeit fort.

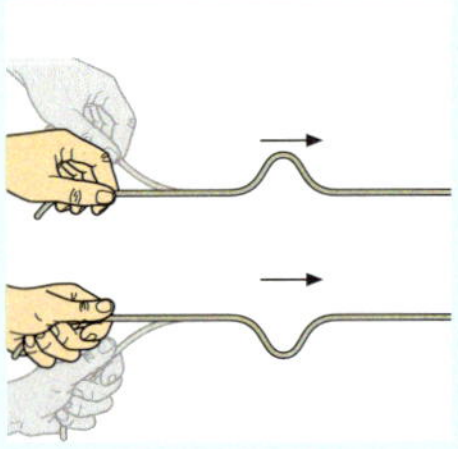

B2

V3 Eine lange Schraubenfeder liegt auf dem Tisch. Sie wird etwas gespannt, so dass alle Windungen etwa gleich weit voneinander entfernt sind. Erzeugt man an einer Seite eine Verdichtung der Windungen, so durchläuft diese die gesamte Feder. In verschiedenen Schraubenfedern breiten sich Störungen verschieden schnell aus.

V4 Ein Stift, der periodisch in die Wasseroberfläche einer Wellenwanne eintaucht, erzeugt Kreiswellen, die sich fortlaufend mit gleichen Abständen ausbreiten (→ **B3a**).

Ein längs eintauchender periodisch bewegter Stab erzeugt sich ausbreitende gerade Wellen (→ **B3b**).

Eine höhere Schwingungsfrequenz des Erregers führt zu kürzeren Abständen zwischen den Wellenbergen.

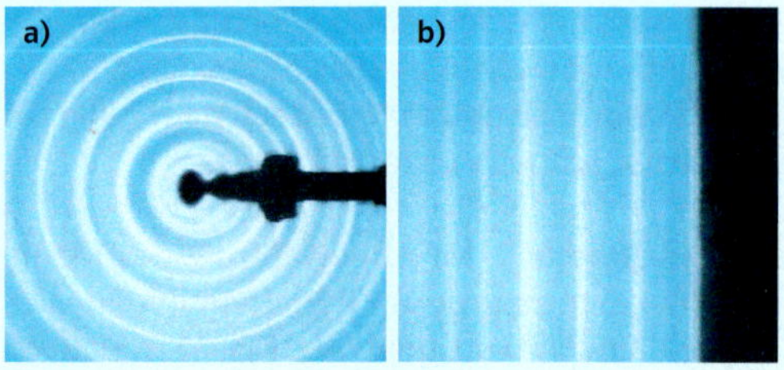

B3 Punktförmiger (a); gerader Wellenerreger (b)

Von der Schwingung zur Welle Wird eine glatte Wasseroberfläche durch das Auftreffen von Wassertropfen gestört, dann breiten sich diese wellenförmigen Störungen kreisförmig weg von ihrem Ursprungsort, dem Auftreffpunkt der Tropfen, aus.

Papierschnipsel auf der Wasseroberfläche bewegen sich jedoch nicht mit der Störung fort, sondern schwingen nur senkrecht zur Oberfläche auf und ab. Die Ursache der Ausbreitung einer Welle lässt sich mit einem Seil nachahmen: Liegt ein langes Seil auf dem Boden, befinden sich alle Seilstücke in Ruhe.

Ruckartige Querbewegungen an einem Seilende übertragen sich wegen des Zusammenhalts der einzelnen Seilstücke auf benachbarte Seilstücke und pflanzen sich so fort. Das Seil insgesamt, der **Wellenträger**, wird nicht verschoben (→ **B2**). Auch längs einer leicht gespannten Schraubenfeder pflanzt sich eine Störung fort, die man durch Zusammendrücken einiger Windungen erzeugt. Durch die Kopplung der einzelnen Federwindungen aneinander überträgt sich die Dehnung bzw. Stauchung an einer Stelle auf die benachbarten Windungen und so fort.

● **Eine Störung, die sich in einem Stoff mit einer bestimmten Geschwindigkeit ausbreitet, heißt Welle.**

Durch die Hin- und Herbewegung der einzelnen Seilstücke bzw. der Windungen der Schraubenfeder und ihre Kopplung aneinander durch elastische Kräfte wird offensichtlich Spann- und Bewegungsenergie in die Ausbreitungsrichtung der Welle transportiert. Die transportierte Energie wird durch die Störung am Ursprungsort dem Wellenträger, dem sogenannten **Medium**, zugeführt.

● **Wellen transportieren Energie. Ein Stofftransport findet nicht statt. Das Medium ist der Wellen- und damit der Energieträger.**

Längs- und Querwellen In einer langgestreckten Schraubenfeder kann man auf zwei Arten fortlaufende Störungen hervorrufen (→ **B3**). Durch eine Bewegung senkrecht zur Ausbreitungsrichtung bewegen sich auch die Teile des Wellenträgers fortlaufend so. Man spricht von einer **Querwelle** (auch **Transversalwelle**). Wasserwellen sind solche Querwellen.

Eine **Längswelle** (oder **Longitudinalwelle**) entsteht, wenn sich die Störung in Richtung der Ausbreitungsrichtung vollzieht und sich auch die Teile des Mediums so bewegen. Dies ist zum Beispiel bei Luftschwingungen der Fall, die von einer Lautsprechermembran erzeugt werden. Die von der Welle erfassten Luftmoleküle schwingen vor und zurück.

Periodische Wellen Ein gleichmäßig tropfender Wasserhahn erzeugt auf einer Wasseroberfläche ein Muster aus konzentrischen Ringen, die sich vom Zentrum wegbewegen. Benachbarte Ringe haben gleiche Abstände. Diese sind kürzer, wenn der Hahn schneller tropft. Solche periodischen Anregungen erzeugen Wellen, in denen die jeweils gleichsinnig schwingenden Teilchen gleiche Abstände voneinander haben. Wird durch eine harmonische Schwingung eine Welle erzeugt, z. B. durch eine entsprechende Bewegung an einem Seilende, dann lässt sich das räumliche Muster der Welle zu jedem Zeitpunkt durch eine **Sinusfunktion** beschreiben. Man spricht von **harmonischen Wellen** (→ **B1**, vgl. auch S. 33).

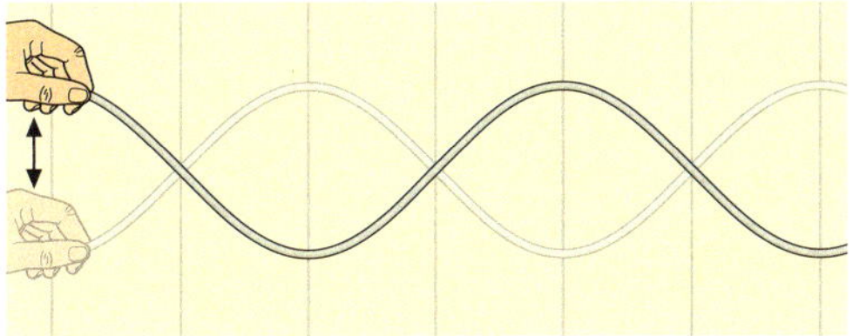

B1 Harmonische Welle

Den zeitlichen und räumlichen Verlauf der Ausbreitung einer solchen Welle stellt (→ **B2**) im Modell dar. Die Punkte 1–12 sind schwingungsfähige Teile eines Mediums, **Oszillatoren**, die aneinander durch elastische Kräfte gekoppelt sind. Die momentanen Orte der Teile bei der Ausbreitung der Welle werden zu verschiedenen Zeitpunkten $t_1 - t_{10}$ gezeigt, mit je $T/8$ Abstand. Man erkennt, dass sich Teil Nr. 1 zur Zeit t_9 genauso nach oben bewegt wie zum Zeitpunkt t_1, wenn es gerade ausgelenkt wird. Die Zeitspanne zwischen t_1 und t_9 ist genau eine **Schwingungsdauer *T***. Alle von der Welle erfassten Teile schwingen mit der **Frequenz** $f = 1/T$ um ihre Ruhelage auf und ab (vgl. auch S. 31 ff.). Zum Zeitpunkt t_{10} befinden sich z. B. die Teile 1 und 10 am oberen Umkehrpunkt ihrer Schwingung. Der kürzeste Abstand zwischen solchen gleichen Bewegungszuständen im Wellenträger heißt **Wellenlänge λ** (→ **B4**).

● **Bei einer periodischen Welle kennzeichnet die Frequenz *f* die zeitliche Wiederholung gleichartiger Zustände, die Wellenlänge λ ihren kleinsten räumlichen Abstand.**

Ausbreitungsgeschwindigkeit von Wellen
Wenn in (→ **B2**) der schwingende Teil 1 nach der Zeit *T* gerade eine vollständige Schwingung durchlaufen hat, hat sich die Welle um genau eine Wellenlänge λ ausgebreitet. Die **Ausbreitungsgeschwindigkeit *c*** beträgt also

$c = s/t = \lambda/T$ oder $c = \lambda \cdot f$.

● **Die Ausbreitungsgeschwindigkeit einer harmonischen Welle beträgt $c = \lambda \cdot f$.**

Die Ausbreitungsgeschwindigkeit hängt vom Material ab. Je stärker die Verknüpfung („elastische Kopplung") zwischen den schwingenden Teilen des Trägers ist, umso schneller erfolgt die Energieweitergabe und desto größer ist damit die Ausbreitungsgeschwindigkeit.

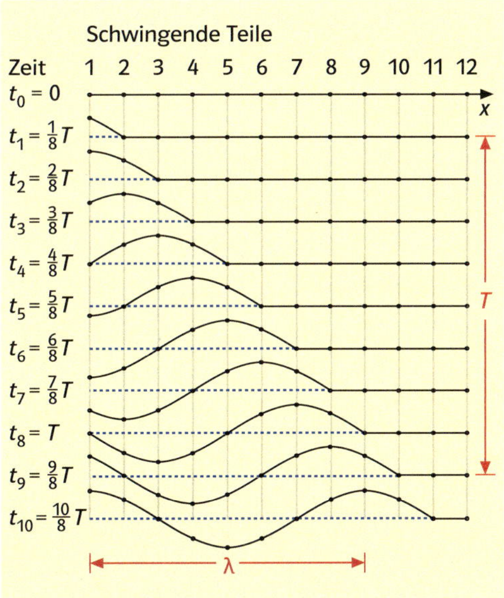

B2 Zeitliche und räumliche Regelmäßigkeiten bei einer harmonischen Welle

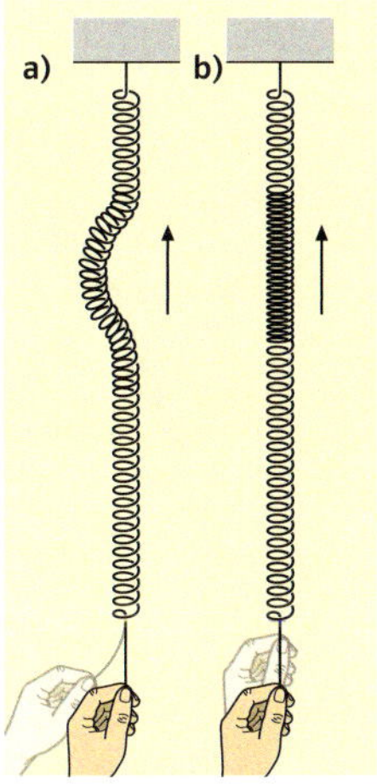

B3 Querwelle (a) und Längswelle (b)

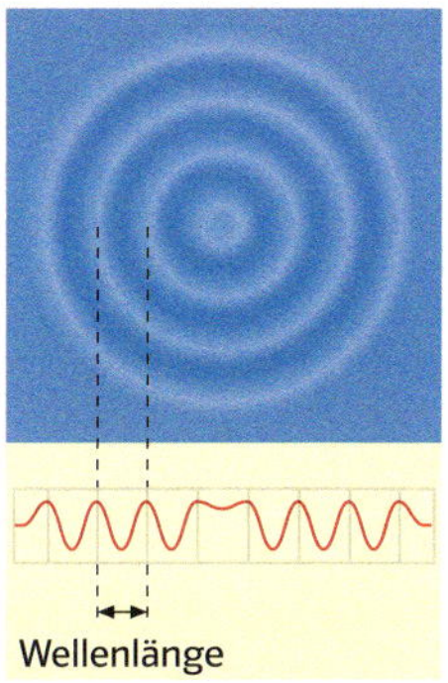

B4 Wellenmuster, sie lassen sich mit den Begriffen Wellenlänge und Frequenz quantitativ erfassen.

Erdbeben – Auslöser von Wellen auf der Erde

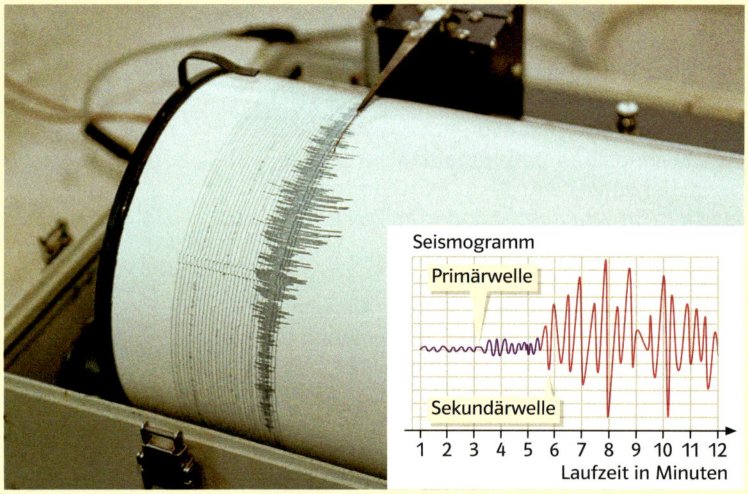

B1 Seismograph (a) mit Seismogramm (b)

B2 Erdbebenschaden in Kobe (Japan), Januar 1995

B3 Die Tsunamikatastrophe (Dezember 2004) in Südostasien mit wahrscheinlich 300 000 Toten

B5 Ausbreitung eines Tsunamis

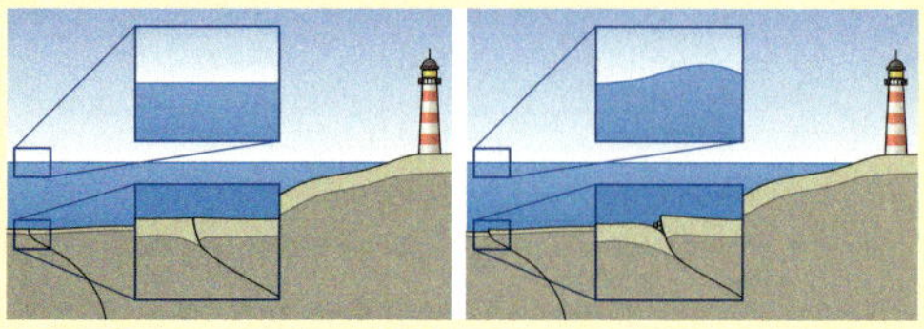

B4 Entstehung eines Tsunamis

Seismische Wellen Durch starke Erschütterungen in Erdmantel und Erdkruste sowie unterirdische Kernwaffenexplosionen, vulkanische Aktivitäten oder Erdbeben entstehen Wellen, die sich durch die Erde ausbreiten und weit vom Ursprungsort entfernt registriert werden können. Ein Erdbeben verursacht Längs- und Querwellen, deren Ausbreitungsgeschwindigkeiten im stellenweise festen oder flüssigen Erdinnern unterschiedlich sind. Sie erreichen die Erdoberfläche deshalb zu verschiedenen Zeitpunkten und werden als Seismogramm registriert (→ **B1**). Zuerst die schnelleren Längswellen (Primärwellen), dann die Querwellen (Sekundärwellen) und schließlich noch Wellen, die sich ähnlich wie Wasserwellen an der Erdoberfläche ausbreiten und für die Schäden an Bauwerken verantwortlich sind (→ **B2**). Durch Vergleich der Aufzeichnungen an verschiedenen Orten kann genau auf den Ort und die Stärke des Ereignisses rückgeschlossen werden. Zudem erhält man durch seismische Wellen Informationen über den inneren Aufbau der Erde, über Öllagerstätten u. a. m.

Tsunami Der Begriff bedeutet „Hafenwelle" und stammt von japanischen Fischern, die ihren Hafen verwüstet vorfanden, obwohl sie auf offener See keine besonderen Wellen entdeckt hatten. Verursacht wird ein Tsunami durch eine ruckartige starke Hebung oder Senkung des Meeresbodens z. B. infolge eines Erdbebens oder des Abrutschens von Kontinentalhängen im Meer (→ **B4**).

Anders als bei normalen Meereswellen, die, vom Wind verursacht, nicht tief ins Wasser reichen, wird hier die gesamte Wassersäule vom Meeresboden bis zur Oberfläche bewegt. Dementsprechend groß ist die dem Wasser zugeführte Energiemenge, die sich mit der Welle ausbreitet. Die Ausbreitungsgeschwindigkeit einer Tsunamiwelle ist von der Wassertiefe abhängig $c = \sqrt{g \cdot h}$. Auf dem offenen Meer mit einer Wassertiefe von 4500 m beträgt sie 750 km/h. In Küstennähe nimmt die Wassertiefe ab, deshalb sinkt die Geschwindigkeit. Gleichzeitig steigt die Amplitude und es entstehen Riesenwellen (→ **B5**). Da im flacheren Wasser die verfügbare Wassermenge für die Auf- und Abbewegung geringer ist, wird die Energie zunehmend in horizontale Bewegungsenergie umgesetzt und große Wassermengen werden auf den Strand und ins Landesinnere geschoben (→ **B3**).

Überlagerung von Wellen

V1 Beobachtet man das Muster, das fallende Tropfen zu Beginn eines Regenschauers auf einer Wasseroberfläche erzeugen, erkennt man Kreise, die sich gegenseitig durchdringen (→ **B1** und **B3**).

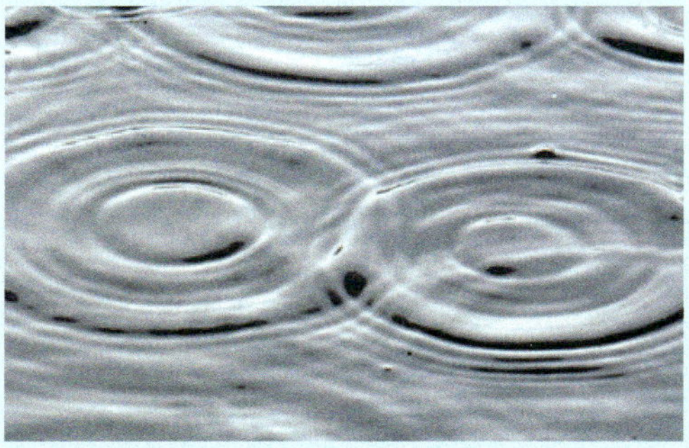

B1 Überlagerung bei Wasserwellen

V2 In einer Wellenwanne erzeugt ein eintauchender Stift eine kreisförmige periodische Welle. Werden zwei im Gleichtakt bewegte Stifte verwendet, dann sind in dem Wellenmuster wie in **B2** feste Gebiete ständiger Ruhe und Stellen mit besonders starken Wellenbergen und -tälern zu erkennen. Ihre Lage und Zahl hängen vom Abstand der beiden Stifte und ihrer Schwingungsfrequenz ab.

B2 Kreiswellen überlagern sich, Orte maximaler Schwächung bilden Hyperbeln.

B3 Fallende Tropfen

Interferenz Breiten sich auf der Wasseroberfläche Wellen im gleichen Bereich aus, durchdringen sie sich und laufen danach so weiter, als seien die anderen nicht vorhanden.

● **Verschiedene Wellen breiten sich im selben Bereich unabhängig voneinander aus.**

Am Ort der Begegnung überlagern sich die Wasserwellen, wie **B4** zeigt. Im Überlagerungsbereich wird jeder Punkt von beiden Wellen erfasst. Treffen am selben Ort gerade die Wellenberge aufeinander, ergänzen sie sich zu einem höheren Wellenberg (→ **B4** rot markiert). An Orten, wo der Wellenberg der einen und das Wellental der anderen Welle aufeinandertreffen, ist die Wasserfläche glatt, die Wellen löschen sich gegenseitig aus (→ **B4** grün markiert). Solche Überlagerungen heißen allgemein **Interferenz**. Bei synchron erregten Wellen ergibt sich ein charakteristisches Interferenzmuster, das vom Abstand der Wellenzentren und von der Wellenlänge abhängt (→ **B2**).

● **Bei Interferenz addieren sich die Auslenkungen der Einzelwellen. Es entstehen Orte, wo sich die Wellen verstärken und andere, wo sie sich gegenseitig schwächen.**

Am stärksten ist die Interferenz, wenn Wellenlänge und Amplitude sich überlagernder Wellen übereinstimmen.

Kommt es bei einer Überlagerung zur Verstärkung, spricht man von **konstruktiver Interferenz**. Dort wo sich die Wellen gegenseitig schwächen oder auslöschen, spricht man von **destruktiver Interferenz**.

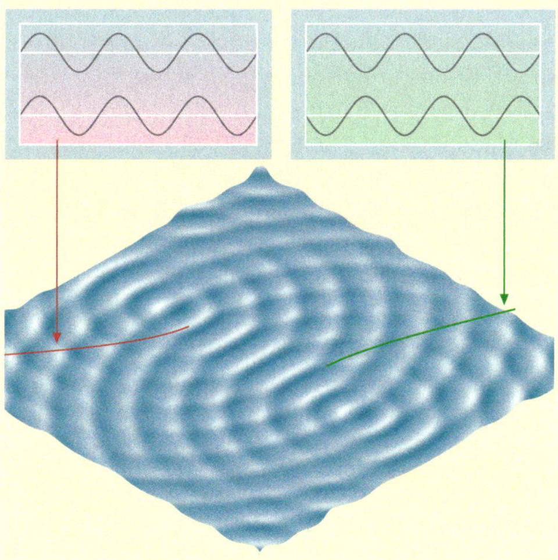

B4 Konstruktive und destruktive Interferenz bei kreisförmigen Wasserwellen

A1 Wie hoch kann die Amplitude zweier sich am selben Ort begegnender Wellenberge maximal werden?

A2 Welche Bedingungen müssen erfüllt sein, damit sich zwei Wellen gegenseitig vollständig auslöschen?

Interferenz von Schallwellen

Auf die Phase kommt es an Um beurteilen zu können, ob zwei Wellen sich gegenseitig verstärken oder schwächen, führen wir den Begriff der **Phase** ein. Die Phase gibt an, in welchem Schwingungszustand sich die Oszillatoren der Welle zu einem bestimmten Zeitpunkt und an einem bestimmten Ort befinden.

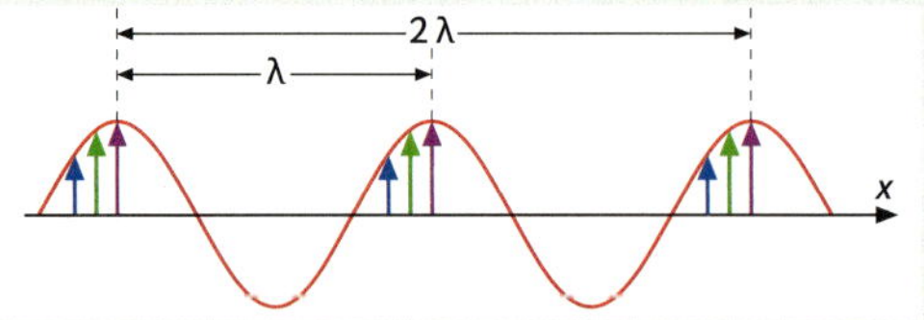

B1a Oszillatoren schwingen gleichphasig.

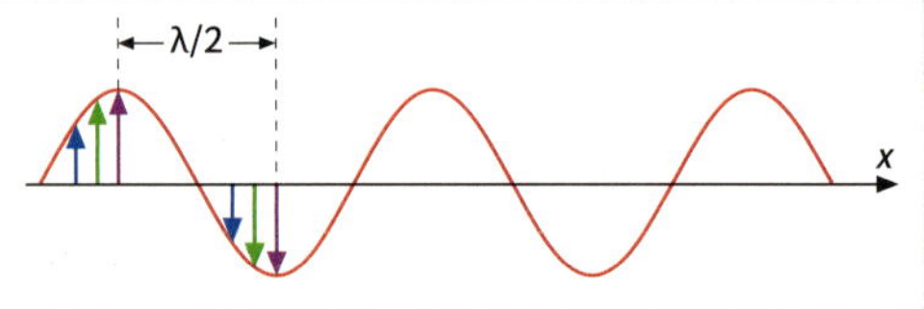

B1b Oszillatoren schwingen gegenphasig.

Haben die schwingungsfähigen Teilchen zu jedem Zeitpunkt die gleiche Auslenkung und gleiche Bewegungsrichtung, so schwingen sie **gleichphasig** (→ **B1a**). Haben die schwingungsfähigen Teilchen zu jedem Zeitpunkt entgegengesetzt gleiche Auslenkung und entgegengesetzte Bewegungsrichtung, so schwingen sie **gegenphasig** (→ **B1b**).

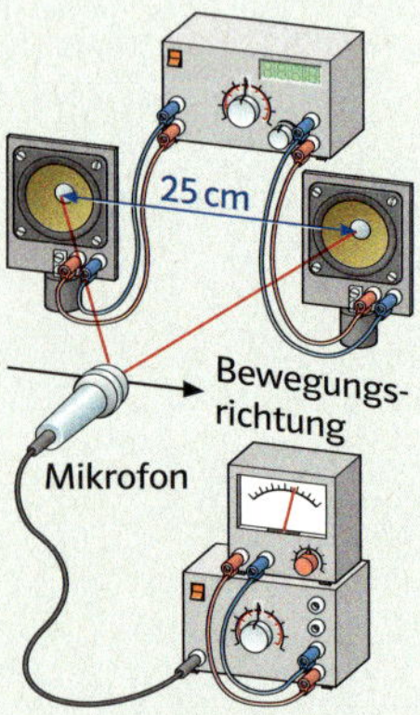

B2 Versuchsaufbau

Überlagerung von Schallwellen Stellt man zwei gleichartige Lautsprecher in einem bestimmten Abstand nebeneinander und erzeugt man mit ihnen Schallwellen gleicher Frequenz und Phase, so kann man Folgendes beobachten (→ **B2**): In dem Bereich vor den Lautsprechern, wo sich die Schallwellen überlagern, gibt es Stellen mit hoher und Stellen mit sehr niedriger Lautstärke. An den Stellen hoher Lautstärke verstärken sich die Schallwellen gegenseitig, an den Stellen niedriger Lautstärke löschen sich die Schallwellen gegenseitig aus.

● **Schallwellen zeigen konstruktive und destruktive Interferenz.**

Für alle Punkte außerhalb der Mittelsenkrechten zwischen den Lautsprechern ergeben sich unterschiedliche Entfernungen von den beiden Lautsprechern (→ **B3**). Die Differenz dieser Entfernungen, gemessen in Wellenlängen, heißt **Gangunterschied** Δl.

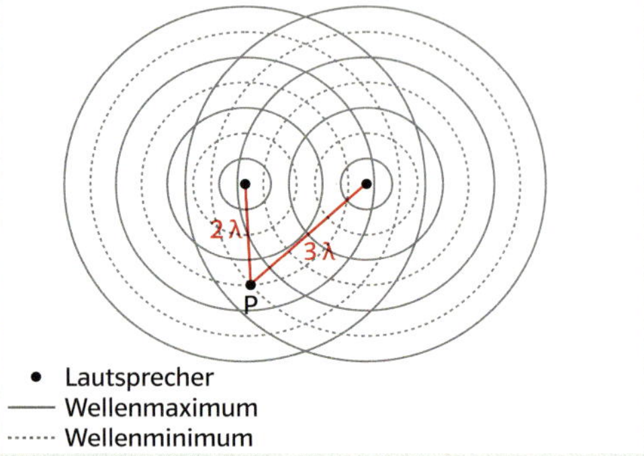

B3 Gleichphasige Schallquellen

Der Gangunterschied entscheidet darüber, ob zwei Wellen sich gleichphasig oder gegenphasig überlagern (→ **B4**).

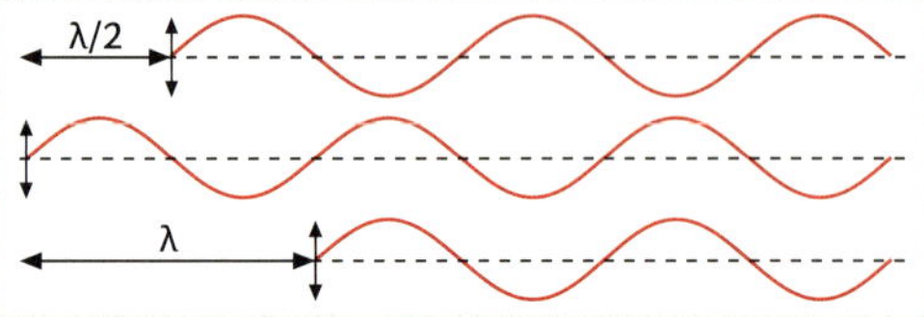

B4 Überlagerung von Wellen

● **Die Wellen sind gegenphasig, wenn der Gangunterschied Δl ein ungeradzahliges Vielfaches von $\lambda/2$ ist. Man erhält destruktive Interferenz.**

● **Die Wellen sind gleichphasig, wenn der Gangunterschied Δl ein geradzahliges Vielfaches von $\lambda/2$ ist. Man erhält konstruktive Interferenz.**

Die Orte der Lautstärkemaxima bzw. -minima (→ **B5**) sind abhängig von der Wellenlänge. Das Hauptmaximum auf der Mittelsenkrechten bildet eine Ausnahme. Es ist ortsfest.

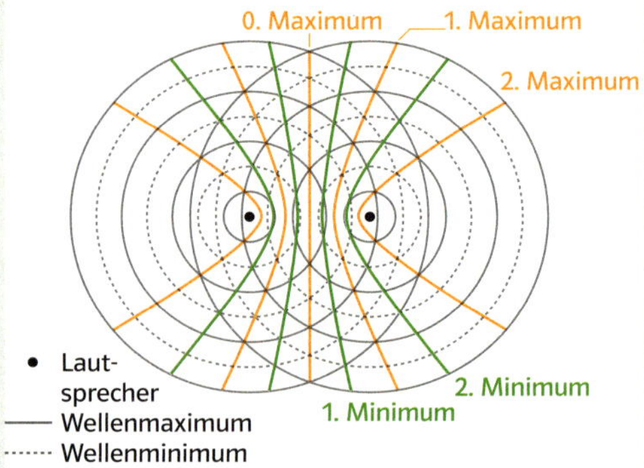

B5 Orte konstruktiver und destruktiver Interferenz

Aktiver Lärmschutz: Laut + Laut = Leise

Aktiver Lärmschutz Anti-Schall-Kopfhörer sehen aus wie normale Kopfhörer (→ **B1**), sind aber aktive Schallschutzgeräte. Aktiver Lärmschutz heißt, dass der unerwünschte Schall analysiert und aufgezeichnet wird. Dann strahlen Lautsprecher einen speziell berechneten „Anti-Schall" aus, der den ursprünglichen Schall „zerstört". Man hört nichts mehr (→ **B2**).

In Flugzeugcockpits werden Anti-Schall-Kopfhörer bereits seit den 80er Jahren für die Piloten verwendet. Der Lärm eines konstant laufenden Motors lässt sich relativ leicht bekämpfen: Computer können in Sekundenbruchteilen berechnen, wie der Anti-Schall beschaffen sein muss. Dieser Anti-Schall kann dann durch Lautsprecher im Kopfhörer ausgesendet werden und reduziert den Lautstärkepegel am Trommelfell.

Eine neuere Idee ist, den Lärm direkt an seinem Entstehungsort zu bekämpfen, z. B. am Auspuff eines Autos oder direkt an einer Flugzeugturbine. Auf diese Weise kann der Lärm im Innenraum von Fahrzeugen deutlich gedämpft werden. Der Anti-Schall-Auspuff steht kurz vor der Serienreife. Mit dieser Technologie wäre man sogar in der Lage, durch gezieltes Herausfiltern bestimmter Frequenzen den Klang des Autos zu steuern, etwa um einem Mittelklassewagen mit unattraktivem Klangbild den satten, sportlichen Klang eines Sportwagens zu verleihen. Dies verspricht zumindest die Werbung.

Aktiver Schallschutz ist nicht bei jeder Art von Lärmquelle sinnvoll. Der hohe technische Aufwand macht das Kontrollsystem fehleranfällig. Schallquellen, bei denen sich Lautstärke und Frequenzen ständig ändern, sind damit schwer zu handhaben, da der Anti-Schall ständig angepasst werden muss. Sehr hohe Schallleistungen setzen der Anti-Schall-Technologie ebenfalls Grenzen: starke Schallquellen müssen mit starken Gegen-Quellen ausgelöscht werden. Das bedeutet, dass man bei sehr lauten Lärmquellen viele und große Lautsprecher einsetzen muss.

Was ist Anti-Schall? Um sicherzustellen, dass der Schall immer genau an einem bestimmten Ort (z. B. am Trommelfell oder am Auspuffausgang) „zerstört" wird, muss man sich eines Tricks bedienen: Treffen zwei Schallwellen gleicher Wellenlänge aufeinander, gibt es Orte, an denen durch destruktive Interferenz nur eine ganz geringe Lautstärke auftritt (Interferenz von Wellen, → S. 68). Leider hängen diese Orte von der Wellenlänge des Schalls ab, d. h., je nach Tonhöhe ist es an einem anderen Ort leise. Um ein ortsfestes Lautstärkeminimum zu erzeugen, verwendet man gegenphasigen „Anti-Schall". Schwingen die zwei Schallquellen gegenphasig statt gleichphasig, so tauschen die Orte für Lautstärkemaxima und -minima (→ **B3**). Auf der Mittelsenkrechten zwischen den Schallquellen befindet sich dann ein ortsfestes Lautstärkeminimum.

B1 Anti-Schall-Kopfhörer im Cockpit

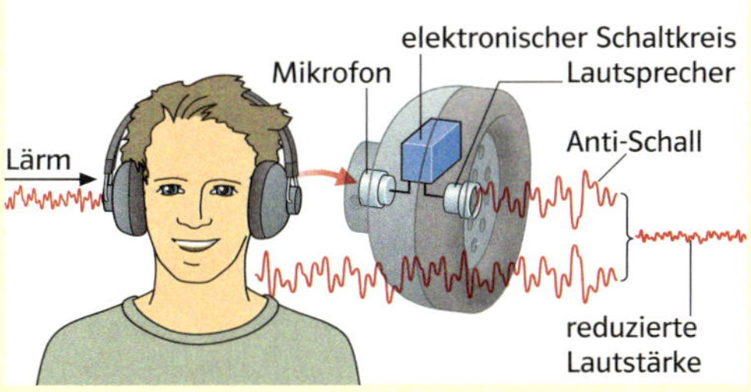

B2 Funktionsprinzip eines Anti-Schall-Kopfhörers

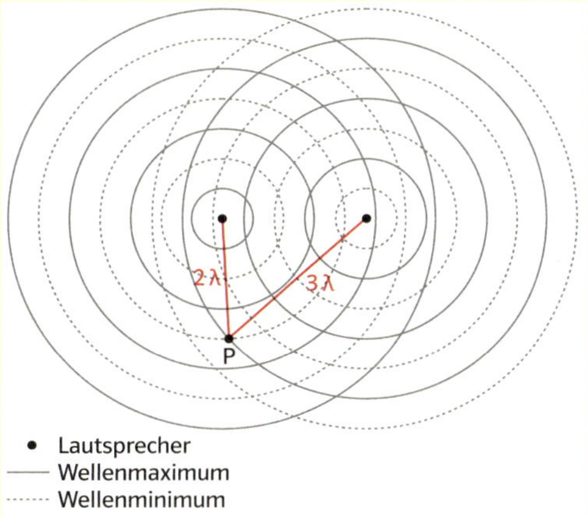

B3 Gangunterschied bei gegenphasigen Schallquellen

Beugung von Wellen

B1 Entstehen einer Kreiswelle

V1 In einer Wellenwanne treffen Wasserwellen mit kurzer Wellenlänge zunächst auf eine im Vergleich zur Wellenlänge große Öffnung (→ **B2a**). Bei einer Blende mit einer deutlich kleineren Öffnung ergibt sich für die Wasserwelle hinter der Blende ein ganz anderes Bild (→ **B2b**).

V2 Treffen Schallwellen auf eine Öffnung in der Wand (z. B. ein offenes Fenster) so breitet sich der Schall hinter der Öffnung in alle Richtungen aus (→ **B1**). Auch an den Kanten eines Gebäudes werde die Schallwellen in alle Richtungen umgelenkt.

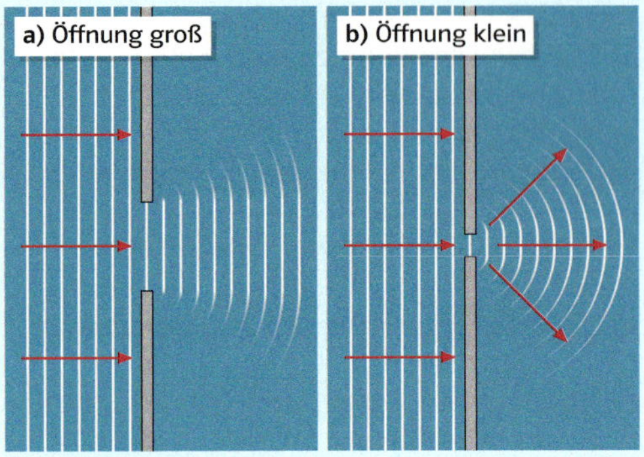

B2 Wasserwellen hinter einer Öffnung

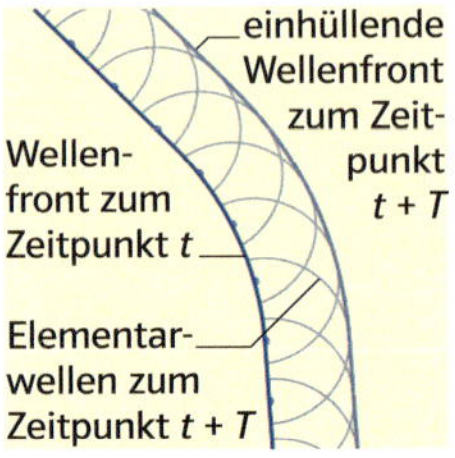

B3 Wellenfront aus Elementarwellen

Wellen im Schattenraum Gerade Wasserwellen, die ein im Verhältnis zu ihrer Wellenlänge kleines Hindernis passieren, können in den Raum hinter dem Hindernis (Schattenraum) eindringen. Dabei breiten sich die Wellen hinter dem Hindernis nicht mehr geradlinig aus, sie werden **gebeugt**. Dasselbe kann bei kleinen Öffnungen beobachtet werden. Auch Schallwellen werden gebeugt (→ **B5**).

● **Die Abweichung jeder Wellenfortpflanzung von der geradlinigen Ausbreitung wird als Beugung bezeichnet.**

Wellen mit niedriger Frequenz werden stärker gebeugt als Wellen mit höherer Frequenz.

Dies muss z. B. bei der Konstruktion von Lärmschutzwänden mitberücksichtigt werden. Auch das Abstrahlverhalten und die Wiedergabecharakteristik von Lautsprechern lässt sich mit „Hindernissen" (sogenannten „Beam Blockern") gezielt verändern (→ **B4**).

B4 „Beam Blocker" in Lautsprecherboxen

Modell der Elementarwellen Treffen gerade Wellen auf eine einzige kleine Öffnung, so führt im Bereich hinter der Öffnung die Beugung stets zu kreisförmigen Wellen. Diese sehen aus wie Wellen, die von einem einzelnen punktförmigen Erreger erzeugt werden (→ **B1**). Solche Wellen werden als **Elementarwellen** bezeichnet.

● **Elementarwellen haben immer gleiche Frequenz und Wellenlänge wie die Welle, aus der sie entstanden sind.**

Punkte des gleichen Wellenberges bzw. Wellentales befinden sich jederzeit im gleichen Schwingungszustand, der **Phase**. Man sagt, sie bilden eine **Wellenfront** (→ **B3**).

● **Jeder Punkt einer Wellenfront kann als Ausgangspunkt einer Elementarwelle betrachtet werden.**

Das **Modell der Elementarwellen** eignet sich zur Beschreibung von Wellen, die auf Hindernisse oder Öffnungen treffen.

Dabei wird jeder Punkt in einer Öffnung als Ausgangspunkt einer kreisförmigen Elementarwelle angesehen. Die Welle hinter der Öffnung entsteht durch Überlagerung der Elementarwellen aus der Öffnung. Mit diesem Modell lassen sich Beugungserscheinungen auf einfache Weise mathematisch beschreiben und konstruieren. Es handelt sich aber nur um eine anschauliche Hilfsvorstellung. In der Realität gibt es keine Elementarwellen.

B5 Schallwellen werden gebeugt.

Konzertsäle und Raumakustik

Wann ist ein Konzertsaal gut, wann schlecht? Die „gute Akustik" an sich gibt es nicht, denn jeder Raum wird anders genutzt. Die Akustik muss daher auch jeweils ganz spezielle Anforderungen erfüllen. Trotzdem gibt es ein paar Standardkriterien für gute Akustik.

Raumakustik Die Raumakustik ist ein Gebiet der Akustik, das sich mit der Auswirkung der baulichen Gegebenheiten eines Raumes auf seine akustischen Eigenschaften beschäftigt. Der akustische Eindruck eines Raumes wird bestimmt von:

- dem Anteil des **Direktschalls** am Gesamtschallpegel. Der Direktschall ist für die Lokalisation einer Schallquelle durch unser Gehör maßgeblich.
- der Zeitverzögerung und Richtung von frühen Reflexionen, sowie deren Anteil am Gesamtschallpegel.
- der Zeitverzögerung und der räumlichen Verteilung des **Nachhalls**, sowie dessen Anteil am Gesamtschallpegel und dessen zeitlicher Verlauf.

Die Aufgabe der Raumakustik ist es, diese Größen durch bauliche Maßnahmen so zu beeinflussen, dass die akustischen Eigenschaften des Raumes möglichst gut zu seinem Verwendungszweck passen. Ziele raumakustischer Gestaltung können sein:

- Möglichst kein Einfluss des Raumes, z. B. bei Tonstudios.
- Möglichst hohe Sprachverständlichkeit bei z. B. Unterrichtsräumen, Vorlesungssälen und Theatern.
- Ein möglichst räumliches Klangerlebnis, z. B. bei Konzertsälen.

In Räumen mit glatten Wänden wird der Schall gut reflektiert. Dies fördert die frühen Reflexionen und den Nachhall. Während der Nachhall beim Reden sehr stört, ist er bei Musikveranstaltungen oft erwünscht. Wände und Decken von Musiksälen werden daher als Reflektoren für Schallwellen gebaut (→ **B1** und **B2**).

Soll die Schallreflexion allerdings vermieden werden, müssen rauhe und poröse Oberflächen gewählt werden, da diese die Schallwellen nicht in eine bestimmte Richtung zurückwerfen und einen großen Anteil des Schalls sogar absorbieren.

B1 Philharmonie Gasteig (München)

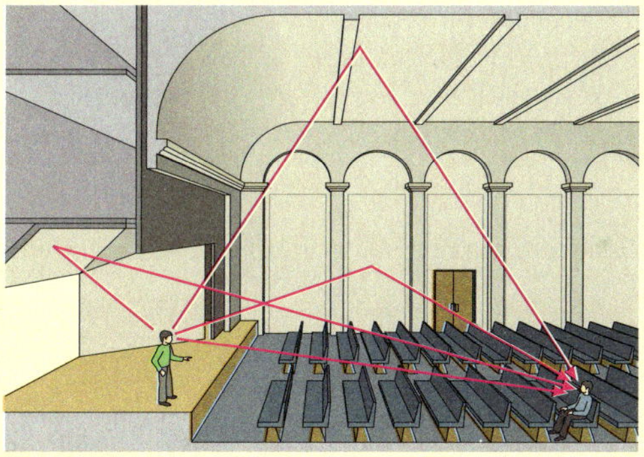

B2

Insbesondere bei Konzertsälen ist auf eine sorgfältige raumakustische Planung zu achten. In einem Konzertsaal kann die Überlagerung von Schallwellen zu unerwünschten Effekten führen. Direktschall und frühe Reflexionen können für bestimmte Frequenzen stehende Wellen ausbilden. An ungünstigen Punkten sind manche Tonhöhen dann kaum zu hören. Dort findet destruktive Interferenz statt. Umgekehrt gibt es auch Punkte, an denen einige Tonhöhen lauter zu hören sind. Dort findet konstruktive Interferenz statt. Insgesamt führt dies zu einem verfälschten Klangerlebnis.
Um dies zu vermeiden, lassen sich Architekten von Bauakustikern beraten.

Rückblick

1 Begriffe
Was versteht man unter
- Wellenlänge und Frequenz einer Welle?
- Längs- und Querwellen?
- konstruktiver und destruktiver Interferenz?
- der Beugung einer Welle?
- einem Wellenträger?
- Phase?
- Elementarwellen?
- einer harmonischen Schwingung?

2 Erklärungen
Wie lässt sich erklären, dass
- sich die Auslenkung am Seilende entlang des Seils fortpflanzt?
- die Ausbreitungsgeschwindigkeit von Schallwellen vom Material abhängt?
- sich Wellen gegenseitig auslöschen oder verstärken können?
- die Amplitude einer Welle mit zunehmender Laufstrecke abnimmt?
- die Amplitude einer kreisförmigen Wasserwelle viel stärker abnimmt als die einer geraden Wasserwelle?
- sich der Abstand der Wellenberge verringert, wenn der periodisch bewegte Erreger schneller in die Wasseroberfläche eintaucht?
- die Tonhöhe einer angeschlagenen Gitarrensaite von ihrer Länge abhängt?
- beim Anschlagen einer Saite genau genommen ein Klang aus mehreren Frequenzen erzeugt wird?

3 Beobachtungen
Was beobachtet man, wenn
- schwimmende Papierschnipsel von Wasserwellen erfasst werden?
- Regentropfen nebeneinander auf eine Wasseroberfläche fallen?
- Wellen interferieren?
- sich zwei in eine Wasserwanne eintauchende Stifte im Gleichtakt bewegen?
- gerade Wasserwellen auf eine kleine Öffnung treffen?
- eine mit Sand bestreute Platte von unten mit einem Lautsprecher beschallt wird?
- der Ton einer Stimmgabel mittels Mikrofon auf dem Oszilloskopschirm dargestellt wird?

4 Gesetzmäßigkeiten
Beschreibe mit eigenen Worten
- den Zusammenhang zwischen Ausbreitungsgeschwindigkeit, Wellenlänge und Frequenz einer Welle.
- warum durch eine Welle nur Energie, aber kein Stoff transportiert wird.
- unter welchen Bedingungen sich Wellen gegenseitig auslöschen oder verstärken können.
- den Zusammenhang zwischen Frequenz der Welle und ihrer Beugung an Hindernissen.
- die Aussagen des Modells der Elementarwellen, wenn Wellen mit geraden Fronten kleine Öffnungen passieren.
- weshalb Saiten nur mit bestimmten Frequenzen schwingen können.

Erläutere die Erscheinungen in den folgenden Bildern und beantworte die Fragen.

B1 Warum hört man Insekten fliegen?

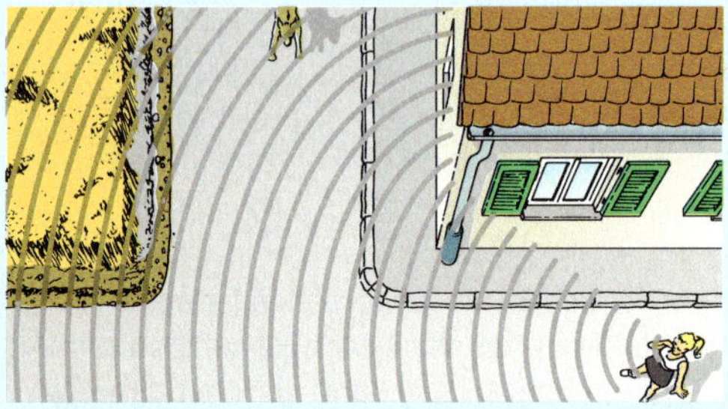

B2 Welches Phänomen zeigen diese Schallwellen?

B3 Wie kommt es zu diesem Muster?

B4 Was bewirken diese Vorrichtungen vor den Lautsprechern?

B5 Was bewirken diese Kopfhörer im Cockpit?

B6 Wodurch entstehen solche Muster?

Interferenz von Schallwellen Zwei Lautsprecher (Abstand 30 cm) werden an einen Sinusgenerator mit der Frequenz 3400 Hz angeschlossen. Die Lautsprecher erzeugen gleichphasige Schallwellen (→ **B2**).

a) Zeichne das Wellenfeld.

b) Ermittle die Zahl der Interferenzmaxima bzw. -minima, die dabei im Bereich zwischen den Lautsprechern erzeugt werden.

Lösung

a) Ermittlung der Wellenlänge: $\lambda = c_{\text{Luft}}/f = 340\,\text{m/s} : 3400\,\text{Hz} = 0{,}1\,\text{m}$. Um zwei punktförmige Erreger werden konzentrische Halbkreise mit Radien 5 cm, 10 cm, 15 cm, 20 cm, usw. gezeichnet. Bei ungeradzahligen Vielfachen von 5 cm liegen in der gezeichneten Momentaufnahme (→ **B1**) die Wellenmaxima (durchgezogene Linien), bei den geradzahligen Vielfachen von 5 cm die Wellenminima (gestrichelt).

b) In das Wellenfeld wird nun die Lage der Interferenzmaxima und Minima eingezeichnet (vgl. **S. 68**). Maxima (Minima), die zur gleichen Wellenfront gehören, werden miteinander verbunden. Abzählen der braun bzw. grün markierten sogenannten Interferenzhyperbeln ergibt: 5 Interferenzmaxima und 4 Interferenzminima.

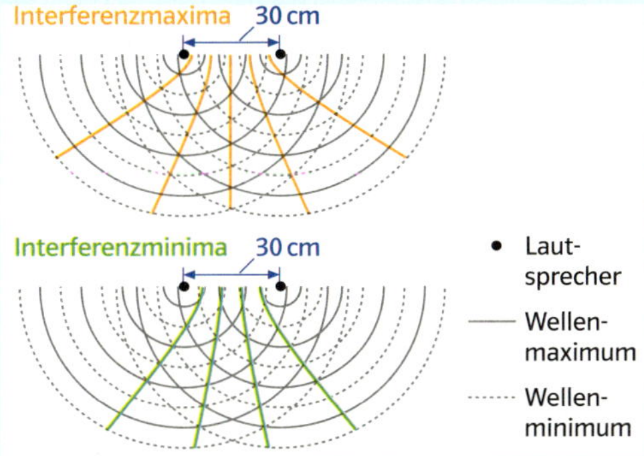

B1 Wellenbild

Beispiele

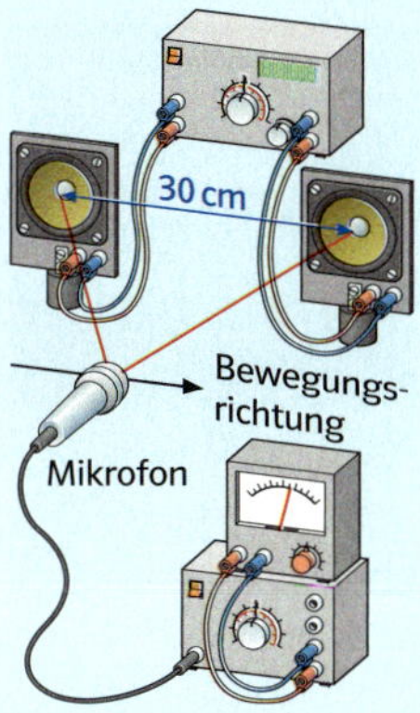

B2 Versuchsaufbau

1 Schallwellen transportieren Energie Lege zwei leere Blechdosen (z. B. Kaffeedosen) mit den Öffnungen zueinander auf den Tisch. Befestige einen Tischtennisball mittels Schnur und Klebstreifen so (z. B. an der Lampe), dass er den Boden einer Dose gerade berührt (→ **B3**). Schlage mit einem Hammer auf den Boden der anderen Dose. Erkläre deine Beobachtung!

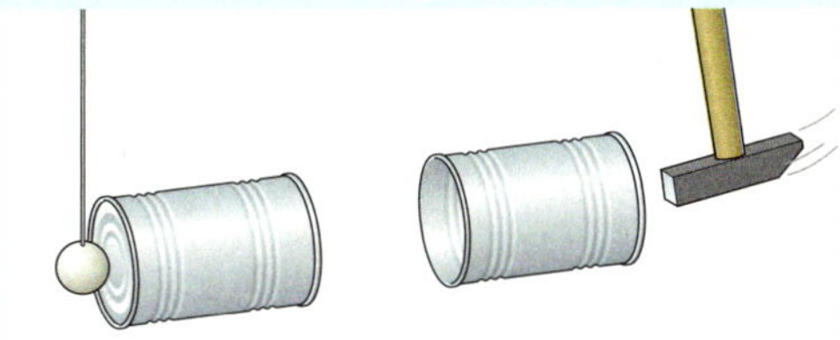

B3

2 Wellenmaschine Baue dir eine Wellenmaschine (→ **B5**). Du benötigst 1 Rolle Tesafilm, 20 Strohhalme, Büroklammern, 1 Apfelsinennetz und Kieselsteine, um die am Rand abgebildete Versuchsanordnung zu erhalten. Hänge die Wellenmaschine in einem Türrahmen auf und spanne sie mit einem Kieselstein im Apfelsinennetz.

a) Lenke den untersten Strohhalm kurz aus. Was beobachtest du?

b) Miss die Ausbreitungsgeschwindigkeit der Störung. Verändere auch das angehängte Gewicht und miss erneut die Ausbreitungsgeschwindigkeit. Befestige an den Enden der Strohhalme Büroklammern und miss die Ausbreitungsgeschwindigkeiten.

c) Deute Beobachtungen und Messungen.

3 Schnurtelefon Schon kleine Kinder basteln Schnurtelefone (→ **B4**) und sind erstaunt, dass Töne auch bei einer Fadenlänge von 10 m noch gut beim Empfänger zu hören sind. Baue ein Schnurtelefon. Welche Frequenzen werden gut oder schlecht übertragen? Welche Rolle spielt die Fadenspannung? Erkläre!

4 Seilschwingung Befestige ein langes Seil an einem Ende. Schwinge das horizontal gespannte Seil am anderen Ende mit einer Hand auf und ab. Versuche Knoten und Bäuche zu erzeugen. Bestimme die Frequenz der Schwingung deiner Hand, bei der das gelingt.

5 Panflöte Erzeuge verschiedene Töne durch seitliches Anblasen der Öffnung dicker Strohhalme mit verschiedener Länge. Kürze die Strohhalme so, dass sich eine angenehme Tonfolge, eine Tonleiter, ergibt. Befestige die Strohhalme der Länge nach geordnet nebeneinander (→ **B6**). Bestimme die Längen der Strohhalme. Lässt sich eine Regelmäßigkeit erkennen? Erkläre! Warum ändert sich die Tonfrequenz, wenn das untere Ende des angeblasenen Strohhalms zugehalten wird?

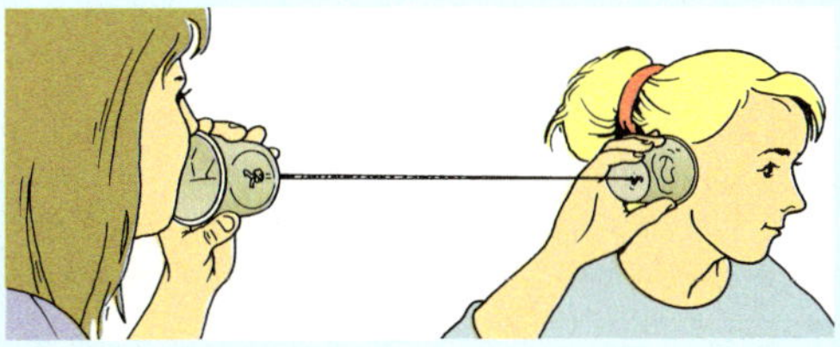

B4 Schnurtelefon

Heimversuche

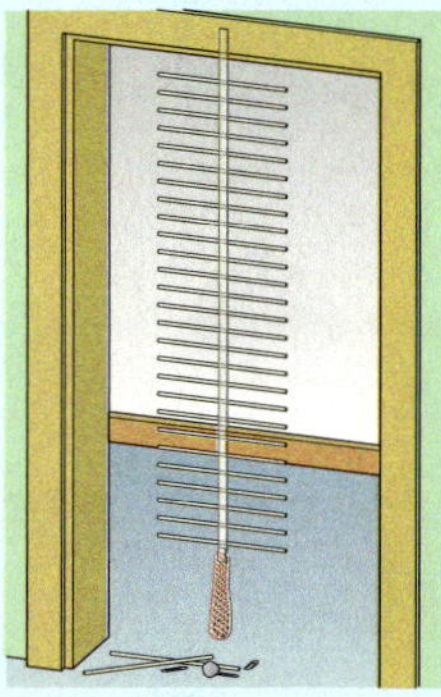

B5 Wellenmaschine

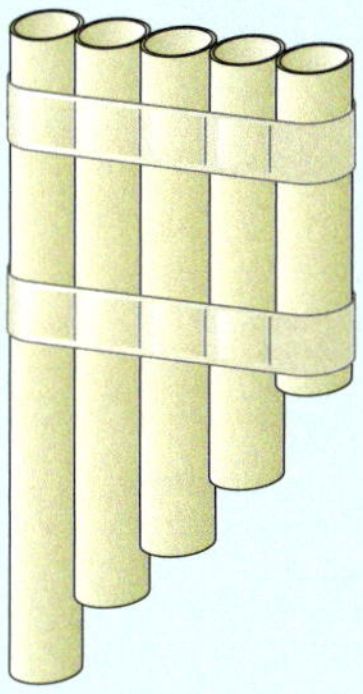

B6 Panflöte

Fragen

B1 Wasserwelle

B2 Wasserwellen passieren Spalt

B3 Lochsirene

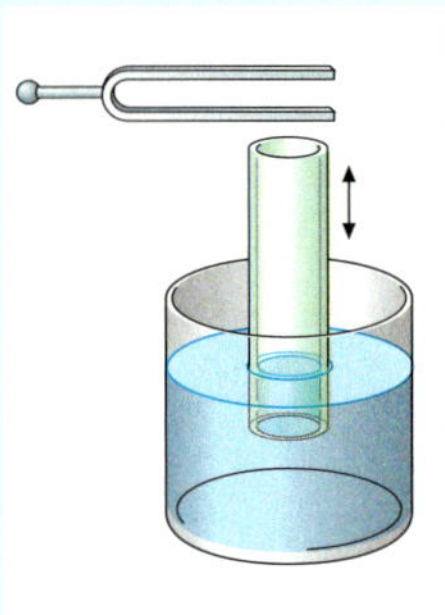
B4 Zu Frage 13

Wellen

1 Nenne Bedingungen für das Entstehen einer Welle allgemein und am konkreten, in der Abbildung **B1** gezeigten Fall.

2 Erläutere die Unterschiede zwischen Seilwellen und Schallwellen.

3 Ein Ende eines langen Seils wird periodisch mit der Frequenz 2,5 Hz auf und ab bewegt. Die entstehende Seilwelle breitet sich mit der Geschwindigkeit 2,0 m/s aus. Welchen Abstand haben aufeinander folgende Wellenberge?

4 An einem Seeufer kommen in einer Minute 12 Wellenberge an. Ihr Abstand beträgt jeweils etwa 9 m. Wie hoch ist die Ausbreitungsgeschwindigkeit der Wellen?

5 Ein vorbei fahrender Güterzug kann als eine sich ausbreitende Welle betrachtet werden, mit einer Waggonlänge als Wellenlänge. Berechne die Frequenz dieser Welle, wenn 15 Waggons in 12 s vorbei fahren. Wie hoch ist die Geschwindigkeit des Zugs, wenn ein Waggon 14 m lang ist?

6 Auf einem Seil sind Punkte im Abstand von jeweils 1 cm markiert. Der Punkt P1 am Seilanfang ($x = 0$) beginnt bei $t = 0$ eine harmonische Schwingung quer zum Seil. Nach 1,5 s erreicht er die maximale Auslenkung 2,0 cm, gleichzeitig beginnt P4 gerade, sich zu bewegen. Skizziere die Auslenkungen des Seils nach 1,5 s, 3,0 s und 4,5 s. Bestimme Frequenz und Ausbreitungsgeschwindigkeit der Welle.

7 Die durch einen Hurrikan bei Florida erzeugten Meereswellen brechen sich vier Tage später an der Küste von Cornwall. Berechne die Ausbreitungsgeschwindigkeit der Wellen. Was transportierten die Wellen von Florida nach Cornwall?

8 Treffen gerade Wasserwellen auf eine kleine Öffnung, ergibt sich das in **B2** dargestellte charakteristische Bild. Um welches Wellenphänomen handelt es sich hier? Erläutere das der Erklärung zugrunde liegende Modell.

9 Schall ist eine Wellenerscheinung. Wellen zeigen Interferenz. Warum finden sich zwischen den zwei Lautsprecherboxen einer Hi-Fi-Anlage keine Bereiche, in denen minimale Lautstärke herrscht?

10 In einer Wellenwanne werden durch zwei punktförmige Erreger, die völlig gleich schwingen, zwei Kreiswellen erzeugt. **B5** zeigt das dabei entstehende charakteristische Bild. Welche deutlich unterschiedlichen Gebiete auf der Wasseroberfläche kann man erkennen? Wie heißt das Phänomen, wie entsteht es? Was ändert sich, wenn beide Erreger schneller schwingen?

B5 Überlagerung von Wasserwellen

extra

11 Aus einer Düse strömt Luft auf eine Scheibe mit Löchern in gleichen Abständen (→ **B3**). Dreht sich die Scheibe, hört man einen Ton. Warum hängt die Tonhöhe von der Anzahl der pro Sekunde angeblasenen Löcher ab? Erkläre auch die Tonentstehung.

12 Warum unterscheiden sich die Fluggeräusche von Insekten wie Käfer, Bienen und Stechmücken deutlich in der Tonhöhe?

13 Eine Glasröhre taucht wie in **B4** in Wasser. Durch Heben und Senken kann die Länge der Luftsäule in der Röhre verändert werden. Hält man eine schwingende Stimmgabel über das offene Ende, wird es bei einer bestimmten Länge der Luftsäule lauter. Erkläre!

14 Berechne die Wellenlänge eines 264-Hz-Tons (c')! Wie viele Verdichtungen der Luft treffen dabei in einer Sekunde auf das Trommelfell?

15 Mit welcher Geschwindigkeit breitet sich eine Transversalwelle auf der E-Saite einer Violine (Länge 32,5 cm, Grundfrequenz 660 Hz) aus? Welchen Abstand haben die Schwingungsknoten der 2. Oberschwingung?

16 Berechne die Zeitspanne zwischen Senden und Empfangen eines Echolotpulses, der an einem 2 km entfernten Eisberg reflektiert wird!

Quantenmechanik

Atomare Wellenmuster Das Bild ist die Rekonstruktion einer Aufnahme mit einem Raster-Tunnelmikroskop. Das Höhenmuster stellt einzelne Atome dar. In diesem Fall sieht man einen „Korallenring" aus 48 Eisenatomen auf einer Oberfläche aus Kupferatomen. Das Höhenmuster im Innern zeigt das Aussehen einer Welle!

Grenzen der Erkenntnis Was zeigt das Bild? Mal sieht man deutlich eine junge Frau, mal eine alte Frau. Es fällt schwer, beide gleichzeitig zu erkennen. Die Abbildung entzieht sich einer eindeutigen Sichtweise.

Licht und Farben Seit vielen Jahrhunderten rätseln die Menschen über die Natur des Lichts. Licht wurde von Physikern einmal als Lichtstrahl (antikes Griechenland), dann als Lichtteilchen (Isaac Newton) und auch als Lichtwelle (Christiaan Huygens und Thomas Young) interpretiert. Kein Modell alleine konnte die rätselhaften Eigenschaften von Licht und das Zustandekommen von Farben zufriedenstellend erklären. Erst im 20. Jahrhundert konnte diese Frage mit Hilfe der Quantenmechanik vorerst beantwortet werden.

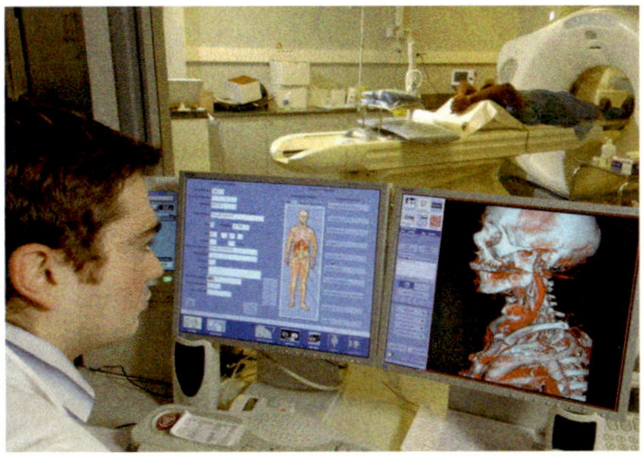

Anwendungen Die Quantenmechanik hat das Weltbild der Physiker revolutioniert. Aber sie hatte auch praktische Auswirkungen. Viele Anwendungen wie Laser, Elektronenmikroskop oder Magnetresonanztomografie beruhen auf den Gesetzen der Quantenmechanik.

Interferenz und Beugung von Licht

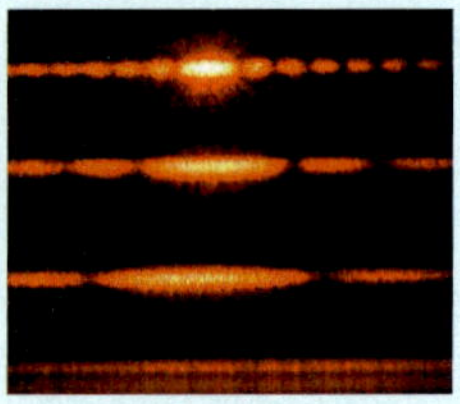

B1 Die Spaltbreite nimmt von oben nach unten ab.

V1 Mit einem Laser wird ein schmaler Spalt beleuchtet. Wenn der Spalt immer schmaler wird, sieht man auf einem Schirm hinter dem Spalt verschiedene Bilder (→ **B1**).

V2 Das Licht eines Lasers oder einer Lampe mit geradem Leuchtfaden trifft auf einen Schirm. Mit einer Rasierklinge wird das Licht auf einer Seite exakt begrenzt (→ **B2**). Im Schatten erscheint die Kante verschwommen. Licht dringt teilweise in den Schattenraum ein. Im hellen Bereich sind dunkle Streifen zu erkennen. Mit einem Fotoelement und einem Stromstärke-Messgerät kann die Helligkeit des Lichtes an verschiedenen Stellen des Schirmes gemessen werden.

V3 Mit einer Lampe, die einen geraden Leuchtfaden hat, wird eine Blende mit zwei Spalten, die einen Abstand von 2 cm und eine Breite von 5 mm haben, beleuchtet. Ein Schirm zeigt den Schatten der Blende mit zwei scharf begrenzten hellen Öffnungen (→ **B3a**). Wird eine Blende genommen, deren Spalte einen Abstand von 0,3 mm und eine Breite von 0,1 mm haben, dann lassen sich im Schatten farbige und dunkle Schatten beobachten (→ **B3b**).

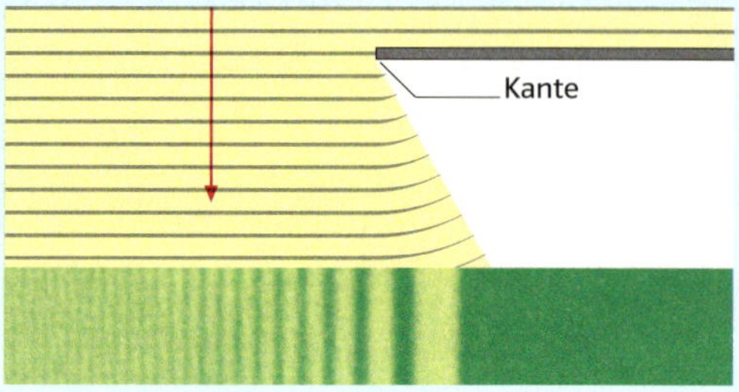

B2 Licht an der Kante einer Rasierklinge

Das Strahlenmodell des Lichtes zeigt Grenzen

Schickt man Laserlicht durch einen feinen Doppelspalt, so erscheint auf einem Schirm hinter dem Spalt ein charakteristisches Hell-Dunkel-Muster. Passiert Licht eine kleine Öffnung, vermag es in den Schattenraum einzudringen. Mit dem Strahlenmodell des Lichtes lassen sich diese Erscheinungen nicht erklären. Die Vorstellung, Licht breite sich wie eine Wasserwelle aus, lässt hingegen eine Erklärung zu.

Licht kann interferieren Das charakteristische Hell-Dunkel-Muster hinter einem feinen Doppelspalt lässt sich durch Interferenzeffekte erklären. Beide Spalte sind Ausgangspunkte von je einer Elementarwelle mit gleicher Wellenlänge, Amplitude und Phase. Bei ihrer Ausbreitung überlagern sich die Elementarwellen. Beträgt der Gangunterschied dieser Elementarwellen in einem Punkt genau eine halbe Wellenlänge (oder ein ungeradzahliges Vielfaches), so sind in diesem Punkt die überlagerten Wellen genau gegenphasig und löschen sich somit aus (destruktive Interferenz). Dies führt zu dunklen Stellen auf dem Schirm. Beträgt der Gangunterschied hingegen eine ganze Wellenlänge (oder ein Vielfaches), so sind in diesem Punkt die überlagerten Wellen genau gleichphasig und verstärken sich (konstruktive Interferenz). Dies führt zu hellen Stellen auf dem Schirm.

● **Licht zeigt konstruktive und destruktive Interferenz. Dies lässt sich erklären, wenn wir Licht als Welle interpretieren.**

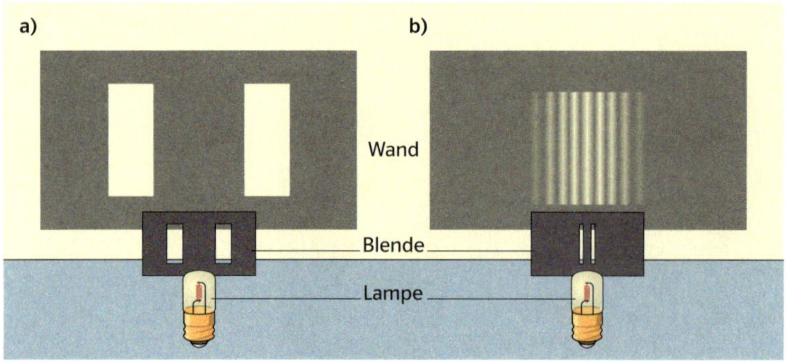

B3 Licht trifft auf einen Doppelspalt.

Interferenz am Doppelspalt lässt sich nur beobachten, wenn sowohl die Spaltöffnung als auch der Spaltabstand klein sind im Vergleich zur Wellenlänge des Lichts (→ **B3**). Eine Erklärung dieses Sachverhaltes erfordert aber eine mathematische Beschreibung der Interferenz.

● **Interferenzerscheinungen sind nur zu beobachten, wenn Hindernisse und Öffnungen von der Größenordnung der Wellenlänge sind.**

Licht dringt in Schattenräume ein Das Eindringen in den Schattenraum ist ein typisches Wellenphänomen. Diese Abweichung von der Geradlinigkeit der Ausbreitung wird Beugung genannt. Es wird besonders deutlich, wenn die Spaltöffnung in der Größenordnung der Wellenlänge liegt.

Die Beugung am Einzelspalt Trifft Laserlicht auf einen engen Spalt, so sind an der Wand symmetrisch zu einem hellen Fleck in der Mitte abwechselnd schmale dunkle Lücken und breitere helle Flecken mit abnehmender Helligkeit zu sehen (→ **B1**).

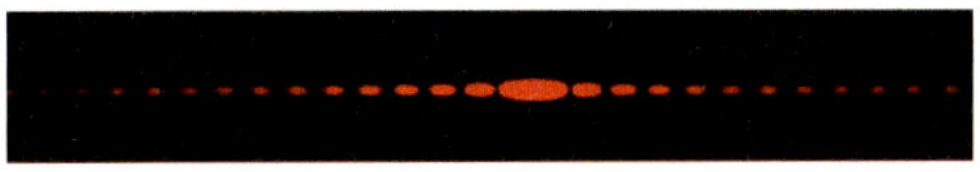

B1 Beugung von Laserlicht am Einzelspalt

Die Entstehung der Helligkeitsminima kann man sich folgendermaßen vorstellen: Jeder Punkt in der Öffnung des Spaltes der Breite *b* wird als Ausgangspunkt von Elementarwellen angesehen (→ **B2**). Ähnlich wie bei der Interferenz am Doppelspalt ergibt die Überlagerung dieser Teilwellen bei bestimmten Gangunterschieden konstruktive bzw. destruktive Interferenz. Analog zur Interferenz gilt auch bei der Beugung:

- **Bei der Beugung von Licht werden die beteiligten Elementarwellen überlagert. Dies führt zu konstruktiver und destruktiver Interferenz.**

- **Beugungserscheinungen sind nur zu beobachten, wenn Hindernisse und Öffnungen von der Größenordnung der Wellenlänge sind.**

Die Beugung von Licht an kleinen Öffnungen kann sich störend auswirken. Sie begrenzt unter anderem das Auflösungsvermögen von Lichtmikroskopen. Möchte man sehr kleine Objekte untersuchen, ist man daher auf aufwendigere Untersuchungsmethoden wie z. B. die Elektronenmikroskopie (→ **S. 80**) oder das Raster-Tunnelmikroskop angewiesen.

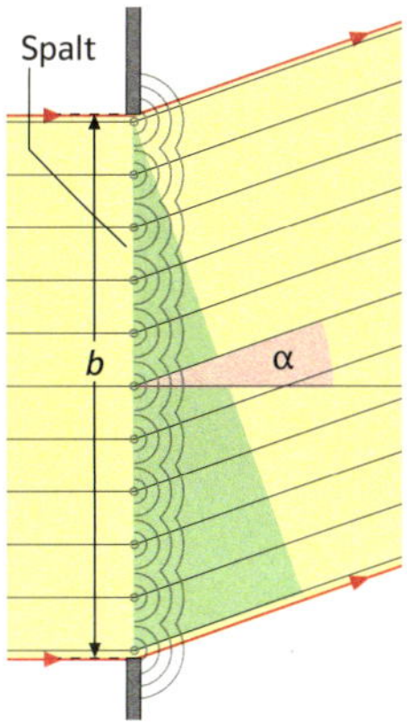

B2 Elementarwellen am Einfachspalt

Was ist Licht? Von der Antike bis Maxwell

Physik überall

Bereits im 17. Jahrhundert erkannte man, dass die bereits in der Antike bekannte Deutung von Licht als Bündel geradliniger Strahlen unvollständig sein muss. Beugung und Interferenz lassen sich so nicht erklären (→ **B3**).

Christiaan Huygens (1629 – 1695) bemerkte um 1650, dass eine Lichtausbreitung analog zu Wasserwellen die Phänomene erklären würde. Er betrachtete das Licht als eine Wellenbewegung, die sich in einem hypothetischen Medium, dem sogenannten Lichtäther, ausbreitet. Huygens formulierte das nach ihm benannte Huygens'sche Prinzip, welches besagt, dass von jedem Punkt einer beugenden Fläche kugelförmige Elementarwellen ausgehen, die sich überlagern und so die beobachtbaren Beugungseffekte hervorrufen.

Zunächst wurde Huygens nicht ernst genommen, da man die **Korpuskeltheorie** von **Isaac Newton** (1643 – 1727) favorisierte. Newton betrachtet das Licht als einen von der Lichtquelle ausgehenden Strom kleiner materieller Teilchen, die sich geradlinig mit großer Geschwindigkeit im Raum ausbreiten. Trotz großer Schwierigkeiten bei der Erklärung optischer Phänomene stand das 18. Jahrhundert im Zeichen der Korpuskeltheorie des Lichtes. Erst im 19. Jahrhundert wurde die **Wellentheorie** durch das **Doppelspalt-Experiment** von **Thomas Young** (1773 – 1829) bestätigt.

Die **elektromagnetische Lichttheorie** von **James Clerk Maxwell** (1831 – 1879) betrachtet das Licht als elektromagnetische Welle (→ **S. 111**), bei der sich elektrische und magnetische Felder, deren Stärke sich periodisch ändert, im Raum ausbreiten. Das elektrische Feld ist dabei für die Lichtwirkung verantwortlich. Die mit zahlreichen Widersprüchen behaftete Vorstellung eines Lichtäthers wurde damit überflüssig, da elektromagnetische Felder nicht an ein Medium gebunden sind.

B4 Christiaan Huygens

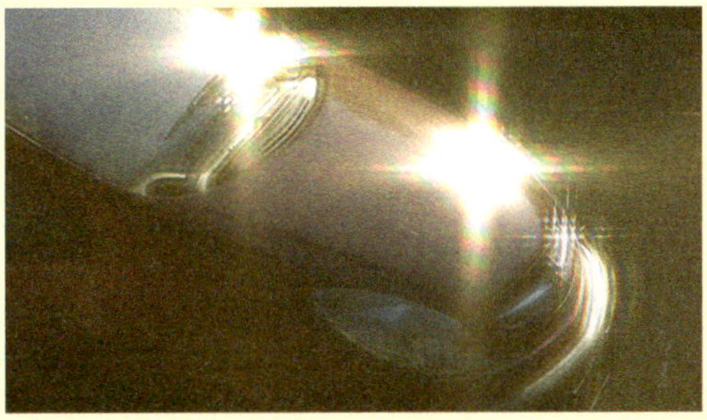

B3

B5 Thomas Young

Licht löst Elektronen aus

V1 Eine Zinkplatte wird auf ein Elektroskop gesteckt, aufgeladen und mit einer Glühlampe bzw. einer Quecksilberdampflampe beleuchtet (→ **B1**). Bei A können Gegenstände in den Lichtweg gebracht werden. Bei Beleuchtung mit der Quecksilberdampflampe wird die negativ geladene Platte entladen. Glas oder ein UV-Filter bei A verhindern dies.

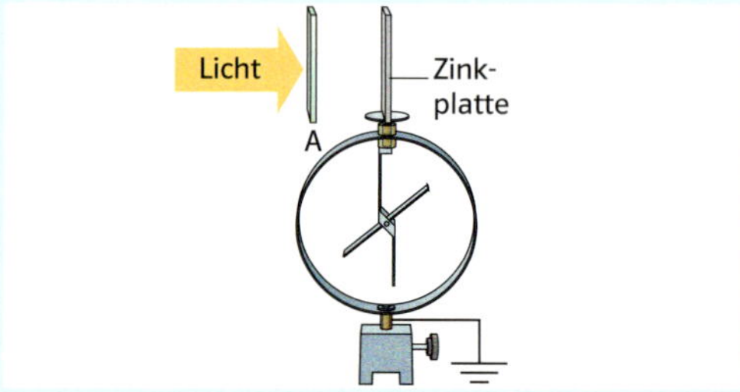

B1 Der Fotoeffekt

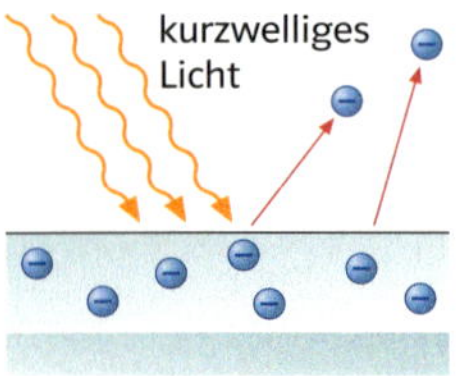

B2 Fotoelektrischer Effekt

Der Fotoeffekt

In Lichtschranken löst Licht elektrische Impulse aus. Dabei wird Lichtenergie unmittelbar in elektrische Energie umgesetzt, man spricht vom **Fotoeffekt**. Der Fotoeffekt kann im Experiment z. B. durch Beleuchten einer Zinkplatte untersucht werden. Das einfallende Licht kann aus dem Metall Elektronen auslösen (→ **B2**). Befindet sich die Zinkplatte dabei in einem geschlossenen Stromkreis, führt dies zu einem elektrischen Strom. Man findet:

- **Der Fotoeffekt tritt nur ein, wenn die Frequenz des Lichtes oberhalb einer bestimmten Grenzfrequenz liegt.**

Unterhalb der Grenzfrequenz tritt der Fotoeffekt auch bei hoher Beleuchtungsstärke (also großer Amplitude) oder langer Belichtungszeit nicht auf. Oberhalb der Grenzfrequenz führt eine Erhöhung der Beleuchtungsstärke zu einer Erhöhung der Stromstärke. Auch bei einer sehr geringen Beleuchtungsstärke kann ein Effekt beobachtet werden.

Photonen

Das Wellenmodell des Lichts alleine liefert keine zufriedenstellende Erklärung dieser Befunde. Daher verwendete Albert Einstein das folgende Teilchenmodell, um die Beobachtungen beim Fotoeffekt zu erklären.

- **Licht besteht aus einzelnen Energieportionen, den Photonen. Die Frequenz des Lichts im Wellenmodell entspricht der Energie der Photonen im Teilchenmodell.**

- **Die Beleuchtungsstärke ist durch die Anzahl der Photonen bestimmt.**

- **Beim Fotoeffekt überträgt ein Photon seine Energie vollständig auf ein Elektron. Erhält das Elektron dadurch genügend Energie, um die Metallplatte verlassen zu können, fließt Strom.**

Licht und Planck'sche Konstante

Werden Fotozellen mit jeweils einfarbigem Licht verschiedener Frequenz bestrahlt, so wächst die beim Fotoeffekt auf ein ausgelöstes Elektron übertragene Energie linear mit der Frequenz des Lichtes (→ **B3**).

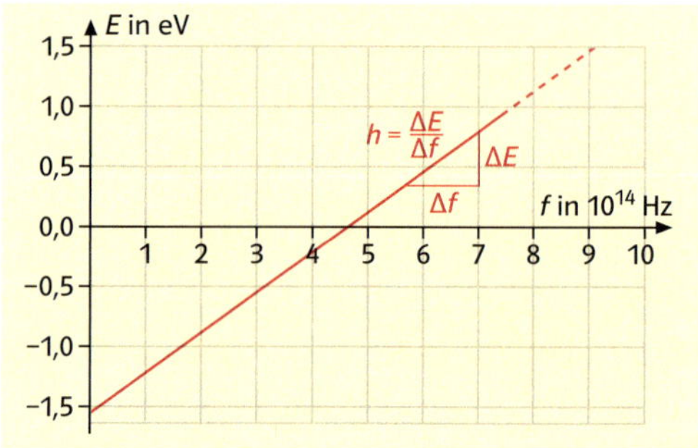

B3 „Einsteingerade"

Zum Verlassen der Metalloberfläche muss dem Elektron ein vom Material abhängiger Energiebetrag zugeführt werden. Das Photon muss mindestens diese Energie enthalten. Daher tritt der Fotoeffekt auch erst ab einer bestimmten Grenzfrequenz auf. Besitzt das Photon mehr als die Mindestenergie, erhält das Elektron den Überschuss als kinetische Energie. Daher ist die sogenannte Einstein-Gerade (→ **B3**), die den Zusammenhang zwischen kinetischer Energie des ausgelösten Elektrons und Frequenz des Lichts zeigt, keine Ursprungsgerade. Die Steigung der Einstein-Geraden liefert die Proportionalitätskonstante zwischen Energie des Photons und Frequenz des Lichts. Sie wird als **Planck'sche Konstante** h bezeichnet.

- **Der Wert der Planck'schen Konstanten beträgt $h = 6{,}6 \cdot 10^{-34}$ Js.**

- **Die durch Licht auf ein Elektron übertragene Energie ist gegeben durch: $E_L = h \cdot f$**

Interferenz mit Elektronen

V1 In einer Röhre wie in der Grafik **B1** besteht zwischen Kathode und Anode die Spannung U_B. Elektronen, die aus der glühenden Kathode austreten, werden zur Anode hin beschleunigt, gelangen durch ein Loch in der Anode hindurch und treffen auf eine Schicht von Graphitpulver. Sie durchdringen das Pulver und treffen auf den Leuchtschirm der Röhre. Auf dem Schirm sieht man konzentrische Ringe (→ **B2**). Ihr Durchmesser nimmt ab, wenn U_B steigt.

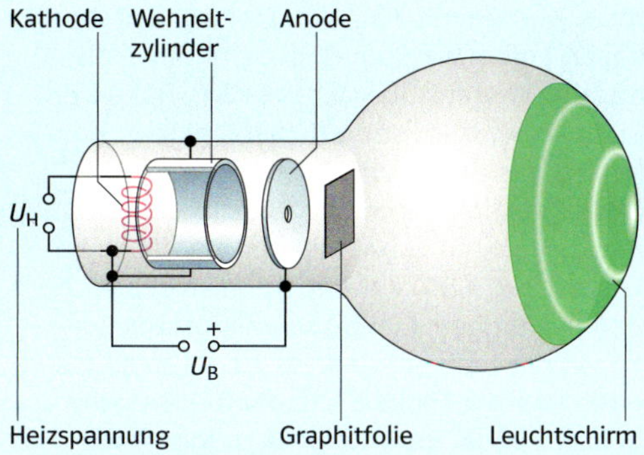

B1 Elektronenbeugungsröhre

B2 Beugungsbild von Elektronen nach Durchquerung einer Graphitschicht

Elektronen und Beugung

Ein Elektronenstrahl erzeugt auf einem Leuchtschirm einen Leuchtfleck. Um den Durchmesser dieses Leuchtflecks zu regulieren, wird nun eine Blende mit variablem Durchmesser zwischen Elektronenquelle und Leuchtschirm angebracht. Bei sehr kleinen Blendenöffnungen kann etwas Erstaunliches beobachtet werden: Der Leuchtfleck wird bei Verkleinerung der Blende größer!

Führt man ein entsprechendes Experiment mit Licht durch, kann der gleiche Effekt beobachtet werden: Der Lichtstrahl weitet sich ebenfalls auf; dies kann durch **Beugung** erklärt werden. Wenn Elektronen Beugung zeigen, lassen sich dann auch andere typische Wellenphänomene bei ihnen beobachten?

Elektronen am Doppelspalt

1960 gelang es **Claus Jönsson**, Elektronen in einem Elektronenmikroskop (→ **S. 80**) durch einen feinen Doppelspalt hindurchtreten zu lassen. Die Elektronen wurden bei diesem Experiment mit einer Beschleunigungsspannung $U_B = 50\,\text{kV}$ beschleunigt. Auf dem Sichtschirm des Elektronenmikroskops wurde dabei ein Muster in Form sehr feiner Streifen erzeugt (→ **B3**). Das Bild erinnert stark an ein **Interferenzmuster** mit Licht.

Neue Vorstellungen über Elektronen

Interferenz und Beugung von Elektronen können nach einer Idee des französischen Physikers **Louis de Broglie** erklärt werden, indem man Elektronen als Wellen beschreibt. Dazu wird den Elektronen eine von ihrer Geschwindigkeit abhängige Wellenlänge zugeordnet.

● **Treten Elektronen durch eine enge Öffnung, so ist ein Interferenzbild zu beobachten. Es entspricht einem Interferenzmuster bei der Wellenlänge (De-Broglie-Wellenlänge)**

$$\lambda = \frac{h}{m \cdot v} = \frac{h}{p}$$

Typischerweise bewegt sich die De-Broglie-Wellenlänge für Elektronen in Elektronenbeugungsröhren oder Elektronenmikroskopen im Bereich von $0{,}5 \cdot 10^{-11}\,\text{m} - 2{,}3 \cdot 10^{-11}\,\text{m}$.

Das Phänomen der Beugung von Elektronen an einer Blende zwingt uns dazu, das Konzept von zwei gleichzeitig beliebig genau messbaren Größen (Geschwindigkeit und Ort) aufzugeben!

Elektronenbeugung an Graphit

Die Elektronenbeugungsröhre in **B1** erzeugt einen feinen Strahl von Elektronen. Durch ein Loch in der Anode gelangen die Elektronen auf den Leuchtschirm. Befindet sich zwischen Anode und Leuchtschirm eine dünne Schicht aus Graphitpulver, so zeigt der Schirm zusätzlich konzentrische Kreise. Das Hell-Dunkel-Muster (→ **B2**) erinnert an ein Interferenzbild.

● **Durchdringen Elektronen Graphitpulver, so erzeugen sie auf einem Sichtschirm ein Muster wie bei einer Interferenz von Wellen.**

Aber wo ist hier der Doppelspalt bzw. ein Gitter, um die Interferenz zu erzeugen? Bei der Interferenz von Licht hat sich gezeigt, dass Beugung und Interferenz nur bei Spalten und Gittern entstehen, die in etwa die Größe der Wellenlänge des Lichts haben. Verhalten sich Elektronen wie Lichtwellen, dann werden auch sie nur an Strukturen in der Größe ihrer De-Broglie-Wellenlänge gebeugt. Bei einer so kleinen Wellenlänge kommt als beugende Struktur nur die atomare Struktur des Graphits (→ **B4**) in Frage. Diese beugt als regelmäßiges, dreidimensionales Gitter die Elektronen.

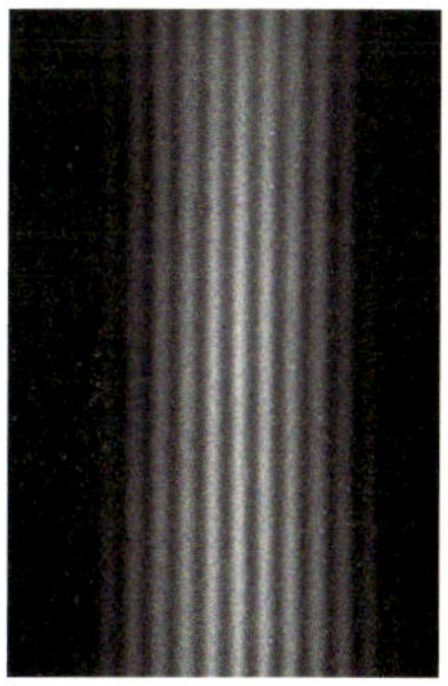

B3 Interferenzstreifen mit Elektronen

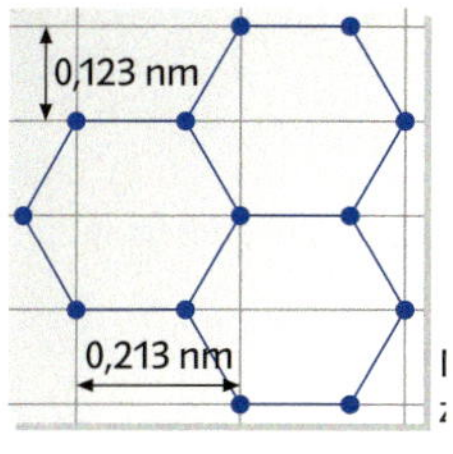

B4 Graphitkristall

Physik überall

Mikroskopie mit Elektronen

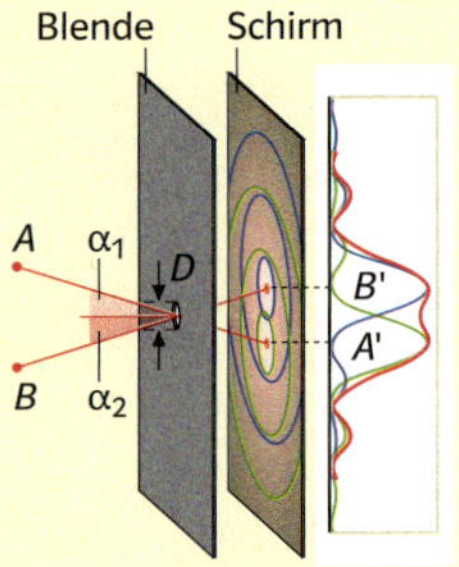

B1 Getrennte Wahrnehmung von Punkten

Viele bedeutende wissenschaftliche Erkenntnisse wurden mit Hilfe von Elektronenmikroskopen gefunden. So gründet sich ein Großteil unseres Wissens über Viren (→ **B4**), Bakterien, Kristallwachstum und Kristalldefekte in Halbleitern, das Biege- und Bruchverhalten von Metallen und funktionale Oberflächenstrukturen (z. B. schmutzabweisende Oberfläche beim Lotuseffekt, → **B5**) auf direkte mikroskopische Beobachtungen. Elektronenmikroskope werden in der Halbleiterindustrie zur Qualitätskontrolle und zur Analyse schadhafter Bauteile benutzt. In der internationalen Spitzenforschung werden sie zur Charakterisierung und Optimierung neuer Werkstoffe eingesetzt.

Die Auflösung von Lichtmikroskopen ist auf etwa 0,3 – 0,5 µm beschränkt. Daher ist es nicht sinnvoll, mit mehr als 1500-facher Vergrößerung zu arbeiten, da durch eine weitere Vergrößerung keine neuen Details des Objektes erkennbar werden. Die Ursache für das begrenzte Auflösungsvermögen von Lichtmikroskopen ist die Beugung des Lichtes an der Linsenfassung. Zwei Punkte auf der Oberfläche erscheinen nur dann als zwei getrennte Objekte, wenn sich die Beugungsmaxima, die beim Durchtritt durch die Linse entstehen, nicht überlagern (→ **B1**). Aus der Wellenoptik ist bekannt, dass das Auflösungsvermögen mit abnehmender Wellenlänge größer wird. Ein hochauflösendes Mikroskop müsste demnach mit kleineren Wellenlängen arbeiten als sichtbares Licht, dessen Wellenlänge zwischen $3{,}8 \cdot 10^{-7}\,\text{m} - 4{,}8 \cdot 10^{-7}\,\text{m}$ liegt (→ **S. 111**).

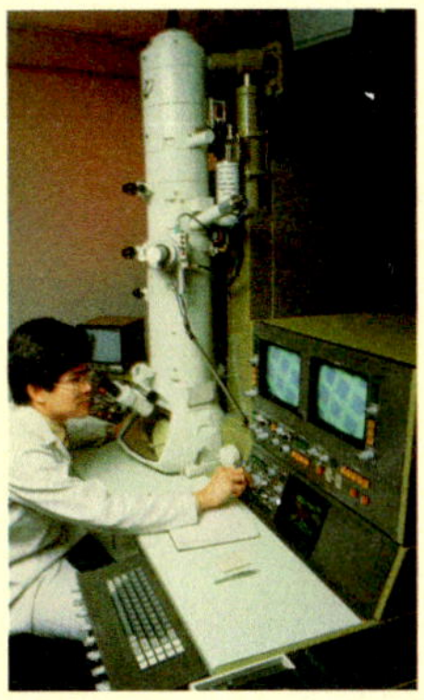

B2

Bei Elektronenmikroskopen verwendet man statt Licht ein Elektronenbündel. Aufgrund der geringen Wellenlänge der Elektronen (etwa $10^{-11}\,\text{m} - 10^{-12}\,\text{m}$) sind wesentlich höhere Auflösungen und damit verbunden stärkere Vergrößerungen bis auf das 1,5 Millionenfache realisierbar. Mit dieser Vergrößerung ist es möglich, die Struktur von Materialien bis zum atomaren Bereich abzubilden. Bei der Abbildung durch Elektronen benutzt man die Erkenntnis, dass elektromagnetische Spulen die Elektronen ähnlich bündeln können wie Sammellinsen das Licht. Das Elektronenmikroskop hat daher einen Aufbau, der dem eines Lichtmikroskops ähnlich ist (→ **B2** und **B3**).

Beim Durchstrahlungselektronenmikroskop wird das Objekt mit Elektronen durchstrahlt. Dies ermöglicht eine Abbildung der inneren Struktur des Objektes, eine Möglichkeit die das Lichtmikroskop nur bei durchsichtigen Objekten bietet. Für Oberflächenuntersuchungen verwendet man das Raster-Elektronenmikroskop. Bei diesem Verfahren tastet ein scharf gebündelter Elektronenstrahl das Objekt ab. Beim Auftreffen werden zusätzliche Elektronen ausgelöst, deren Stromstärke registriert wird. Aus diesen Daten ermittelt der Computer ein Bild der Oberfläche, das auf einem Bildschirm angezeigt werden kann.

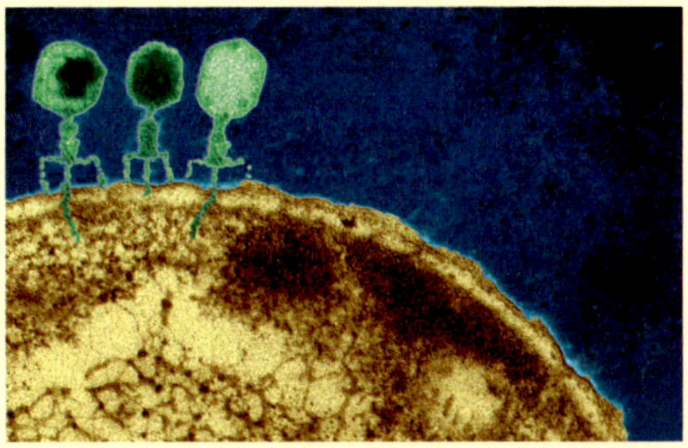

B4 Viren auf Bakterienzelle

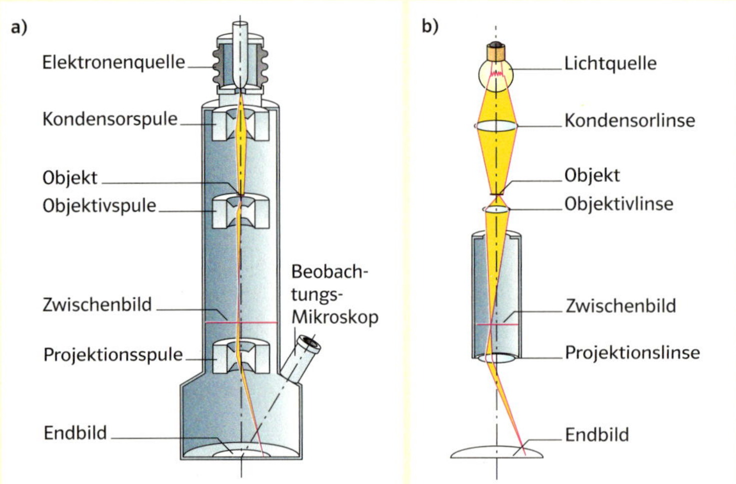

B3 Elektronenmikroskop (a); Lichtmikroskop (b)

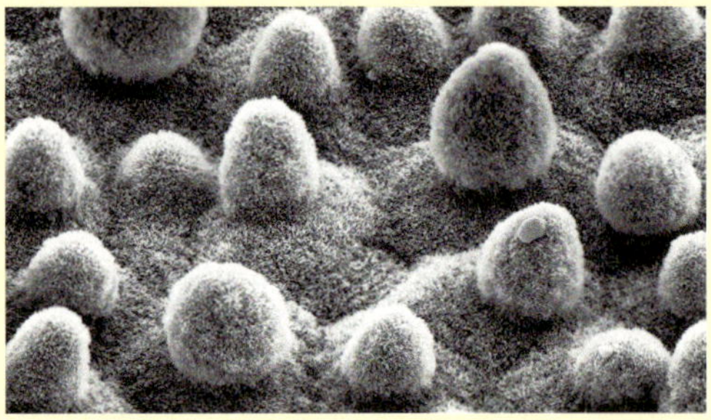

B5 Oberfläche eines Lotusblatts

Photonen und Masseteilchen als Quantenobjekte

V1 Licht wird durch einen Doppelspalt auf eine Fotoplatte gelenkt. Die entwickelte Fotoplatte zeigt ein deutliches Interferenzmuster. Nun wird der Versuch wiederholt, doch dieses Mal wird erst nur Spalt 1 und dann nur Spalt 2 geöffnet. Auf der Fotoplatte ist keine Interferenz zu sehen.

V2 Farbe aus zwei Spraydosen wird auf eine Wand gesprüht (→ **B1**). Die Farbverteilung an der Wand hängt von der Entfernung der Spraydosen ab, sie ist aber unabhängig davon, ob man die Spraydosen nacheinander oder gleichzeitig benutzt.

V3 In einer Wellenwanne trifft eine Wellenfront auf zwei kleine Öffnungen. Wenn nur eine geöffnet ist, beobachtet man hinter ihr eine Kreiswelle (→ **B2a**). Wenn beide gleichzeitig geöffnet sind, erkennt man ein Interferenzbild mit Maxima und Minima (→ **B2b**). Deren Lage hängt von der Wellenlänge und dem Abstand der Öffnungen ab.

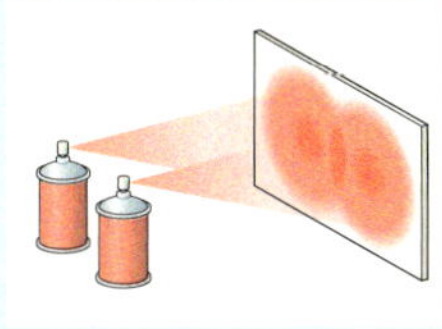

B1 Farbverteilung von Spraydosen

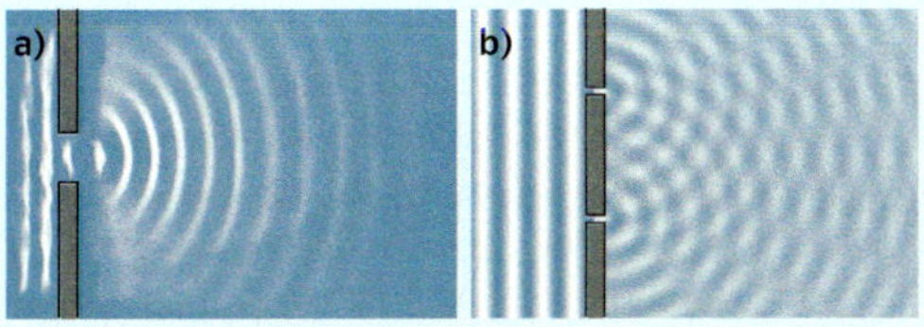

B2 Einzelspalt (a), Doppelspalt (b)

Quantenobjekte Bei **Quantenobjekten** treten physikalische Größen „gequantelt", d.h. nur in bestimmten **Portionen** auf. Wie wir beim Fotoeffekt gesehen haben, kann Licht nur in bestimmten Energieportionen, den Photonen, auftreten. Auch die elektrische Ladung gibt es nur portionsweise in Form der Elementarladung, die an Elektronen und Protonen als Träger gebunden ist.

Legen „gequantelte" Größen für Quantenobjekte also eine Teilchenvorstellung nahe?

Alltagserfahrungen Vorstellungen und Begriffe werden geprägt vom Umgang mit Dingen in der Alltagswelt. Den Begriff **Teilchen** verbindet man mit etwas Kleinem, Körnigem, z.B. Sandkörnern. Unabhängig von der Größe der Teilchen scheint aber das Prinzip zu gelten, dass man mehr erhält, wenn man zwei Mengen gleichartiger Teilchen vereinigt.

Im Gegensatz dazu zeigen **Wellen** das Phänomen der Interferenz. Laut + laut = leise oder hell + hell = dunkel widerspricht der Erfahrung, die wir mit Teilchen gesammelt haben.

B3 zeigt im Vergleich, welches Verhalten wir bei einem Doppelspalt-Experiment (Zwei-Wege-Experiment) jeweils für klassische Teilchen und klassische Welle erwarten. Wie man sieht, kann sich ein System entweder wie ein Teilchen oder eine Welle verhalten.

● **In unserer Alltagswelt schließen sich Teilchen und Welle gegenseitig aus.**

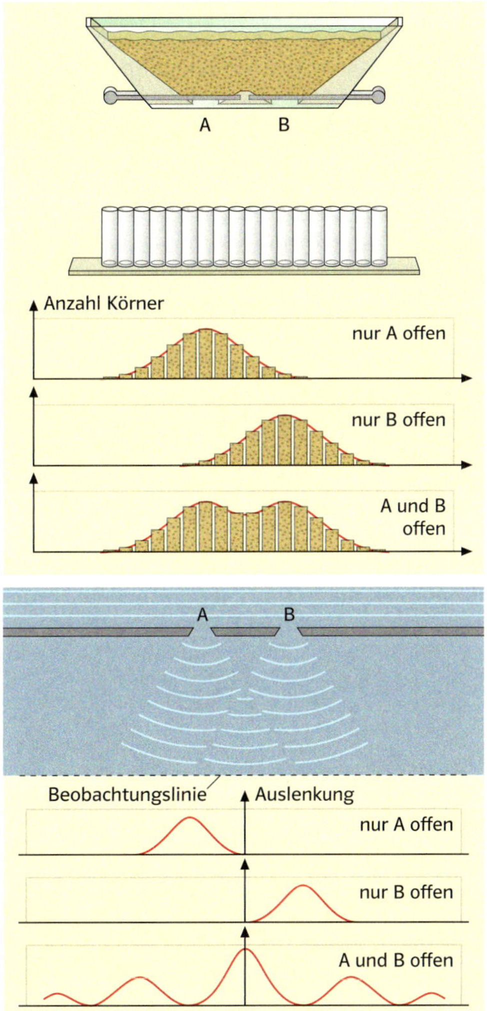

B3 Sand- und Wasserwellen am Doppelspalt

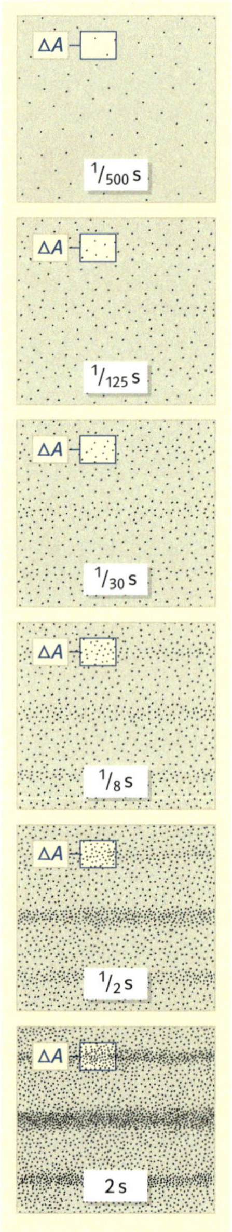

B2 Aufbau eines Interferenzmusters auf einem Film mit zunehmender Belichtungszeit Δt

Hohe Intensität von einfarbigem Licht bedeutet:
- im Modell der Photonen: viele Photonen im Zeitintervall Δt
- im Modell der Lichtwelle: große Amplitude der Welle

Komplementarität Quantenobjekte zeigen ein völlig anderes Verhalten als Objekte unserer Alltagserfahrung. Die Elektronenbeugung, die Interferenz von Licht und der Fotoeffekt liefern zusammengenommen ein verblüffendes Ergebnis:

- **Komplementaritätsprinzip: Quantenobjekte wie Elektronen und Photonen haben sowohl einen Wellen- als auch einen Teilchencharakter. Welcher davon sich ausprägt, hängt von der Art des durchgeführten Experiments ab.**

- **Die Eigenschaften von Quantenobjekten („Welle oder Teilchen") werden durch eine Messung nicht festgestellt, sondern erst hergestellt.**

Statistische Interpretation Welle und Teilchen sind unvereinbare Modelle. Wie kann es sein, dass Quantenobjekte sowohl Teilchen- als auch Welleneigenschaften aufweisen können? Zur Klärung dieser Frage hat **Geoffrey Taylor** 1909 Interferenzexperimente mit Licht am Doppelspalt bei sehr geringer Lichtintensität durchgeführt. Zur Aufzeichnung der Interferenzmuster wurden hochempfindliche Fotoplatten verwendet. Taylor verringerte die Intensität des Lichts schrittweise so stark, dass sich im Mittel nur ein Photon zwischen Lichtquelle und Schirm befand. Für eine messbare Schwärzung der Fotoplatte musste er daher mehrere Monate belichten. Auf der Fotoplatte ergab sich immer das gleiche Interferenzmuster, egal ob die Aufnahmen bei hoher Lichtintensität und kurzer Belichtungszeit oder bei sehr niedriger Intensität (nur ein Photon zwischen Lichtquelle und Fotoplatte) und langer Belichtungszeit durchgeführt wurden.

- **Ein Photon kann in einem Doppelspalt-Experiment mit sich selbst interferieren.**

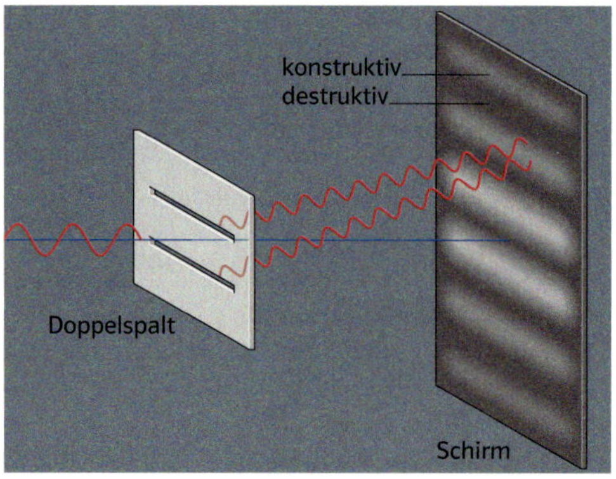

B1 Ein Photon am Doppelspalt

Dieses Verhalten lässt sich im Wellenbild leicht verstehen. Wie bei der Wellenwanne teilt sich die Lichtwelle am Doppelspalt in zwei Teilwellen auf (→ **B1**). Diese Elementarwellen überlagern sich nach dem Hindernis und bilden ein Interferenzmuster. Betrachtet man jedoch den Aufbau eines solchen Interferenzmusters mit zunehmender Belichtungszeit, muss man feststellen (→ **B2**):

- **Das Interferenzmuster von Photonen auf einer Fotoplatte setzt sich aus einzelnen Schwärzungspunkten zusammen.**

Das Photon wird auf der Fotoplatte nicht als kontinuierliche Welle detektiert. Jeder Schwärzungspunkt zeigt das Auftreffen eines einzelnen, stets ganzen Photons an. Ein derartiges Verhalten kann nur im Teilchenmodell erklärt werden. Bei kurzen Belichtungszeiten scheint die Verteilung der wenigen Photonen auf der Fotoplatte willkürlich zu sein. Es ist kein klares Muster erkennbar.

- **Für ein einzelnes Photon lässt sich der Auftreffort auf der Fotoplatte nicht vorhersagen.**

Mit zunehmender Belichtungszeit bildet sich jedoch ein deutliches Interferenzmuster heraus. Bei den Helligkeitsmaxima ist die Wahrscheinlichkeit des Auftreffens eines Photons wesentlich größer als bei den Helligkeitsminima (→ **B2**). Ein solches Verhalten kennen wir von Zufallsexperimenten in der Wahrscheinlichkeitsrechnung. Den Ausgang eines Einzelexperimentes können wir nicht vorhersagen, aber bei vielen Experimenten können wir überraschend genaue Vorhersagen machen.

- **Mit Hilfe des Interferenzmusters lassen sich bei vielen Photonen Wahrscheinlichkeitsaussagen über den Auftreffort machen.**

Um die Ergebnisse von Taylor erklären zu können, müssen wir für das Auftreten der Interferenz das Wellenmodell und gleichzeitig für die Körnigkeit des Interferenzmusters das Teilchenmodell des Lichts verwenden.

- **Wellen- und Teilchenmodell sind unzureichende Beschreibungen für Quantenobjekte. Keines dieser Modelle alleine kann alle Eigenschaften von Quantenobjekten beschreiben.**

Interferometer selbstgebaut

Um Interferenzexperimente mit Licht machen zu können, sind nicht unbedingt komplizierte Laboraufbauten notwendig. Mit handelsüblichen roten oder grünen Laserpointern, einem Blatt Papier als Schirm, Spiegelfolie, Mikroskopie-Objektträgern und Knete (→ **B6, B7**) lassen sich zwei der wichtigsten Interferometertypen auch selber bauen. Die Laserpointer können zur Stabilisierung auf Knetmasse oder in Stativklemmen befestigt werden (→ **B1**). Mit einem Mikroskop-Okular lässt sich das Interferenzbild bei Bedarf auf dem Schirm vergrößern.

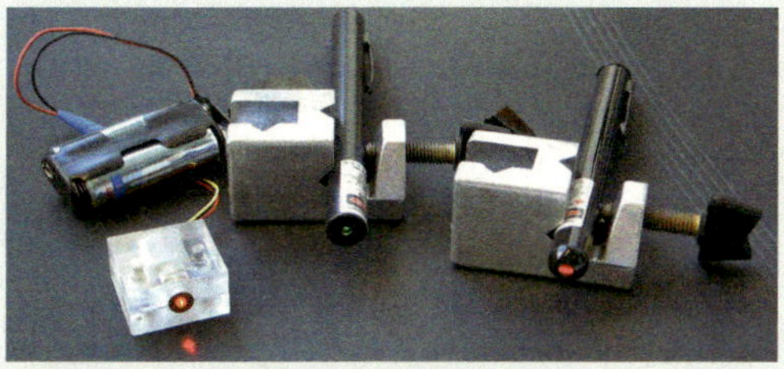

B1 Laserpointer in Stativklemmen

Jamin-Interferometer Das Interferometer wird gemäß **B2** und **B3** aufgebaut. Die Objektträger stehen jeweils in einem Winkel von 45° zum Laserstrahl. Bei Bedarf kann durch ein Okular das Interferenzmuster aufgeweitet werden. Bei rotem Laserlicht ist eventuell eine Abdunkelung des Raumes erforderlich.

Michelson-Interferometer Das Interferometer wird gemäß **B4** und **B5** aufgebaut. Bei diesem Versuch werden Spiegelfolien (nicht Alufolie!) oder Haushaltsspiegel benötigt. Um das Interferenzbild erzeugen zu können, müssen die Komponenten etwas genauer justiert werden als beim Jamin-Interferometer. Danach kann wieder eine Linse zur Aufweitung des Musters genutzt werden. Der Objektträger im Zentrum dient als Strahlteiler. In technischen Geräten wird hierfür eine spezielle Glasplatte verwendet, die einen viel größeren Lichtanteil reflektieren kann.

A1 Wie funktioniert ein Jamin-Interferometer?

A2 Wie funktioniert ein Michelson-Interferometer?

A3 Mit dem Michelson-Interferometer lassen sich auch Messungen an lichtdurchlässigen Proben durchführen, die man in einen der Lichtwege des Interferometers bringt. Der einfachste Probekörper ist die durch eine Flamme erhitzte Luft. Das Muster „wandert" dann um einige Streifen weiter. Wieso? (Hilfe: Nutze deine Kenntnisse aus der Optik über Brechung und Brechungsindex bzw. Brechzahl!)

B6 Spiegelfolie auf Glasplatten

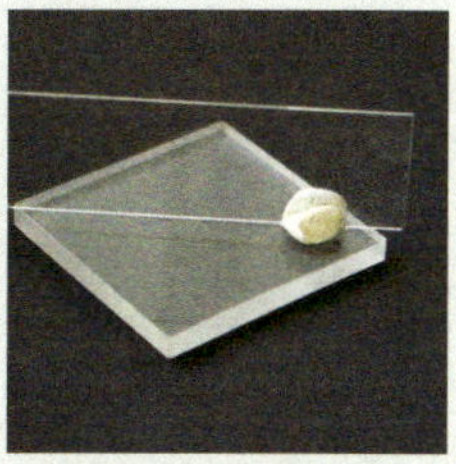

B7 Objektträger als Strahlteiler

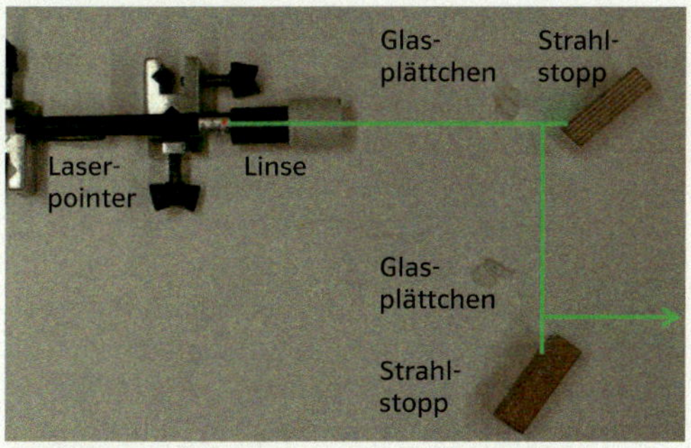

B2 Versuchsaufbau zum Jamin-Interferometer

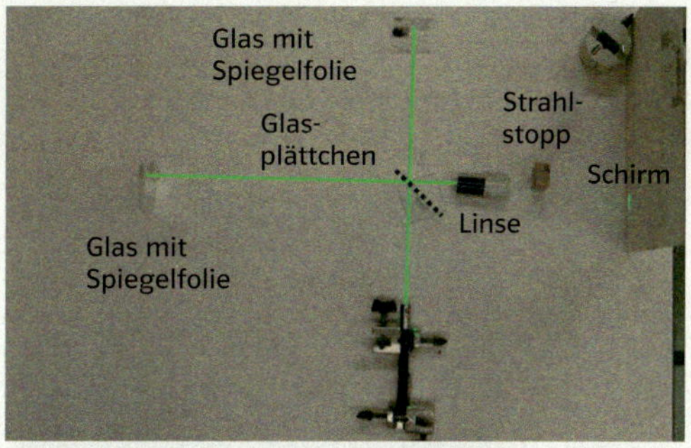

B4 Versuchsaufbau zum Michelson-Interferometer

B8 Jamin-Interferenzmuster

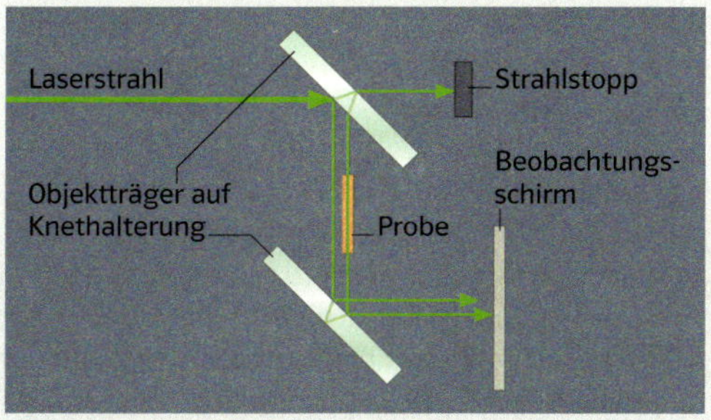

B3 Prinzip des Jamin-Interferometers

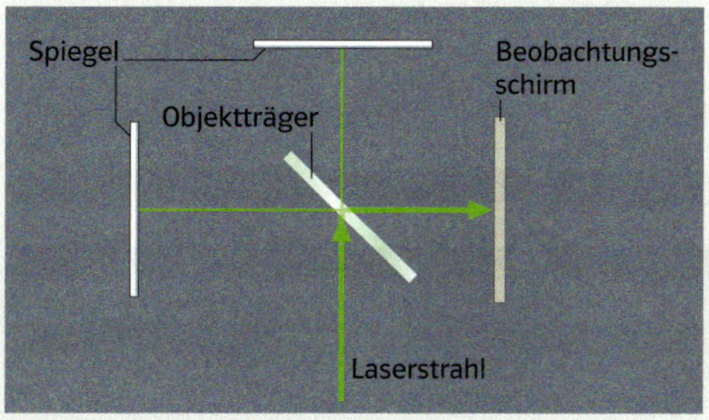

B5 Prinzip des Michelson-Interferometers

B9 Michelson-Interferenzmuster

Photonen und Atome (1)

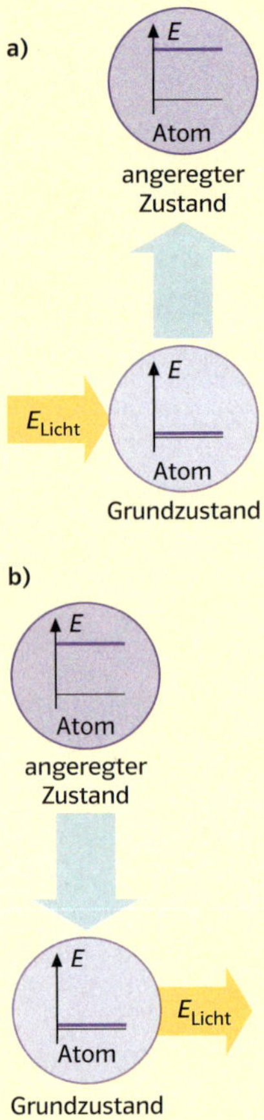

B2 Anregung durch Energieaufnahme (a), Energieabgabe durch Emission (b)

Absorption und Emission von Licht 1814 entdeckte **Joseph von Fraunhofer** in München bei der Untersuchung des Sonnenlichts die „Fraunhofer'schen Linien" – feine schwarze Bereiche im Sonnenspektrum (→ **B1**).

B1 Fraunhofer'sche Linien

Erst 100 Jahre später konnte man ihre Entstehung erklären. Die Sonne strahlt Licht aller Wellenlängen ab, das allerdings noch ihre weit in den Weltraum reichende Gasschicht passieren muss. Dabei wird offenbar Licht bestimmter Wellenlängen von den verschiedenen Gasatomen absorbiert und kommt nicht mehr auf der Erde an – das Farbspektrum enthält feine schwarze Streifen. Einige dieser Linien stammen natürlich auch von den Gasen der Erdatmosphäre. Dies war der erste Hinweis, dass Atome nur Lichtwellen bestimmter Wellenlängen, also ganz bestimmter Energieportionen (Lichtquanten), absorbieren können. Entsprechendes fand man bei der Untersuchung des von heißen Gasen ausgesandten Lichts. **B3** zeigt farbige Linien, die man sieht, wenn man das weiß leuchtende Gas einer mit H_2 gefüllten dünnen Gasentladungslampe durch ein „optisches Gitter" betrachtet. Durch ein solches Gitter tritt nur an vielen schmalen, eng nebeneinander liegenden spaltförmigen Bereichen Licht hindurch. So entsteht wie beim Doppelspalt Interferenz. Der Maßstab dient zur Bestimmung der Wellenlänge der Spektrallinien. In **B3** sind die ersten Interferenzmaxima links neben dem weißen Hauptmaximum zu sehen. Offensichtlich sendet das H_2-Gas nur Licht ganz bestimmter Wellenlängen aus – Photonen ganz bestimmter Energie! Solche für das Atom oder Molekül charakteristischen Wellenlängen bzw. Frequenzen gibt es natürlich auch im UV- und IR-Bereich.

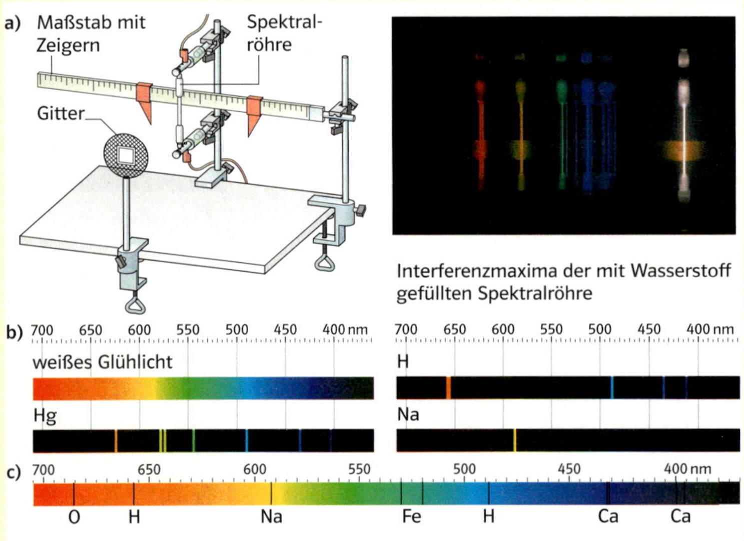

B3 Von Wasserstoffgas emittiertes Licht

In **B4** wird oben das Spektrum einer Quecksilberdampflampe mit den charakteristischen Hg-Emissionslinien im sichtbaren Bereich gezeigt. Darunter sieht man das Farbspektrum eines heißen Glühdrahts – das Licht aller Wellenlängen enthält – nachdem es durch Quecksilberdampf gestrahlt wurde. Man erkennt, dass nur die von Hg-Atomen ausgesandten Photonen auch von ihnen absorbiert werden können!

B4 Von Hg-Dampf emittiertes und absorbiertes Licht

Diskrete Energieniveaus Alle Untersuchungen ergeben, dass jeder Stoff nur Licht der Wellenlängen absorbiert, die er auch aussenden kann. Insbesondere Gase können nur wenige, ganz bestimmte Wellenlängen absorbieren und emittieren. Weil ein Photon einer bestimmten Wellenlänge oder Frequenz ja nichts anderes ist als eine bestimmte Energieportion, muss gefolgert werden, dass Atome und Moleküle nicht beliebige Energiemengen aufnehmen und abgeben können, sondern nur ganz bestimmte. Somit können Atome oder Moleküle auch nur bestimmte – man nennt sie „diskrete" – Energiezustände annehmen. Diese Zustände bezeichnet man als diskrete **Energieniveaus**.

Nimmt ein Atom Energie auf – durch Absorbieren eines Photons oder durch Stöße von anderen Atomen in einem heißen Gas zum Beispiel – ändert sich sprunghaft sein Energiezustand. Es wurde „angeregt" und befindet sich nun auf einem höheren Energieniveau über dem Grundzustand. Meist begibt es sich nach kurzer Zeit unter Aussendung eines Photons in ein energieärmeres Niveau zurück (→ **B2**).

Photonen und Atome (2)

Quantenphysik der Atome Das bei der Energieabgabe eines Atoms emittierte Photon besitzt nun genau die Energiemenge, die der Energiedifferenz der beiden Energieniveaus des Atoms entspricht. **B1** zeigt die möglichen Energiezustände und einige Energieübergänge beim atomaren Wasserstoff.

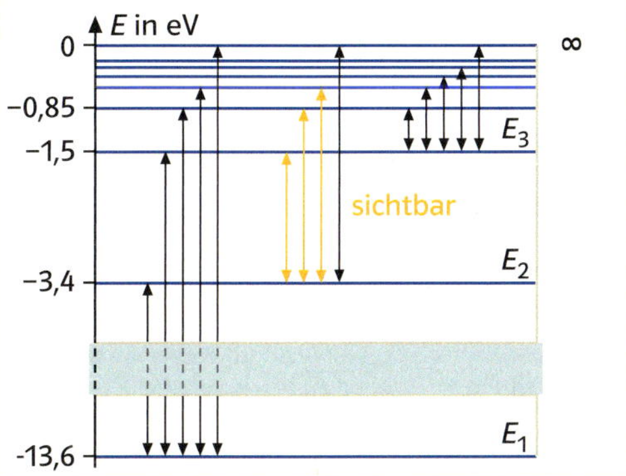

B1 Energieniveaus des H-Atoms

Die Energiewerte der Niveaus sind negativ, weil sie mögliche Werte der Bindungsenergie des Elektrons in der Atomhülle sind. Um das Elektron vollständig vom Kern zu lösen, muss eine Ionisierungsenergie von 13,6 eV aufgebracht werden. Dies ist der Energiewert des Grundzustands des H-Atoms – sein niedrigstes Energieniveau.

Photonen, die beim Übergang von höheren angeregten Zuständen zum 1. Anregungsniveau E_2 ausgesandt werden, sind teilweise sichtbar; bei Übergängen zum Grundzustand E_1 wird Licht im UV-Bereich, bei jenen zum Niveau E_3 infrarotes emittiert.

In Festkörpern und Flüssigkeiten, die ja aus sehr vielen Atomen oder Molekülen aufgebaut sind, existieren sehr viele eng aufeinander folgende Energieniveaus, sodass nach Energiezufuhr Photonen verschiedenster Energiewerte ausgesandt werden. So entsteht das kontinuierliche Spektrum heißer Metalle (→ **B2**).

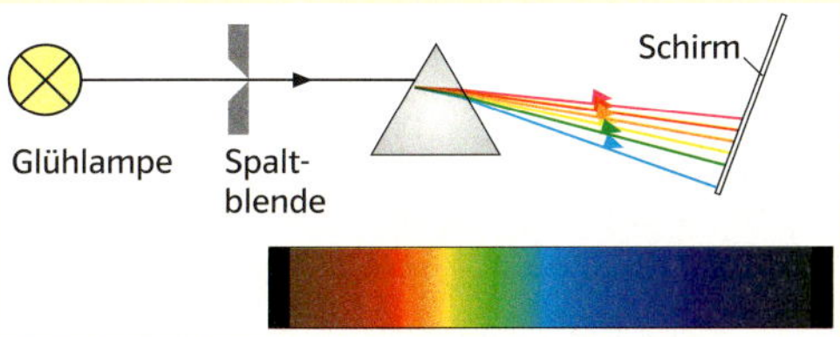

B2 Prismenspektrum eines Glühdrahts

Auch große Moleküle aus verschiedenartigen Atomen wie Hämoglobin besitzen viele Energieniveaus und können entsprechend viele verschiedene Photonen absorbieren. Dies ändert sich in charakteristischer Weise, wenn O_2 oder CO_2 gebunden sind (→ **B3**).

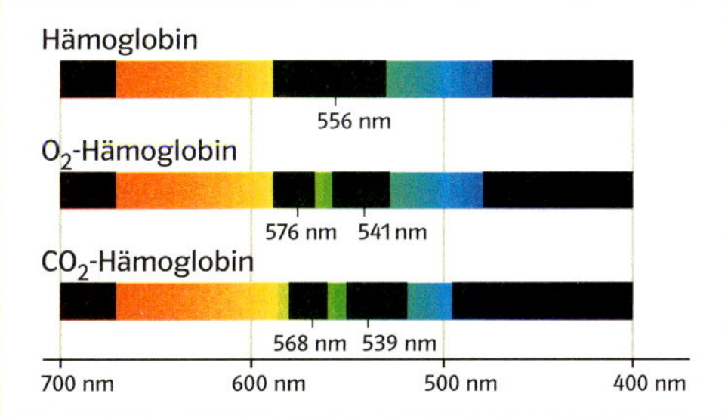

B3 Absorptionspektren des Hämoglobins

Die Zahl der Elektronen in der Atomhülle bestimmt die Menge und Lage möglicher Energieniveaus des Atoms. Das Edelgas Argon mit 18 Hüllen-Elektronen besitzt viele Übergänge im sichtbaren Bereich (→ **B4**).

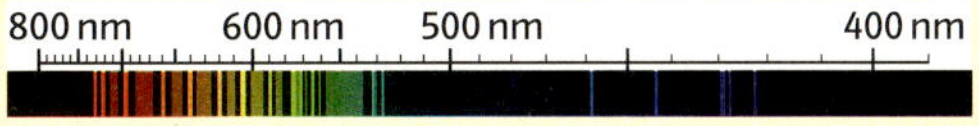

B4 Emissionsspektrum von Argon

Eigenschaften des Laserlichts Laserlicht ist aus unserem Alltag nicht mehr wegzudenken: Laser schneiden Metall, helfen beim Tunnelbau ebenso wie bei der Behandlung von Erkrankungen, vermessen das Ozonloch und übertragen Information in Glasfaserkabeln. Ohne Laser gäbe es kein Hologramm, keinen Laserdrucker, keine Scanner-Kasse und keine CD-ROM. Das liegt an den speziellen Eigenschaften dieses Lichts (→ **B3**, S. 86): Es ist Licht nur einer Wellenlänge, man nennt dies **monochromatisch**.

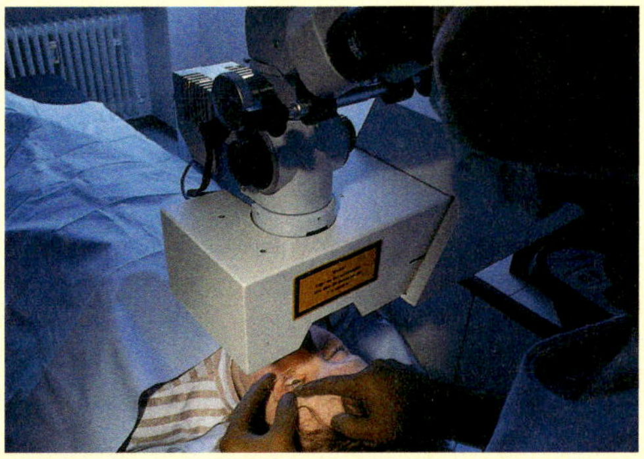

B5 Laser in der Augenheilkunde

B6 Laserstrahlen am Nachthimmel

Physik überall

Photonen und Atome (3)

Nie mit ungeschützten Augen in Laserlicht schauen!

B1 Laserwarnsymbol

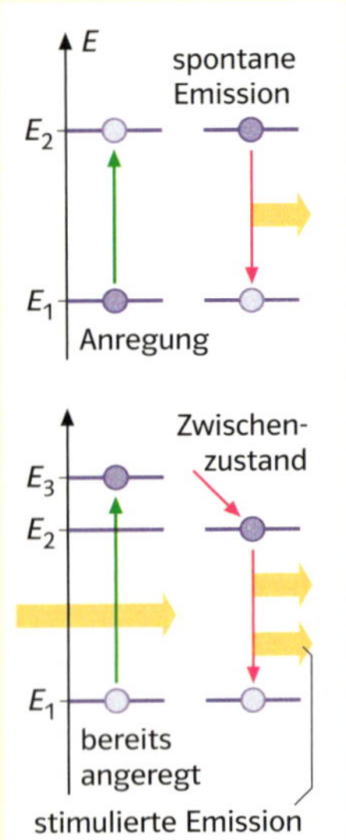

B2 Spontane und stimulierte Emission von Photonen

Mit keiner anderen Lichtquelle lässt sich eine solche Farbreinheit erzeugen, die nötig ist, damit ein CD-Player fehlerfrei arbeitet.

- Laserlichtbündel der gleichen Quelle bilden bei Überlagerung Interferenzmuster, weil die Lichtwellen auch über weite Strecken im Gleichtakt laufen. Das liegt an der gleichzeitigen Erzeugung sehr vieler gleichartiger Wellen, man sagt das Licht ist **kohärent** (→ **B3**).
- Laserlichtstrahlen verlaufen nahezu parallel (→ **B3**), deswegen eignen sie sich sehr gut zum Vermessen. Weil die gesamte transportierte Energie auf einen kleinen Bereich beschränkt bleibt, sind Laser in der Medizin gut einsetzbar.
- Laserlicht ist sehr intensiv, mit ihm lassen sich Stahlplatten schneiden und schweißen, sogar Temperaturen bis 10^6 °C erreichen, was einer Leistung von 10^{15} Watt pro cm^2 entspricht (→ **B5**).

Stimulierte Emission von Photonen Die ersten Laser wurden erst 1960 entwickelt, obwohl Albert Einstein das Laserprinzip schon 50 Jahre vorher diskutiert hatte. Wie der Name LASER (aus **L**ight **A**mplification by **S**timulated **E**mission of **R**adiation) ausdrückt, wird das Aussenden sehr vieler Photonen gleicher Energie durch wenige Photonen genau dieser Energie induziert. Absorbiert ein Atom ein Photon passender Energie, kann ein Elektron der Atomhülle in einen höheren, unbesetzten Energiezustand E_2 gelangen. Diesen verlässt es nach sehr kurzer Zeit wieder unter Aussendung eines gleichen Photons (→ **B2**, spontane Emission). In bestimmten Stoffen gibt es unbesetzte Energiezustände des Kristallgitters oder der Moleküle, die ein spontanes Verlassen nicht erlauben, sogenannte **metastabile Zustände**. Durch Absorption der Energie ΔE_{13} kann der metastabile Zustand E_2 über das etwas höher gelegene Energieniveau E_3 erreicht werden. Die freiwerdende Differenz ΔE_{32} wird meist in Bewegungsenergie, in Atomschwingungen zum Beispiel, umgewandelt. Das angeregte Elektron verharrt nun längere Zeit im Zustand E_2, so lange, bis das Atom mit einem Photon wechselwirkt, dessen Energie genau der Differenz ΔE_{21} entspricht. Dieses löst den Übergang $E_2 \rightarrow E_1$ aus (→ **B2**, stimulierte Emission). Es werden dann zwei völlig gleichartige Photonen gleichzeitig ausgesandt.

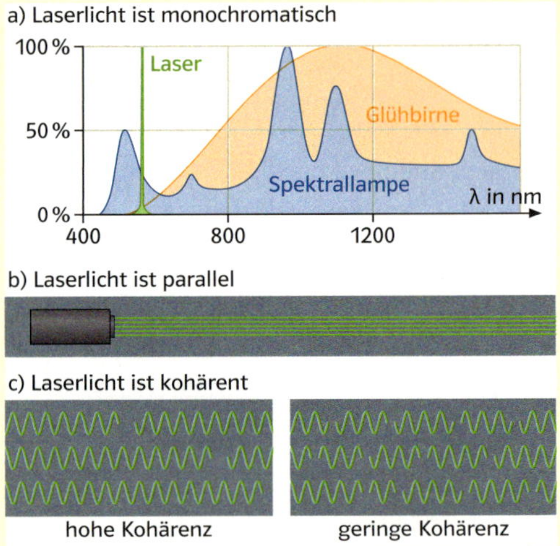

B3 Eigenschaften von Laserlicht im Vergleich mit Licht anderer Quellen

Im Lasermaterial werden nun dauernd möglichst viele metastabile Zustände durch Zufuhr geeigneter Energie besetzt gehalten: man nennt dies „Pumpen“, z. B. mit Photonen, deren Energie genau ΔE_{13} entspricht. Anderseits sorgen Photonen der Energie ΔE_{21} aus spontanen und induzierten Emissionen für weitere stimulierte Emissionen. Um möglichst viel Laserlicht andauernd zu erzeugen, wird das Licht über Spiegel oftmals ins Material zurückreflektiert. Nur ein geringer Anteil kann über einen etwas durchlässigen Halbspiegel das Lasermaterial verlassen und bildet den Laserstrahl (→ **B4**).

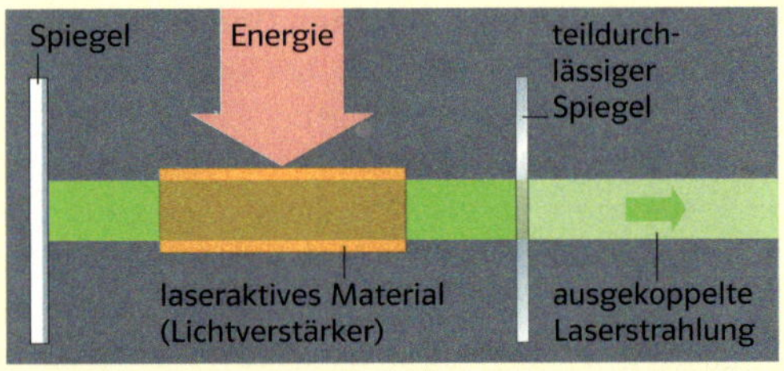

B4 Funktionsprinzip eines Lasers

B5 Stahlschneiden mit dem Laser

Optische Speichermedien

Unter **optischen Speichern** versteht man auswechselbare Massenspeicher, die durch optische Abtastung (meist mittels Laser) gelesen und beschrieben werden können. Die bekanntesten optischen Speichermedien heutzutage sind die CD (Compact Disc) und deren Weiterentwicklung, die DVD (Digital Versatile Disc). Die Blu-ray Disc wird als ein möglicher Nachfolger der DVD angesehen.

Aufbau einer CD Bei einer CD (→ **B1**) werden Daten mit Hilfe einer von innen nach außen laufenden Spiralspur gespeichert. Die Spiralspur besteht aus Vertiefungen (Pits) und Erhebungen (Lands) in einer Polycarbonatschicht. Die Pits haben eine Länge von etwa $0{,}8 \cdot 10^{-6}\,\text{m}$ bis $3{,}1 \cdot 10^{-6}\,\text{m}$ und eine Breite von $0{,}5 \cdot 10^{-6}\,\text{m}$. Die Spiralspur hat etwa eine Länge von 6 km. Auf die Polycarbonatschicht wird eine 50 – 100 nm dicke Aluminiumschicht als Reflexionsschicht für einen Laserstrahl aufgebracht.

Das Abtasten einer CD erfolgt mittels einer Infrarot-Laserdiode (Wellenlänge 780 nm), wobei die CD von unten gelesen wird. Der Laserstrahl wird an der CD reflektiert und mit einem halbdurchlässigen Spiegel auf eine Fotodiode gebündelt (→ **B2**). Immer, wenn der Laser sowohl auf Pit als auch auf Land trifft, kommen zwei Teilwellen zurück, die einen geringfügig unterschiedlichen Weg zurückgelegt haben. Der Höhenunterschied zwischen Pit und Land ist dabei so gewählt, dass die Weglängendifferenz genau eine halbe Wellenlänge beträgt. Dies führt zu destruktiver Interferenz. Die Fotodiode registriert eine Helligkeitsschwankung. Auf diese Weise lassen sich digitale Daten auslesen.

DVD und Blu-ray Disc Im Vergleich zu herkömmlichen CDs mit einer Speicherkapazität von maximal 0,8 GB kann eine DVD bis zu 8,5 GB speichern. Dies liegt vor allem an zwei Merkmalen der DVD: Zum einen sind die Datenspuren mit ihren Vertiefungen schmaler und enger nebeneinander gereiht als auf einer CD. Zusätzlich sind die möglichen Vertiefungslängen kleiner.

Das bedeutet vor allem, dass auf weniger Raum mehr Daten gespeichert werden können. Um diese Daten jedoch auslesen zu können, muss ein Laser mit kürzerer Wellenlänge (650 nm) verwendet werden, der mittels einer Linse auf die Scheibe fokussiert wird. Zum anderen ist es bei einigen DVDs möglich, zwei Datenschichten übereinander anzubringen.

Die Blu-ray Disc verwendet zum Auslesen der Daten einen blau-violetten Laser mit 405 nm Wellenlänge. Dies ermöglicht deutlich engere Datenspuren und kleinere Abmessungen der Pits und Lands. Bei Datenträgern, die mehrere Datenschichten verwenden, sind Speicherkapazitäten bis zu 200 GB denkbar.

B1 Handelsübliche CDs

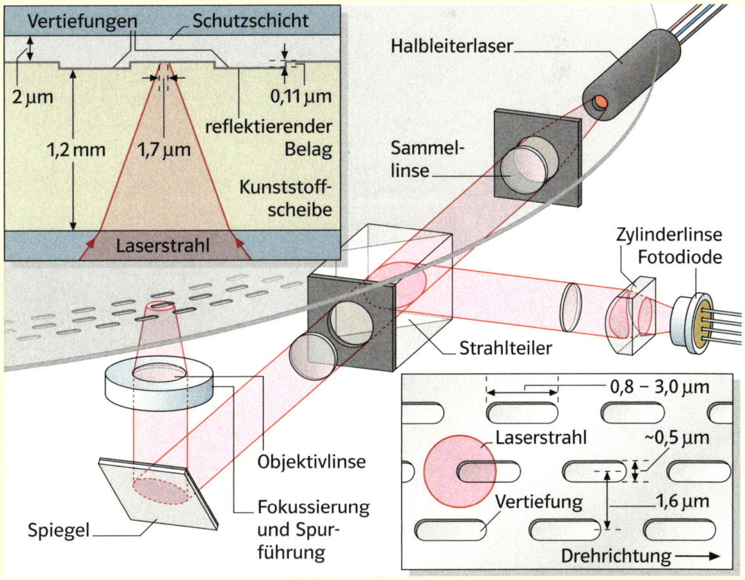

B2 Funktionsprinzip einer CD

Rückblick

1 Begriffe
Was versteht man unter
- Inteferenz?
- Beugung?
- Fotoeffekt?
- Photonen?
- Komplementarität?
- einem Quantenobjekt?
- Wellenlänge eines Elektrons?

2 Beobachtungen
Was beobachtet man, wenn
- Licht durch eine kleine Öffnung fällt?
- Licht durch einen Doppelspalt fällt?
- Licht auf eine negativ geladene Metallplatte fällt?
- Elektronen auf eine dünne Graphitschicht treffen?

3 Erklärungen
Wie lässt sich erklären, dass
- Licht Interferenz zeigen kann?
- Elektronen Interferenz zeigen können?
- die Verteilung nur weniger Photonen auf einer Fotoplatte willkürlich zu sein scheint?
- beim Taylor-Experiment Interferenz auftritt, auch wenn nur jeweils ein einzelnes Photon durch den Doppelspalt geschickt wird?

4 Gesetzmäßigkeiten
Beschreibe mit eigenen Worten
- zu welchen Schlussfolgerungen der Fotoeffekt führt.
- unter welchen Umständen Licht Interferenz zeigt.
- unter welchen Umständen Elektronen Interferenz zeigen.

Erläutere die Erscheinungen in den folgenden Bildern und beantworte die Fragen.

B1 Wie muss die Versuchsanordnung aussehen, damit Elektronen dieses Muster zeigen?

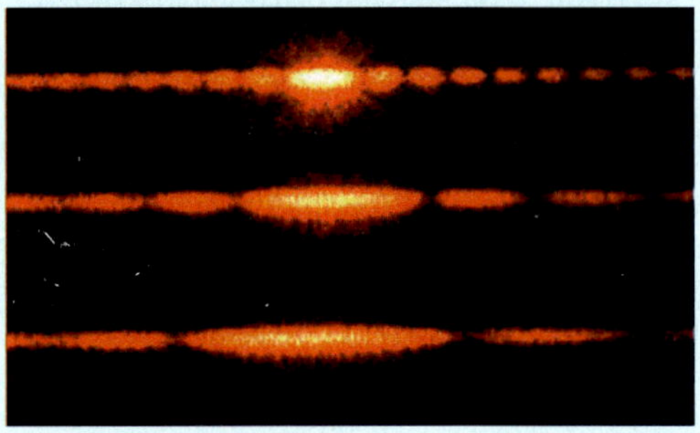

B2 Interpretiere physikalisch!

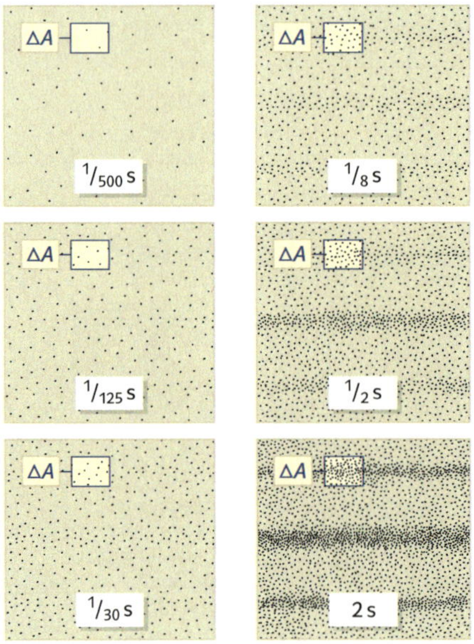

B3 Erkläre!

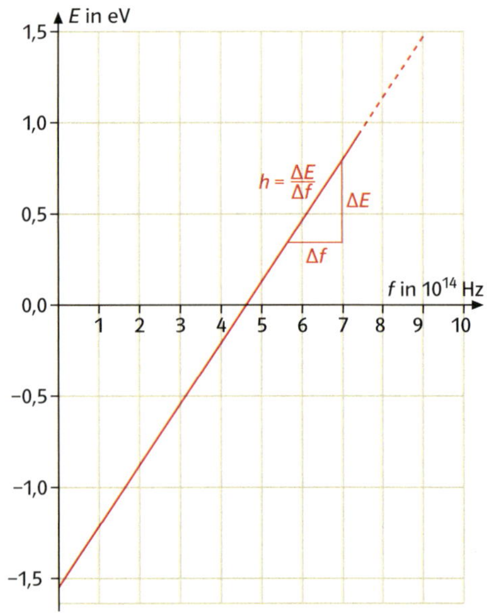

B4 Interpretiere diese Grafik. Welche Informationen enthält sie?

Fragen

Zur Interferenz von Licht

1 Das Licht einer Quecksilberdampflampe wird an einem Gitter gebeugt. Wie muss die erforderliche Versuchsanordnung aussehen? Was kann man beobachten? Erkläre!

2 Eine Rasierklinge wird mit dem Licht einer Natriumdampflampe beleuchtet. Der Schatten zeigt am Rand helle und dunkle Streifen.
a) Wie kommen diese Streifen zustande?
b) Warum sind diese Streifen bei Verwendung einer Glühlampe nicht zu sehen?

Zum Fotoeffekt

3 Ein Lichtblitz transportiert bei einer Wellenlänge von $\lambda = 510\,\text{nm}$ die Energie $2{,}5 \cdot 10^{-17}\,\text{J}$. Aus wie vielen Photonen besteht er? (Hinweis: Es gilt $\lambda \cdot f = c$)

4 Der Mensch kann Licht der Wellenlänge $\lambda = 600\,\text{nm}$ gerade noch mit bloßem Auge wahrnehmen, wenn es in den Sehzellen der Netzhaut eine Energie von mindestens $2 \cdot 10^{-18}\,\text{J}$ umsetzt. Um wie viele Photonen handelt es sich dabei?

5 Auf der am Rand abgebildeten Briefmarke wird der Fotoeffekt dargestellt. Wo erhalten die Elektronen die größte Energie? Begründe deine Antwort.

Zur Interferenz von Elektronen

6 Lässt man Elektronen gleicher Geschwindigkeit und Richtung durch einen feinen Doppelspalt treten, so entsteht ein Streifenmuster, wie es bei der Interferenz von Licht zu beobachten ist. Welche Vorstellung über die Elektronen ergibt sich daraus?

7 Das Verhalten von Sandkörnern und Wasserwellen unterscheidet sich wesentlich von dem der Elektronen. Erläutere dies näher.

8 Wir betrachten verschiedene Versuchsbedingungen, unter denen Elektronen auf einen Doppelspalt treffen. Jede Sekunde passiert ein Elektron den Doppelspalt und trifft auf einen Sichtschirm. Skizziere für jede Versuchsbedingung das Muster auf dem Sichtschirm.
a) Beide Spalte sind gleichzeitig geöffnet.
b) Der linke Spalt ist verschlossen und man schickt die Hälfte der Elektronen durch den rechten Spalt. Danach wird der rechte Spalt verschlossen und der linke Spalt geöffnet.
c) Bei welcher Versuchsbedingung ändert sich das Schirmbild, wenn man Sandkörner statt Elektronen verwendet?

Zu Quantenobjekten

9 Das Licht einer Natriumdampflampe mit der Wellenlänge $\lambda = 589\,\text{nm}$ trifft auf einen Doppelspalt mit einem Abstand der Spaltmitten von $g = 1\,\text{mm}$. Hinter dem Spalt befindet sich im Abstand $l = 16{,}8\,\text{m}$ eine Fotoplatte (Streifenabstand $d = \lambda \cdot l/g$).
a) Skizziere das Bild, das auf der entwickelten Fotoplatte entstehen wird.
b) Mit einem Filter vor dem Zweifachspalt kann die Lichtintensität stark reduziert werden. So gelingt es, dass im Mittel nur 100 000 Photonen pro Sekunde auf die Fotoplatte treffen. Skizziere das Bild auf der Fotoplatte, wenn sie 1/10 000 s belichtet wurde. Was ändert sich bei sehr langen Belichtungszeiten?
c) Photonen sind keine klassischen Teilchen. Erläutere diese Aussage.

10 Beschreibe das Jönsson-Experiment.
a) Nimm an, du sollst zu einem bestimmten Zeitpunkt des Experimentes eine Vorhersage machen, wo das nächste Elektron landen wird. Ist das möglich? Begründe.
b) Kannst du vorhersagen, wie das Bild nach dem Eintreffen von 6 000 000 Elektronen aussehen wird? Begründe.
c) Wo außerhalb der Quantenmechanik kann man ein derartiges Verhalten auch antreffen?

11 In drei ähnlichen Experimentieranordnungen werden klassische Teilchen (z. B. Flüssigkeitströpfchen aus einer Spraydose), Elektronen oder Photonen jeweils durch einen Doppelspalt geschickt. Wie sieht jeweils die Intensitätsverteilung auf einem Beobachtungsschirm aus, wenn
a) nur der rechte Spalt geöffnet ist,
b) nur der linke Spalt geöffnet ist,
c) beide Spalte gleichzeitig geöffnet sind?

12 Es wird mit 100 Photonen und einem Zweifachspalt experimentiert.
a) 100 Experimentatoren schicken je ein Photon auf je eine Spaltanordnung und markieren den Auftreffort auf einem Schirm. Inwieweit ist eine Vorhersage möglich?
b) Alle 100 Photonen werden durch eine Spaltanordnung geschickt. Mache eine Aussage über das Schirmbild.
c) Die Auftrefforte aus a) werden alle auf einen Schirm übertragen. Vergleiche mit b).

B1 Zu Frage 5

Von der Gaswolke zum Schwarzen Loch

B1 Weggeschleuderte Gashülle eines Roten Riesen

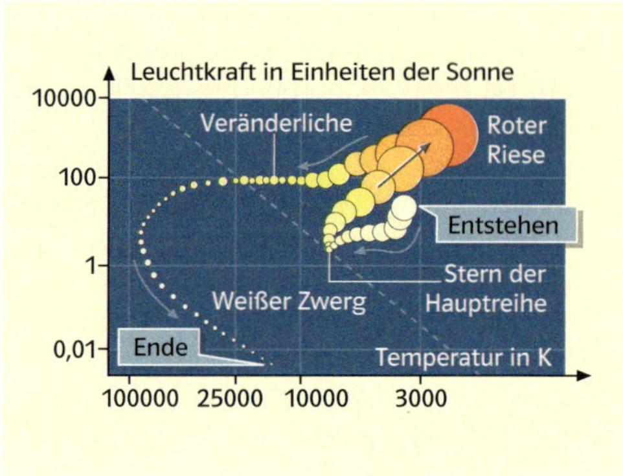

B2

Entwicklung eines Sterns Das Leben eines Sternes ist wesentlich vom Gravitationsgesetz bestimmt. Man stellt sich vor, dass sich große kosmische Gaswolken infolge der Massenanziehung verdichten. Eine Gaswolke mit bestimmter Masse verkleinert sich durch Gravitation immer weiter, wenn die thermisch bedingte Geschwindigkeit ihrer Teilchen kleiner als deren Fluchtgeschwindigkeit ist.

Der Radius einer kugelförmigen Gaswolke, die sich weder ausdehnen noch zusammenziehen soll, wird durch die Dichte der Materie und die Temperatur festgelegt. Die kontrahierenden und die expandierenden Kräfte sind im Gleichgewicht. Ist der Radius einer Gaswolke mit bestimmter Temperatur größer als dieser Wert, so zieht sie sich zu einem Stern zusammen.

Durch die Kontraktion heizt sich das Gas auf, denn die Gasteilchen setzen ihre potenzielle Energie in Bewegungsenergie um. Ist die Temperatur so hoch geworden, dass Kernfusionen beginnen, dann erhöht die frei werdende Energie den Druck des Gases, bis wieder ein Gleichgewicht zwischen den Kräften für Expansion und Kollaps entsteht. Die stabile Gaskugel ist ein leuchtender Stern geworden. **B2** zeigt die Entwicklung eines Sterns in den aus einem Hertzsprung-Russell-Diagramm bekannten Größen, nämlich Temperatur und Leuchtkraft.

Lange bevor der Wasserstoff für die Fusion aufgebraucht ist, wird sich Helium wegen seiner größeren Masse im Zentrum ansammeln. Die Folge ist, dass sich die Fusionsreaktionen nach außen verschieben und der Stern sich aufbläht. Dieses wird auch für die Sonne nach einigen Milliarden Jahren erwartet. Sie ist dann ein Roter Riese, dessen Radius den der Erdbahn übertrifft. Gleichzeitig geht im Inneren die Bildung schwererer Elemente vor sich.

Der Rote Riese ist nicht stabil. Es kann passieren, dass er explodiert und als Nova oder Supernova Teile seiner Substanz ins Weltall ausstößt (→ **B1**).

Am Ende wird der Stern unter der Einwirkung seiner eigenen Gravitation in sich zusammenfallen. Ist die Masse des Sterns nicht größer als zwei Sonnenmassen, so wird ein Weißer Zwerg mit einem Radius von etwa 10 000 km entstehen. Ist die Masse größer, etwa bis zum Zehnfachen der Sonnenmasse, so entsteht ein Neutronenstern mit einem Radius von etwa 10 km.

Rotiert der Neutronenstern schnell um seine eigene Achse, so gibt er aufgrund der Eigenschaften seines Magnetfelds pulsierende Radiostrahlung oder sogar Röntgenstrahlung ab, die man auf der Erde registrieren kann.

Ist die Masse des kollabierenden Sterns noch größer, so wird er noch kleiner als ein Neutronenstern werden. Seine Dichte wird so groß, dass nicht einmal Licht die notwendige Fluchtgeschwindigkeit erreichen kann.

Es ist ein Schwarzes Loch entstanden, das sich nur noch indirekt bemerkbar macht. Hier enden sowohl unsere Beobachtungsmöglichkeiten als auch unsere Erklärungsmodelle aus der klassischen Physik.

Astronomische Beobachtungen

Physik überall

B1

B2

Der Orion-Nebel (astronomische Bezeichnung M 42) ist als diffuses Fleckchen schon mit bloßem Auge unterhalb der drei „Gürtelsterne" zu erkennen (→ **B1, B2**). Auf lange belichteten Aufnahmen sind zudem weitere Gas- und Staubwolken als rötliche Strukturen auszumachen. Ein halbkreisförmiger Bogen (Barnard-Ring genannt) im südöstlichen Bereich des Sternbildes und ein Gas- und Staubring um den Stern Lambda Orionis sind zu erkennen. Mit Hilfe von größeren Teleskopen kann man um den linken „Gürtelstern" Zeta Orionis wesentlich mehr erkennen. **B3** zeigt eine Aufnahme im sichtbaren Licht, der hellste Stern ist Zeta Orionis. Daneben sind feine Strukturen in den benachbarten Staub- und Gaswolken zu erkennen. Besonders auffällig ist der Pferdekopf-Nebel (astronomische Bezeichnung Barnard 33) vor dem rötlich strahlenden Emissionsnebel IC 434. Unterhalb von Zeta Orionis befindet sich der von dichten Dunkelwolken durchzogene Emissionsnebel NGC 2024, den ein hinter den Staubmassen gelegener Stern zum Leuchten anregt.

Astronomische Objekte senden neben sichtbarem Licht auch andere Strahlung ab, z. B. Infrarot- und Röntgenstrahlung.

B3

Geschichte der Mechanik

Aristoteles (384 – 322 v. Chr.) Aristoteles wurde 384 v. Chr. in Stageira, dem heutigen Stagira auf der Halbinsel Chalkidike geboren. Im Jahre 367 trat der 17-jährige Aristoteles in die Akademie Platons in Athen ein und beteiligte sich in den folgenden Jahren aktiv an Forschung und Lehre. Im Jahre 347, dem Todesjahr Platons, verließ er Athen und wurde Lehrer und Erzieher Alexanders des Großen (343/342). Im Jahre 334 siedelte Aristoteles wieder nach Athen über, wo er eine eigene Schule gründete. Kurz vor seinem Tode, im Jahre 323, musste er auf eine falsche Anklage hin die Stadt verlassen und begab sich nach Chalkis auf Euböa, wo er im Jahre 322 v. Chr. starb.

Galileo Galilei (1564 – 1642) Galilei wurde 1564 in Pisa geboren. 1580 studierte er dort zunächst Medizin. Nach vier Jahren brach er sein Studium ab, um in Florenz Mathematik zu studieren. 1589 kehrte er als Lektor für Mathematik an die Universität Pisa zurück. Seine „glücklichste Zeit" verbrachte Galilei, nach eigener Aussage, von 1592 – 1610 in Padua, das damals zu der liberalen Republik Venedig gehörte, wo er einen Lehrstuhl für Mathematik innehatte. Ab 1610 war er schließlich Hofmathematiker der Medici in Florenz. 1633 wird ihm in Rom aufgrund seines Buches „Dialogo" der Prozess gemacht. Um einer Hinrichtung auf dem Scheiterhaufen zu entgehen, widerrief er die Aussagen seines Buches und wurde zu lebenslanger Kerkerhaft verurteilt. Nach dem Urteil wurde er unter Aufsicht des Erzbischofs von Siena gestellt und durfte im Dezember 1633 in seine Villa nach Arcetri zurückkehren. Dort vollendete er sein im Juli 1633 begonnenes Hauptwerk, die Discorsi, in denen er die beiden neuen Wissenschaften, die Elastizitätslehre und die Kinematik, begründete. 1638 erblindete Galilei vollständig und starb am 8. Januar 1642 in Arcetri.

Isaac Newton (1643 – 1727) Isaac Newton wurde am 4. Januar 1643 in Woolsthorpe nach dem Tode seines Vaters geboren. Er wuchs vor allem bei seiner Großmutter auf, weil seine Mutter bald nach dem Tode des Vaters ein zweites Mal heiratete. Mit 18 Jahren kam er auf Drängen seines Onkels an die Universität Cambridge an den einzigen naturwissenschaftlich orientierten Lehrstuhl. Dort fand er in Isaac Barrow einen Lehrer, der seine Begabungen förderte. 1669 wurde er Nachfolger Barrows auf dessen Lehrstuhl. Er lehrte dort bis 1696, als er zum Warden und 1699 zum Master der Königlichen Münze in London ernannt wurde. Damit war seine wissenschaftliche Karriere faktisch beendet. 1701 trat er als Professor in Cambridge zurück. 1705 wurde er durch Königin Anne aufgrund seiner politischen Betätigung zum Ritter geschlagen.

Trotz Spekulationsverlusten (1720) blieb Newton bis zu seinem Tode 1727 ein wohlhabender Mann. Er wurde unter aufwendigen Feierlichkeiten in Westminster Abbey beigesetzt.

Die Mechanik von Aristoteles Neben Sokrates und Platon gilt Aristoteles als der bedeutendste griechische Philosoph. Seine Forschungen lassen sich im Wesentlichen in die folgenden Teilgebiete unterteilen:
- Physik und Metaphysik behandeln alles, was unabhängig vom Menschen in der Natur geschieht,
- Ethik und Politik behandeln ausschließlich das menschliche Handeln,
- Poetik beschäftigt sich mit der Dichtung,
- Logik als Lehre von der Beweisführung und dem schlüssigen Denken.

In der Physik unterscheidet Aristoteles die vier Grundelemente Erde, Feuer, Wasser und Luft. Jedes dieser Elemente hat einen ganz bestimmten Platz in der Natur. Folglich bewegt sich jedes der Elemente auf seiner eigenen, geradlinigen Bahn seinem Punkt der Ruhe entgegen. Ein fallender Stein, der hauptsächlich aus Erde besteht, strebt der Erdoberfläche zu. Falls bei einer Bewegung kein natürlicher Ort angestrebt wird, spricht Aristoteles von einer erzwungenen Bewegung, für die eine Kraft notwendig ist.

Aristoteles' Theorie von der geradlinigen Bewegung ist für alle wahrnehmbaren, irdischen Bewegungen gültig. Er behauptete auch, dass schwere Körper eines bestimmten Stoffes bei gleicher Form schneller fallen als leichtere.

Eine Ansicht, die allgemein anerkannt wurde und die sich erst aufgrund der Versuche des italienischen Physikers und Astronomen Galileo Galilei als falsch erweisen sollte.

Aristoteles gewann seine Erkenntnisse nur aus einer qualitativen Beschreibung von Beobachtungen. Experimente zur Erkenntnisgewinnung lehnte er ab.

Die Mechanik von Galilei Galileis eigentliche Leistung besteht darin, dass er das Experiment als wesentliches Mittel zur Erkenntnis von Naturgesetzen einführte und seine Aussagen mathematisch formulierte. Er benutzte dabei die Methode der Idealisierung zur Beschreibung von Naturphänomenen. So wies er z.B. nach, dass unter Vernachlässigung der Reibung zur Aufrechterhaltung einer Bewegung keine Kraft nötig ist, und erhielt so im Wesentlichen den Trägheitssatz. Die vollständige Theorie der Fallgesetze legte er in seinen „Discorsi" dar.

Galilei gab das Fallgesetz richtig als das Verhältnis zwischen den Fallwegen und den Quadraten der Fallzeiten an, die exakte mathematische Formulierung und die Herleitung der Fallgesetze aus dem Kraftgesetz gelang jedoch zuerst Newton.

Die Mechanik von Newton Newton gehört zu den bedeutendsten Naturwissenschaftlern aller Zeiten. Sein Werk umfasst wesentliche Beiträge zur Dynamik, Optik, der Himmelsmechanik, der Chemie und auch zur Mathematik. Hier leistete er wichtige Beiträge zur Infinitesimalrechnung und Algebra. Zweifellos ist aber seine physikalische Leistung noch bedeutender als seine mathematische. Insbesondere ist hier das universelle Gravitationsgesetz zu nennen, aus dem er die Kepler'schen Gesetze ableiten konnte. Am bekanntesten ist jedoch seine Formulierung der Dynamik mit den drei Grundgesetzen der Bewegung.

1. Axiom Jeder Körper beharrt in seinem Zustand der Ruhe oder der gleichförmigen geradlinigen Bewegung, wenn er nicht durch einwirkende Kräfte gezwungen wird, seinen Zustand zu ändern. (Trägheitssatz)

Er nannte diese Eigenschaft Trägheit. Die Trägheit eines Körpers hängt von seiner Masse ab. Bewegungsänderungen, d.h. Beschleunigungen, sind die Folge von Wechselwirkungen zwischen Körpern. Die Wechselwirkungen werden durch Kräfte beschrieben.

2. Axiom Die Änderung der Bewegung ist der Einwirkung der bewegenden Kraft proportional und geschieht nach der Richtung derjenigen geraden Linie, nach welcher jene Kraft wirkt.

In heutiger Formulierung heißt dies: Die Beschleunigung ist bei konstanter Masse proportional zum Betrag der wirkenden Kraft und erfolgt in ihre Richtung. Es gilt die **Grundgleichung der Mechanik** $\vec{F} = m \cdot \vec{a}$.

Ein an einem Baum hängender Apfel ruht. Dabei wirken trotzdem zwei Kräfte, die Gewichtskraft und die Kraft des Astes. Sie sind entgegengesetzt gleich und führen zur Gesamtkraft null.

3. Axiom Die Wirkung ist stets der Gegenwirkung gleich, oder die Wirkungen zweier Körper auf einander sind stets gleich und von entgegengesetzter Richtung.

Das heißt: Wenn ein Körper A auf einen Körper B die Kraft $\vec{F_A}$ ausübt, so übt B auf A die Kraft $\vec{F_B} = -\vec{F_A}$ aus („**actio = reactio**").

Bei einem Schlag mit der Hand auf den Tisch wechselwirken Hand und Tisch. Die Hand übt eine Kraft auf den Tisch aus und gleichzeitig der Tisch eine Kraft auf die Hand.

Actio und reactio oder Kraft und Gegenkraft im 3. Axiom greifen an zwei verschiedenen Körpern an, können also nicht zu einer Gesamtkraft zusammengefasst werden. Deshalb kann ein Körper mit einer Kraft einen anderen beschleunigen, ohne dass die Gegenkraft dies verhindert.

Ein Axiom ist eine nicht weiter beweisbare Aussage. Mehrere Axiome dürfen sich nicht widersprechen. Für Newton war der Trägheitssatz so wichtig, dass er ihn als 1. Axiom aufführte, obwohl das 2. Axiom ihn umfasst.

Nach Newton glaubte man, dass die Welt wie ein Uhrwerk abläuft und alles Geschehen vorherberechenbar ist, wenn man nur die Werte aller Größen für einen Zeitpunkt kennt. Diese Auffassung bezeichnet man als **Determinismus** und das Weltbild dieser klassischen Physik als mechanistisches Weltbild.

A1 Zeige, dass das 2. Axiom das 1. enthält.

A2 Beschreibe mit den Axiomen die Wirkung einer Sicherheitsgurtes.

Physik überall

Die Physik des Fliegens (1)

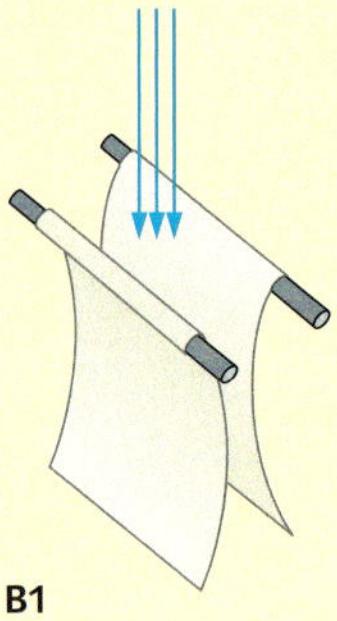

B1

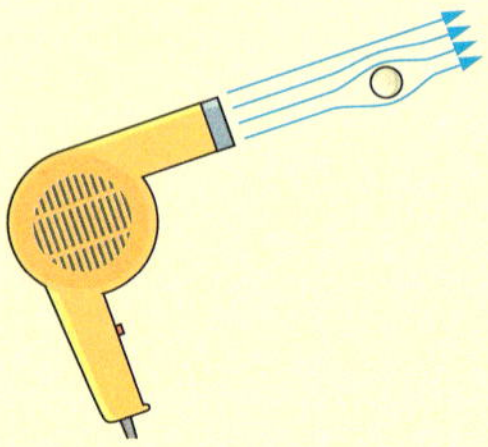

B3

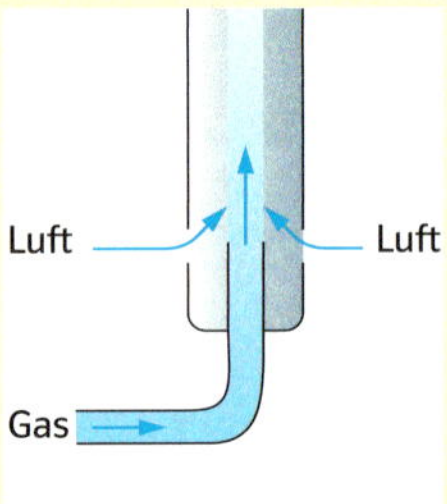

B4

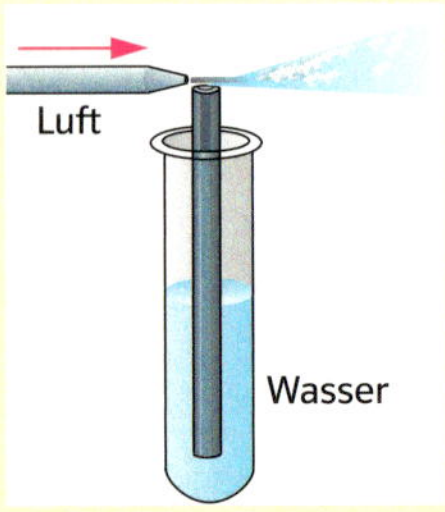

B5

Der statische Druck In der 8. Klasse hast du den Druck in ruhenden Flüssigkeiten und Gasen kennengelernt. Für diesen Druck gelten:
a) $p = F/A$
b) Der Druck in Flüssigkeiten und Gasen ist in alle Richtungen gleich groß. Dieser Druck heißt **Gesamtdruck** p_0.

Wenn Flüssigkeiten und Gase jedoch nicht mehr in Ruhe sind, sondern in Rohren strömen, sind die Verhältnisse anders (→ **B2**):

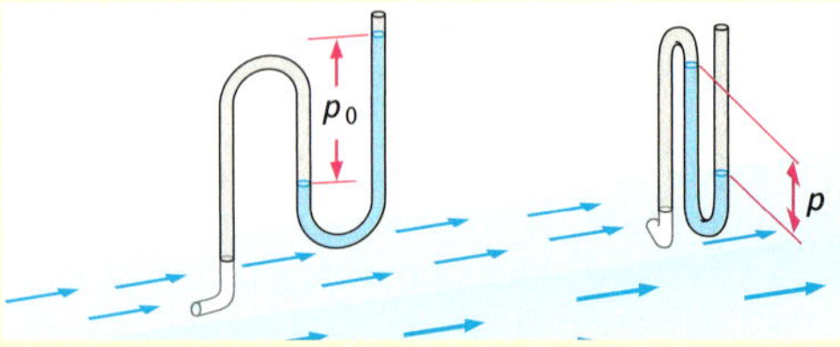

B2

Halten wir ein U-Rohr-Manometer einmal in Strömungsrichtung und einmal senkrecht zur Strömungsrichtung in eine Flüssigkeit, so stellen wir einen Unterschied in der Druckanzeige fest. In Strömungsrichtung messen wir den Gesamtdruck p_0, senkrecht zur Strömungsrichtung im Vergleich dazu jedoch einen niedrigeren, einen „Unterdruck".

● **In Strömungen entsteht senkrecht zur Strömungsrichtung ein Unterdruck.**

● **Den senkrecht zur Strömungsrichtung wirkenden Druck nennt man statischen Druck** p_{stat}.

Der Gesamtdruck p_0 ist also die Summe aus dem statischen Druck p_{stat} und einem weiteren Druck p_{dyn}, den man den **dynamischen Druck** (oder **Staudruck**) nennt. Also gilt:

$$p_0 = p_{stat} + p_{dyn}$$

Diese Gleichung nennt man Bernoulli'sche Gleichung.

Erhöht man die Strömungsgeschwindigkeit, so findet man, dass sich der statische Druck verringert.

● **Je größer die Strömungsgeschwindigkeit ist, desto geringer ist der statische Druck** p_{stat}.

Den Unterdruck senkrecht zur Strömungsrichtung kann man im Alltag in vielfältiger Weise beobachten:

Hängt man z.B. zwei Papierblätter an Stricknadeln auf und pustet von oben hinein, so werden sie nicht etwa auseinander gedrückt, sondern sie scheinen sich im Gegenteil anzusaugen (→ **B1**). Zwischen den Blättern herrscht durch die bewegte Luft ein geringerer Druck als der normale Luftdruck. Von diesem höheren Luftdruck werden die Blätter dann zusammengedrückt.

Bläst man mit einer Luftdruckpistole durch das Rohr in einen nach unten geöffneten Trichter und hält einen Tischtennisball darunter, so wird dieser von alleine in den Trichter gezogen. Die Luft oberhalb des Balls hat eine höhere Geschwindigkeit als die unterhalb des Balles. Somit ist der Druck oberhalb geringer und der Ball wird angesaugt.

Desgleichen gelingt es nicht, einen Tischtennisball aus einem Trichter herauszublasen, wenn man in das Trichterrohr hineinpustet. Der Ball bleibt in diesem Fall im Trichter liegen. Dies gelingt erst, wenn man schräg von oben in den Trichter bläst.

So kann ein Tischtennisball auch frei im Luftstrom eines Haartrockners schweben (→ **B3**). Dazu muss man nur den Luftstrom in einem Winkel von ca. 45° nach oben halten. Bringt man nun den Tischtennisball vorsichtig mit Daumen und Zeigefinger in den Luftstrom ein, so findet sich ein Punkt, an dem der Ball frei schwebt.

Auch in der Technik macht man sich diese Erscheinung zunutze: In einem Gasbrenner (→ **B4**) saugt das durch die Düse strömende Gas durch die seitlichen Öffnungen die für die Verbrennung notwendige Luft an.

Ganz ähnlich funktionieren einfache Zerstäuber (→ **B5**). Die aus dem Rohr austretende Luft wird an der Spitze des Steigrohres zusammengedrängt und kann sich dahinter wieder ausdehnen.

Dadurch erniedrigt sich in dem Steigrohr der Druck so stark, dass der äußere Luftdruck die Flüssigkeit in das Steigrohr hochdrückt und anschließend zerstäubt.

Die Physik des Fliegens (2)

Der dynamische Auftrieb Nach schweren Stürmen liest man oft Zeitungsmeldungen über abgedeckte Dächer und entwurzelte Bäume. Während Bäume durch ihren hohen Strömungswiderstand beschädigt werden können, sind Dächer auch dann gefährdet, wenn sie glatt und relativ flach sind. Ein Modellversuch zeigt, dass auf umströmte Dachprofile eine nach oben gerichtete Kraft wirkt. Diese Kraft lässt sich an einem aus Papier gefalteten Pultdach demonstrieren, das an der einen Seite mit Klebeband an der Tischplatte befestigt und mit einem Föhn, der hier als Windkanal dient, angeblasen wird (→ **B1**). Das Papierdach wird durch den Luftstrom angehoben. Die in diesem Versuch beobachtete Kraft heißt **dynamischer Auftrieb.**

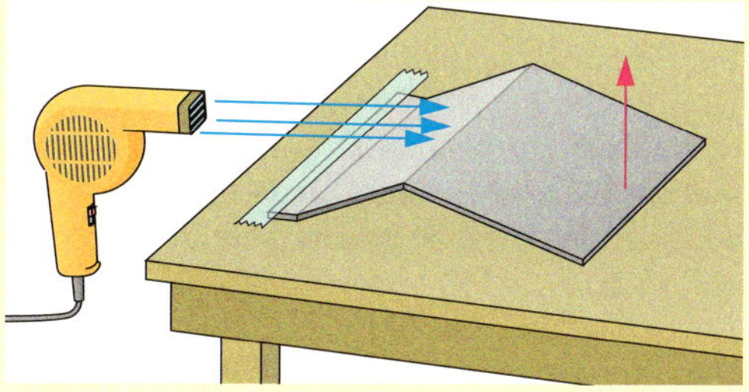

B1

Das Auftreten des dynamischen Auftriebs erklärt man mit den Kenntnissen über den statischen Druck. Unterhalb des Daches ist die Strömungsgeschwindigkeit der Luft gering, der Druck entspricht dem atmosphärischen Luftdruck. An der Dachoberseite ist die Strömungsgeschwindigkeit der Luft groß, der Druck demnach geringer als der Luftdruck. Daraus resultiert eine senkrecht zur Strömungsrichtung wirkende Kraft, der dynamische Auftrieb (→ **B2**). Er tritt nur dann auf, wenn die Strömungsgeschwindigkeit auf beiden Seiten des umströmten Körpers unterschiedlich groß ist. Aufgrund des dynamischen Auftriebs werden Regenschirme manchmal bei Sturm nach oben umgestülpt (→ **B4**)

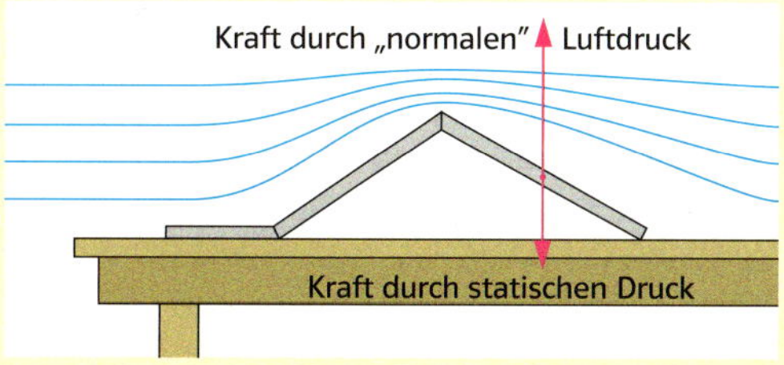

B2

Auftrieb an Tragflächen Auch an Tragflächen von Flugzeugen strömt die Luft an der Oberseite schneller als an der Unterseite; das ergibt an der Oberseite einen Unter-, an der Unterseite einen Überdruck. So entsteht insgesamt ein dynamischer Auftrieb (→ **B3**).

Zu klären ist noch die Frage, warum die Luft an der Oberseite schneller strömt als an der Unterseite. Der Grund hierfür kann nicht in einem längeren Weg der Luftteilchen an der Oberseite sein, da ein Fliegen mit symmetrischen Profilen möglich ist, obwohl Ober- und Unterseite gleich lang sind. Zudem ist auch ein Überkopffliegen möglich. Der Grund hierfür muss also ein anderer sein.

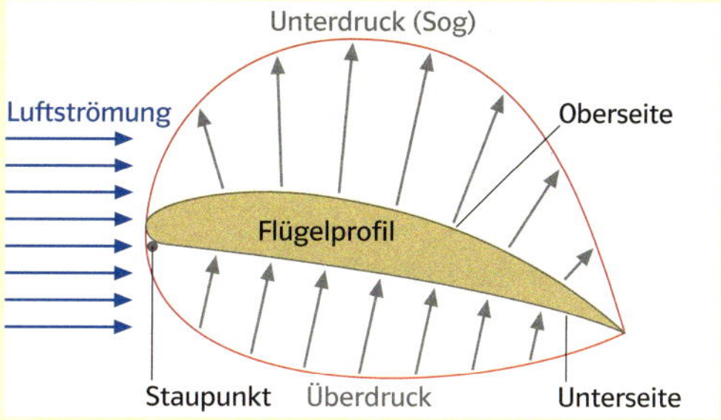

B3

Heute weiß man, dass sich um die Tragfläche eine Zirkulationsströmung ausbildet. Der Grund hierfür liegt darin, dass die Luft, die auf dem Flügel aufliegt, durch Reibung abgebremst wird – im Gegensatz zu der weiter außen liegenden Luft.

Wird das Flugzeug immer schneller, so lösen sich die abgebremsten Luftteilchen irgendwann an der Hinterkante des Flügels ab und bilden den sogenannten Anfahrtswirbel. Dadurch wird ein Gegenwirbel erzeugt, der sich um den ganzen Flügel herumlegt (→ **B5**). Dieser Wirbel hat an der Oberseite die gleiche Richtung wie die Luftströmung, an der Unterseite die entgegengesetzte.

Somit ist insgesamt die Strömungsgeschwindigkeit an der Oberseite höher als an der Unterseite der Tragfläche und so entsteht über den Druckunterschied ein dynamischer Auftrieb.

Für die Entstehung des Auftriebs ist somit die Reibung der Luft mit der Tragfläche von entscheidender Bedeutung.

Physik überall

Orkan über Deutschland
Die schweren Stürme des vergangenen Wochenendes richteten in Deutschland wiederum zahlreiche Schäden an. Bäume knickten ab und beschädigten parkende Autos. Nahezu vollständig abgedeckt wurde das Dach einer Scheune in

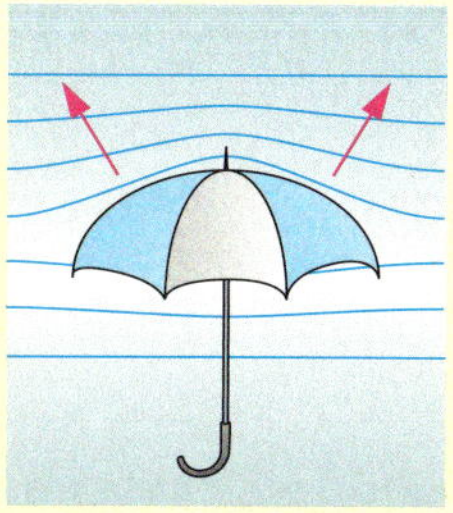

B4 Dynamischer Auftrieb beim Regenschirm

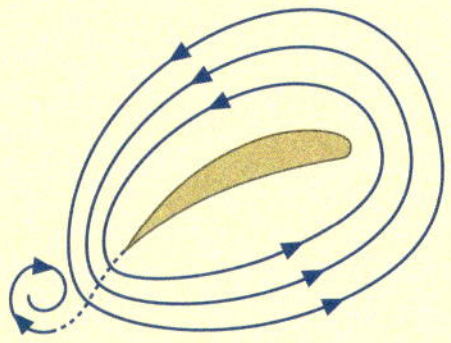

B5

Fall mit Luftreibung

B1

c_W-Werte verschiedener Körperformen		
Tropfen		0,1
Kugel		0,4
Halb-		0,34
kugel		1,33
Kegel	60°	0,51
Kreisscheibe		1,11

B2

Der Einfluss der Luftreibung **V3, S. 30** zeigt, dass die Fallhöhe nach einer gewissen Zeit linear abnimmt. Die Fallgeschwindigkeit steigt nicht mehr an, sondern nähert sich einem bestimmten Grenzwert. Woran liegt das?

Offensichtlich kann man bei diesem Experiment die Luftreibung nicht mehr vernachlässigen: Am Anfang der Fallbewegung ist der Einfluss der Luftreibung kaum spürbar. Auf dem Stroboskopbild nimmt die Höhe nicht linear mit der Zeit ab. In dieser Phase fällt der Trichter nahezu im freien Fall, beschleunigt von seiner Gewichtskraft.

Mit steigender Fallgeschwindigkeit steigt auch die Luftwiderstandskraft F_R und wirkt der Gewichtskraft F_G entgegen. Die Gesamtkraft auf den Trichter $F_G - F_R$ und damit die Beschleunigung a werden immer geringer, bis sich schließlich ein Gleichgewichtszustand einstellt, bei dem die Gewichtskraft F_G gleich der Luftwiderstandskraft F_R ist. Die Beschleunigung des Trichters ist dann 0 und er fällt mit konstanter Geschwindigkeit zu Boden. Wir suchen nun einen Zusammenhang zwischen der an einem Körper angreifenden Luftwiderstandskraft in Abhängigkeit von seiner Geschwindigkeit. Für die Luftwiderstandskraft F_R ergibt sich folgende Formel:

$$F_R = c_W \cdot \frac{1}{2} \cdot \varrho_L \cdot v^2 \cdot A$$

Dabei bedeuten:

c_W den Luftwiderstandsbeiwert, der von der Form des Körpers abhängt (→ **B2**)
ϱ_L die Dichte der Luft
v die Geschwindigkeit des Trichters
A die Querschnittsfläche des Trichters

Die Formel für die Luftwiderstandskraft F_R erhält man durch folgende Überlegung: Wenn der fallende Körper eine Strecke s durchfallen hat, muss er das Luftvolumen $V = A \cdot s$ quasi „vor sich herschieben". Dieses Luftvolumen hat eine Masse von $m = \varrho_L \cdot V = \varrho_L \cdot A \cdot s$. Während des Falls mit der Geschwindigkeit v besitzt diese Luftmasse eine kinetische Energie, die proportional zu $\frac{1}{2} \cdot m \cdot v^2$ ist. Also:

$$E_{kin} = c_W \cdot \frac{1}{2} \cdot m \cdot v^2 = c_W \cdot \frac{1}{2} \cdot \varrho_L \cdot A \cdot s \cdot v^2$$
mit c_W = konst.

Der Proportionalitätsfaktor heißt c_W-Wert und berücksichtigt, dass die Luftmasse nicht vor dem Körper hergeschoben wird, sondern an ihm vorbeiströmen kann. Somit hängt c_W entscheidend von der Form des fallenden Körpers ab (→ **B2**).

Die Luftwiderstandskraft F_R erhält man nun, indem man die Energie durch die Fallstrecke s dividiert:

$$F_R = \frac{E_{kin}}{s} = c_W \cdot \frac{1}{2} \cdot \varrho_L \cdot v^2 \cdot A$$

Bestimmung der Grenzgeschwindigkeit

Nun lässt sich aus dem Kräftegleichgewicht $F_R = F_G$ die Grenzgeschwindigkeit ermitteln.

$$F_R = c_W \cdot \frac{1}{2} \cdot \varrho_L \cdot v^2 \cdot A = m \cdot g$$

$$\Rightarrow v = \sqrt{\frac{2m \cdot g}{c_W \cdot \varrho_L \cdot A}} = 1{,}5\,\frac{\text{m}}{\text{s}}$$

Vergleichen wir nun das theoretische Ergebnis mit dem Experiment: Aus **B1** (S. 30) und den Werten von S. 97 entnehmen wir die pro Bild zurückgelegten Wege $\Delta s \approx 8\,\text{cm} = 0{,}08\,\text{m}$. Pro Bild vergeht eine Zeit $\Delta t = 1/20\,\text{s} = 0{,}05\,\text{s}$, so dass sich eine Geschwindigkeit von

$$v = \frac{\Delta s}{\Delta t} \approx \frac{0{,}08\,\text{m}}{0{,}05\,\text{s}} = 1{,}6\,\frac{\text{m}}{\text{s}}$$

ergibt, in guter Übereinstimmung mit dem theoretisch errechneten Wert.

Wir halten als Ergebnis unserer Betrachtungen fest: Eine geschwindigkeitsabhängige Reibungskraft führt zu einer konstanten Grenzgeschwindigkeit.

Physik überall

Fallhöhe und Grenzgeschwindigkeit

Wir können das in **V3** auf S. 30 behandelte Beispiel noch etwas weiter ausbauen, indem wir nach dem Einfluss der Fallhöhe auf die Grenzgeschwindigkeit fragen. Mit welcher Geschwindigkeit „schlägt" der Falltrichter auf dem Boden auf bzw. welche Fallhöhe benötigt man, damit der Trichter mindestens 90 % bzw 99 % der Grenzgeschwindigkeit erreicht?

Zur Klärung des Problems benutzen wir wieder unser Modellbildungssystem, indem wir das Wirkungsgefüge um eine geschwindigkeitsabhängige, also nicht konstante Kraft erweitern:

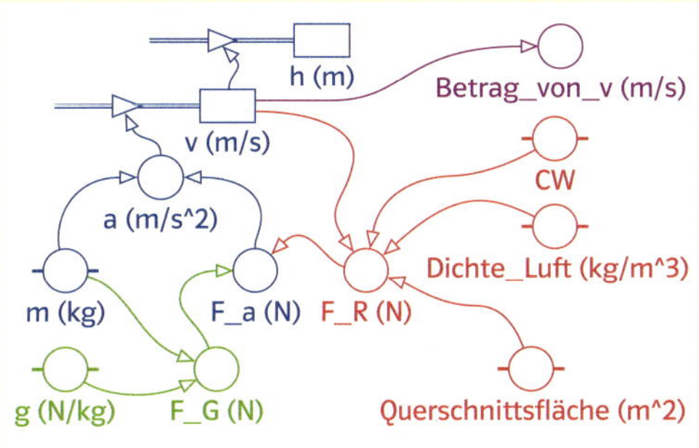

B1

Das Grundmodell der Bewegung ohne Reibung wurde nun durch das Luftwiderstandskraftgefüge (im Bild rot markiert) ergänzt. Die Luftwiderstandskraft F_R ist abhängig von den Konstanten Querschnittsfläche A, ϱ_{Luft} und dem c_W-Wert des Trichters. Darüber hinaus sehen wir einen Pfeil von der Zustandsgröße Geschwindigkeit hin zu F_R. Damit modellieren wir die Geschwindigkeitsabhängigkeit. Aus F_R und der Gewichtskraft F_G wird die beschleunigende Gesamtkraft F_a berechnet.

Die Gleichungen für die Iteration lauten hier:

$h(t + \Delta t) = h(t) + v \cdot \Delta t$

$v(t + \Delta t) = v(t) + a \cdot \Delta t$

$F_a = F_R - F_G$

$F_G = m \cdot g$

$F_R = 0{,}5 \cdot c_W \cdot \varrho_L \cdot A \cdot v^2$

mit folgenden Anfangswerten:

$h_0 = 2{,}0\,\text{m}$

$v_0 = 0$

$m = 2{,}0\,\text{g} = 0{,}0020\,\text{kg}$

$c_W = 0{,}7$

$A = 2{,}0\,\text{dm}^2 = 0{,}020\,\text{m}^2$

$\varrho_{Luft} = 1{,}3\,\text{kg/m}^3$

$g = 9{,}81\,\text{m/s}^2$

Mit diesen Daten ergibt sich **B2**.

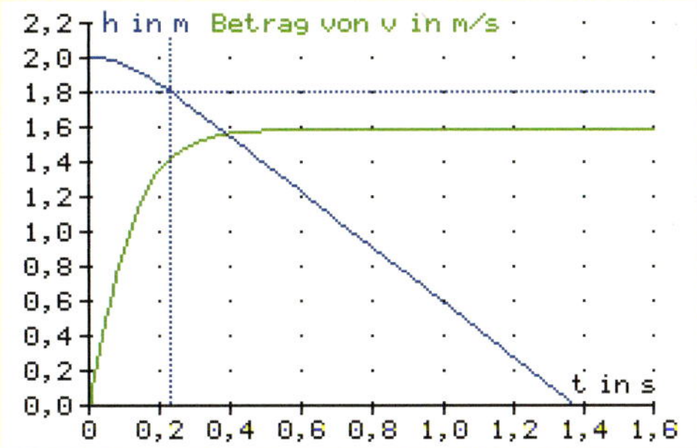

B2

Die blaue Kurve stellt den zeitlichen Verlauf $h(t)$ dar. Gut zu erkennen ist der lineare Verlauf, der sich nach kurzer Zeit ($t > 0{,}63\,\text{s}$) einstellt. Die grüne Kurve zeigt den Geschwindigkeitsverlauf $v(t)$. Nach $t > 0{,}63\,\text{s}$ ist die Grenzgeschwindigkeit von $1{,}6\,\text{m/s}$ erreicht.

Nun können wir auch die anfangs gestellten Fragen beantworten: Nach ca. 0,24 s hat der Trichter 90 % der Grenzgeschwindigkeit (= 1,4 m/s) erreicht. Seine aktuelle Höhe beträgt zu diesem Zeitpunkt ca. 1,80 m. Das heißt, der Trichter hat nach einer Fallstrecke von 20 cm diese Geschwindigkeit erreicht. Nach 0,45 s und 53 cm Fallstrecke sind 99 % der Grenzgeschwindigkeit erreicht.

Die zeitlichen Verläufe der einzelnen Kräfte lassen sich folgendermaßen darstellen (→ **B3**):

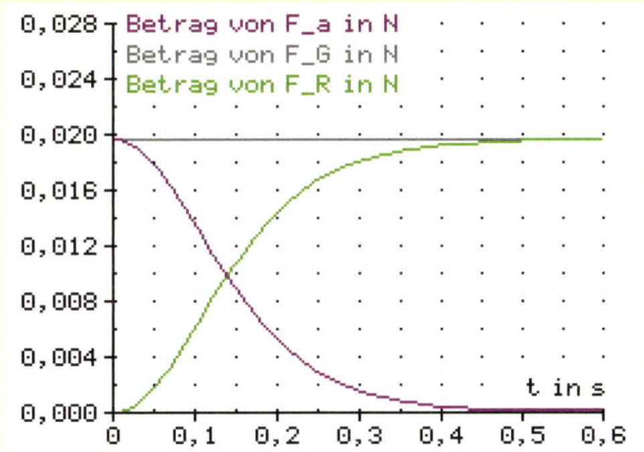

B3

Die Reibungskraft F_R (grün) nimmt von 0 zu, bis sie nach ca. 0,4 s gleich der Gewichtskraft F_G (grau) ist. Entsprechend nimmt die Gesamtkraft F_a (lila) von ihrem Anfangswert $0{,}020\,\text{N} = F_G$ bis auf 0 ab. Ab diesem Zeitpunkt fällt der Trichter im Kräftegleichgewicht, d. h., er bewegt sich geradlinig gleichförmig mit der Grenzgeschwindigkeit.

Werkstatt

Gedämpfte Schwingungen

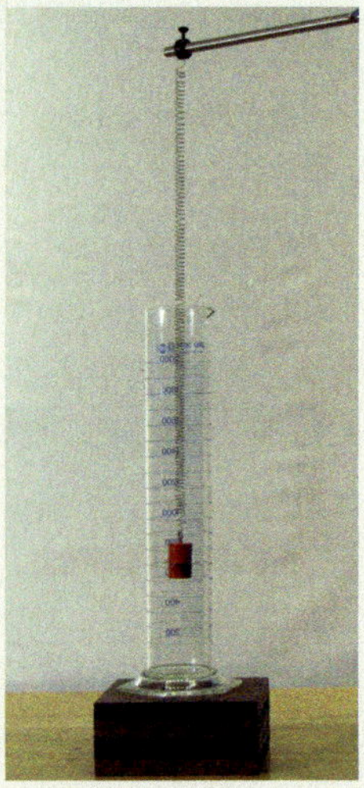

B1 Federpendel in Glaszylinder

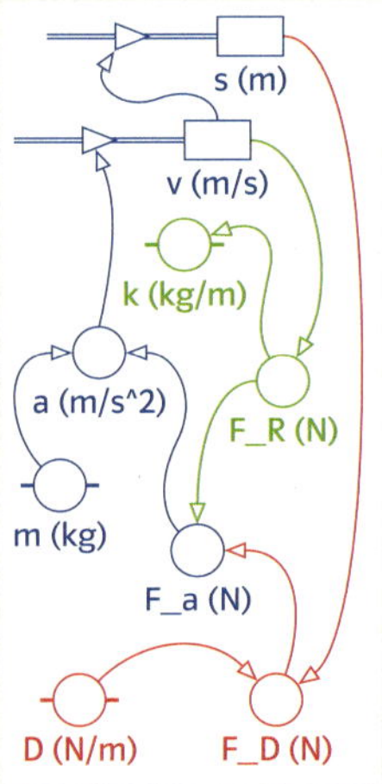

B2

V1 Hänge eine Masse m an eine Schraubenfeder, lenke sie aus der Ruhelage aus und bestimme mit einer Stoppuhr möglichst genau die Schwingungsdauer. Versuche auch zu erfassen, wie sich die Amplitude im Laufe der Zeit verändert.

V2 Tauche die Masse mit dem Federpendel in einen mit Wasser gefüllten Glaszylinder (→ **B1**), lenke das Federpendel aus und versuche wieder die Schwingungsdauer zu stoppen.

Jede reale Schwingung ist gedämpft, das heißt durch auftretende Reibungskräfte geht Energie verloren und die Amplitude nimmt im Laufe der Zeit ab. Die zusätzlich auftretende Reibungskraft ist dabei geschwindigkeitsabhängig und kann mit der Formel $F_R = -k \cdot v$ berechnet werden. Das Minuszeichen beschreibt dabei die Tatsache, dass die Reibungskraft immer entgegengesetzt zur Bewegung gerichtet ist; der Faktor k ist eine Konstante, die bei Bewegung in Luft wesentlich kleiner ist als in einer Flüssigkeit. Möchte man eine gedämpfte Schwingung modellieren, so muss man das Wirkungsgefüge der ungedämpften harmonischen Schwingung (→ **S. 33**) um die zusätzliche geschwindigkeitsabhängige Kraft F_R ergänzen (→ **B2**). Man erhält dann die folgenden Bewegungsdiagramme:

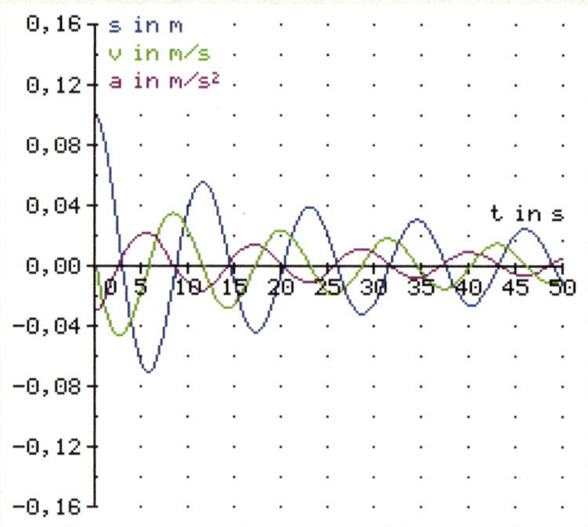

B3

Möchte man die gedämpfte Federschwingung durch ein numerisches Iterationsverfahren mit einer Tabellenkalkulation simulieren, so muss auch hier das entsprechende Rechenblatt für die ungedämpfte Schwingung (→ **S. 32**) mit der zusätzlichen Reibungskraft ergänzt werden (→ **B4**).

	A	B	C	D	E
1	**t in s**	**v in m/s**	**s in m**	**F in N**	**a in m/s²**
2	0,00	0,00	0,15	-0,45	-2,25
3	0,05	-0,11	0,14	-0,42	-2,08
4	0,10	-0,22	0,13	-0,37	-1,84
5	0,15	-0,31	0,12	-0,31	-1,54
6	0,20	-0,39	0,10	-0,24	-1,19
7	0,25	-0,45	0,08	-0,16	-0,81
8	0,30	-0,49	0,05	-0,08	-0,42
9	0,35	-0,51	0,03	0,00	-0,02
10	0,40	-0,51	0,00	0,07	0,36
11	0,45	-0,49	-0,02	0,14	0,71
12	0,50	-0,45	-0,05	0,21	1,03
13	0,55	-0,40	-0,07	0,26	1,29
14	0,60	-0,34	-0,08	0,30	1,50
15	0,65	-0,26	-0,10	0,33	1,64
16	0,70	-0,18	-0,11	0,34	1,71
17	0,75	-0,10	-0,11	0,34	1,72
18	0,80	-0,01	-0,11	0,33	1,66
19	0,85	0,07	-0,11	0,31	1,55
20	0,90	0,15	-0,10	0,28	1,38
21	0,95	0,22	-0,09	0,23	1,16
22	1,00	0,28	-0,07	0,18	0,91
23	1,05	0,32	-0,06	0,13	0,63
24	1,10	0,35	-0,04	0,07	0,34
25	1,15	0,37	-0,02	0,01	0,05

B4

Die *t-s*- und *t-v*-Diagramme (→ **B5, B6**) zeigen auch hier wieder das Abnehmen der Amplitude. Durch Verändern des Dämpfungsfaktors k kann man hier anhand der Diagramme relativ schnell ablesen, welchen Einfluss eine große bzw. eine kleine Dämpfung auf den Schwingungsverlauf hat. Insbesondere kann man feststellen, dass bei einer zu großen Dämpfung überhaupt keine Schwingung mehr zustande kommt.

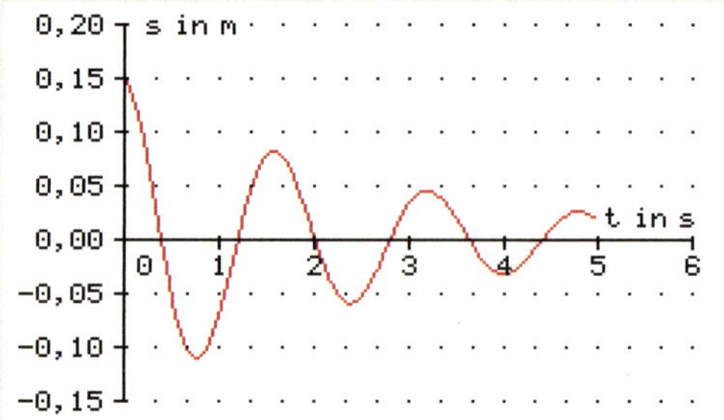

B5

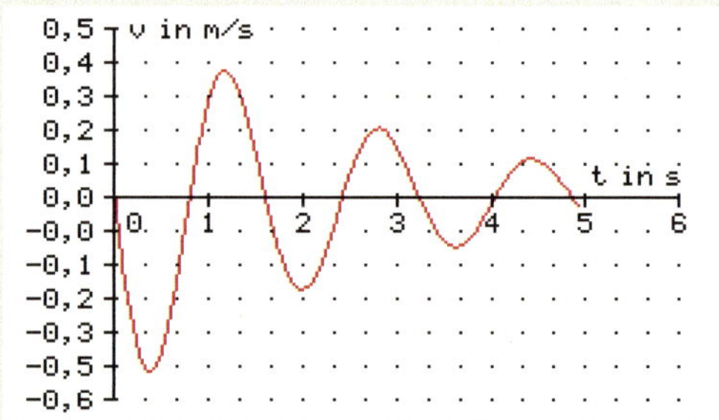

B6

A1 Untersuche mit Hilfe einer Tabellenkalkulation, wie eine Dämpfung die Schwingungsdauer eines Federpendels beeinflusst!

Vertikale Kreisbewegungen

V1 Wir füllen einen Eimer halbvoll mit Wasser und schleudern ihn auf einer vertikalen Kreisbahn über den Kopf hinweg (→ **B1**). Wenn man dem Eimer dabei eine ausreichende Geschwindigkeit gibt, läuft auch im höchsten Punkt kein Wasser heraus.

V2 Bei einer Spielzeugautobahn können Spielzeugautos einen Looping durchfahren (→ **B2**). Fährt das Auto mit zu geringer Geschwindigkeit in den Looping, so verlässt es vor Erreichen des höchsten Punktes die Bahn und stürzt ab. Erst ab einer Mindestgeschwindigkeit kann das Auto den Looping „unfallfrei" durchfahren.

B1

B2 Spielzeugbahn mit Auto in Looping

Bewegung auf einer vertikalen Kreisbahn

Bewegt sich ein Gegenstand mit der Geschwindigkeit v auf einer vertikalen Kreisbahn mit dem Radius r, so ist auch hier eine Zentripetalkraft der Größe $F_Z = m \cdot v^2/r$ nötig, die in jedem Punkt der Bahn zum Kreismittelpunkt hin gerichtet ist. Betrachtet man den Körper im höchsten Punkt der Bahn, so sieht man, dass hier die Gewichtskraft F_G des Gegenstandes genau diese Richtung besitzt (→ **B3**). Man kann zwei Fälle unterscheiden:

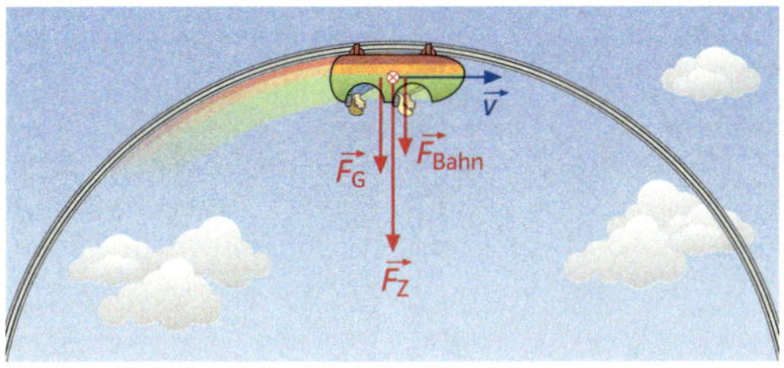

B3

Fall 1: Die Gewichtskraft F_G des Gegenstandes ist größer als die für die Kreisbewegung nötige Zentripetalkraft. In diesem Fall würde die Gewichtskraft den Gegenstand (schon vor Erreichen des höchsten Punktes) von der Kreisbahn wegziehen. Ein Auto, das mit zu kleiner Geschwindigkeit einen solchen Looping durchfahren soll, würde demnach abstürzen.

Fall 2: Die Gewichtskraft F_G des Gegenstandes ist kleiner oder gleich der für die Kreisbewegung nötigen Zentripetalkraft. In diesem Fall macht die Gewichtskraft einen Teil der Zentripetalkraft aus. Der Rest muss dann noch zusätzlich erbracht werden, z. B. muss eine Loopingbahn durch zusätzliche Krafteinwirkung einen Wagen auf die Kreisbahn zwingen. In diesem Fall ist ein ordentliches Durchfahren der Kreisbahn möglich.

Hier muss die Bedingung $F_Z > F_G$ erfüllt sein. Damit erhält man

$$m \cdot \frac{v^2}{r} > m \cdot g$$

Somit kann die Geschwindigkeit, die für ein Durchlaufen eines vertikalen Kreises nötig ist, berechnet werden:

$$v > \sqrt{(r \cdot g)}$$

Die Masse des Körpers spielt keine Rolle!

Für eine große Loopingbahn, wie man sie z. B. auf Volksfesten sieht (→ **B5**), ist die Belastung der Bahn im höchsten Punkt dann der Teil der Zentripetalkraft, der nicht von der Gewichtskraft aufgebracht wird. Mit dieser Kraft muss die Bahn auf die Wagen einwirken. Im tiefsten Punkt der Bahn muss diese die Gegenkraft zur Gewichtskraft und zusätzlich noch die ganze Zentripetalkraft aufbringen (→ **B4**).

B5 Die Loopingbahn als vertikale Kreisbahn

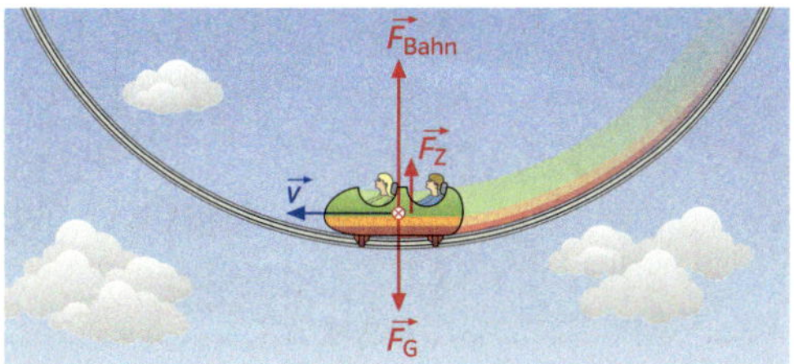

B4

Physik überall

Scheinkräfte

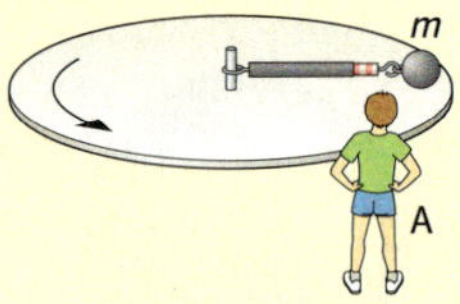

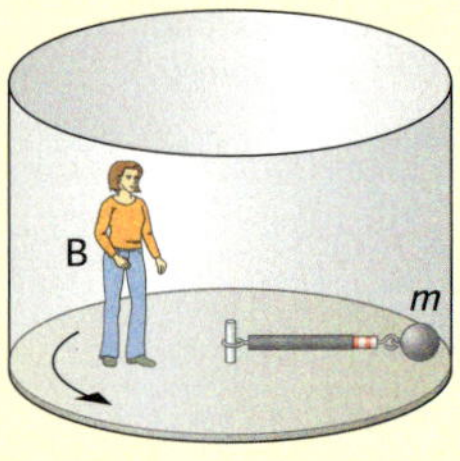

B1 Scheibe mit wegfliegender Kugel

Verschiedene Sichtweisen Zwei verschiedene Beobachter A und B beschreiben den Vorgang in Bild **B1**. Beobachter A außerhalb der Scheibe stellt fest: „Ich befinde mich in Ruhe. Der Kraftmesser zeigt an, dass auf das Massestück eine Kraft wirkt. Dies erklärt mir die Beschleunigung, die ich beobachte."

Beobachter B auf der Scheibe stellt fest: „Ich befinde mich in Ruhe. Das Massestück ebenfalls. Das wundert mich, denn der Kraftmesser zeigt an, dass eine Kraft auf das Massestück wirkt. Sie müsste daher beschleunigt werden. Es muss eine zweite Kraft F_Z mit gleichem Betrag und entgegengesetzter Richtung auf den Körper wirken."

Wenn die Verbindung zwischen Kraftmesser und Kugel durchtrennt wird, zeigt der Kraftmesser nichts mehr an.

A stellt fest: Auf die Kugel wirkt keine Kraft, sie bewegt sich deshalb entsprechend ihrer Trägheit auf einer Geraden.

B stellt fest: Es wirkt nur noch die Kraft F_Z. Deswegen bewegt sich die Kugel beschleunigt von mir weg. B bezieht seine Aussagen auf die Scheibe als Bezugssystem. Ihre Kreisbewegung ist eine beschleunigte Bewegung. Für Beobachter in einem beschleunigten Bezugssystem wirkt sich die Trägheit eines Körpers so aus, als wirke eine Kraft auf ihn. Solche (Schein-)kräfte heißen **Trägheitskräfte**. Bei der Kreisbewegung nennt man sie **Zentrifugalkräfte**. Karussellfahrer spüren diese nach außen weisende Zentrifugalkraft ebenso wie Autofahrer beim Passieren einer Kurve (→ **B2**).

Außenstehende Beobachter schließen bei einem Körper auf einer Kreisbahn auf eine Zentripetalkraft. Beobachter auf einer Kreisbahn schließen wegen der Bahnkurve auf ein Gleichgewicht zwischen Zentripetalkraft und Zentrifugalkraft.

B2 Auto beim Schleudertest

Corioliskraft Auf einer rotierenden Scheibe bewegt sich eine Kugel geradlinig vom Mittelpunkt der Scheibe nach außen. Ihre Bewegung wird einmal von einem außen stehenden Beobachter A und zum anderen von einem sich mit der Scheibe mitdrehenden Beobachter B verfolgt (→ **B3**). Während A eine geradlinige Bewegung der Kugel registriert, erscheint B die Bahn der Kugel gekrümmt und die Kugel erfährt für ihn scheinbar eine Querbeschleunigung, die er auf eine Kraft zurückführen muss.

Diese Scheinkraft, die für diese Scheinbeschleunigung verantwortlich ist, wird nach ihrem Entdecker **Gaspard Coriolis** (1702–1843) **Corioliskraft** genannt, die entsprechende Scheinbeschleunigung **Coriolisbeschleunigung**.

Beide sind nur in rotierenden Systemen vorhanden, in ihnen gilt der Trägheitssatz nicht.

Wir befinden uns auf dem Erdball in einem rotierenden System. Wenn Luft von Hochdruckgebieten in Tiefdruckgebiete strömt, dann erfolgt dies in Nord-Süd-Richtung nicht geradlinig. Winde weichen auf der nördlichen Halbkugel nach rechts, auf der südlichen Halbkugel nach links ab. Tiefdruckgebiete drehen sich daher auf der Nordhalbkugel gegen den Uhrzeigersinn. Ursache sind die Corioliskräfte.

B3 Corioliskraft: Eine Kugel rollt vom Scheibenmittelpunkt zum Rand. Für Betrachter B beschreibt die Kugel eine Kurve, auf Betrachter A rollt sie geradlinig zu.

Schallwellen

V1 Spanne eine lange Stricknadel oder eine Fahrradspeiche in einen Schraubstock und lasse das obere Ende der Nadel frei schwingen (→ **B2**). Wiederhole dies mit unterschiedlich tief eingespannter Nadel. Du hörst jedes Mal einen Ton, allerdings ist die Tonhöhe verschieden.

V2 Vor ein Tamburin stellen wir in einigen Zentimetern Entfernung eine brennende Kerze (→ **B3**). Schlagen wir das Tamburin an, so flackert die Kerze.

V3 Ein Wecker (→ **B1**) ist nicht zu überhören. Sein Ton wird leiser, wenn wir ihn auf weiches Schaumgummi legen und eine Glasglocke darüber stülpen. Pumpen wir die Luft aus der Glasglocke ab, so wird der Ton immer leiser, bis wir ihn zuletzt gar nicht mehr hören. Am Vibrieren sehen wir, dass er sogar unhörbar klingelt.

B1 Im Vakuum ist keine Schallausbreitung möglich.

V4 Zum Vergleich der Schallgeschwindigkeiten in Luft und in einem Metallstab werden beim Hammerschlag die Uhren elektrisch gestartet. Beim Registrieren des Signals durch die beiden Mikrofone werden sie elektrisch gestoppt (→ **B5**).

B2 Schwingende Stricknadel

B3 Luftbewegung durch Schall

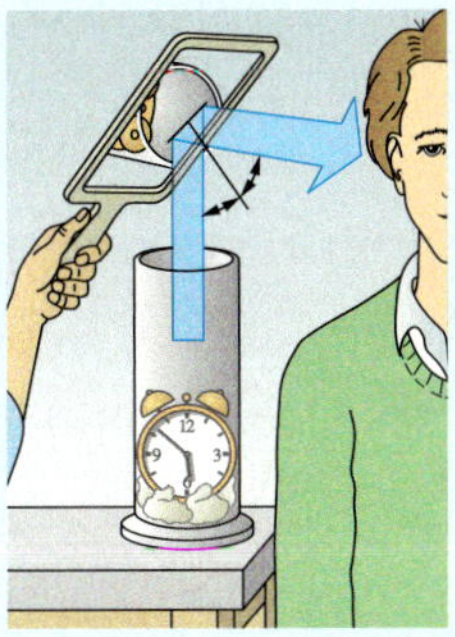

B4 Reflexion von Schall

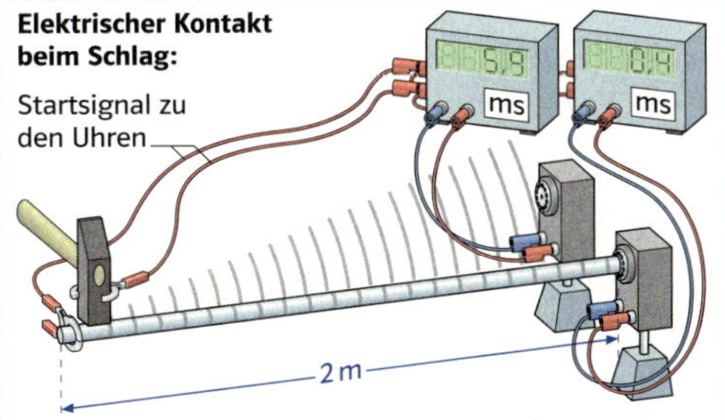

B5 Messung der Schallgeschwindigkeit in Luft und Metall

V5 Entfernen wir eine tickende Uhr etwa 1 m von unserem Ohr, so hören wir sie nicht mehr. Halten wir eine Stativstange direkt zwischen Ohr und Armbanduhr, so hören wir das Ticken.

V6 Stellt man einen laut tickenden Wecker auf Watte gebettet in ein oben offenes Gefäß, so hört man das Ticken nur noch direkt über der Öffnung deutlich. Wird ein Spiegel so über die Gefäßöffnung gehalten, dass man aus größerer Entfernung den Wecker im Spiegel sehen kann, hört man das Ticken wieder, wenn man das Ohr in Richtung Spiegel dreht (→ **B4**).

Ein Modell zur Schallausbreitung Schnell schwingende Gegenstände wie Stimmgabeln, Saiten oder die Membran eines Lautsprechers erzeugen Schallwellen. Dabei werden auch die angrenzenden Luftmoleküle in Bewegung versetzt. Beim Versuch **V2** mit dem Tamburin flackert die Kerzenflamme hin und her. Dies zeigt, dass die Luft in Ausbreitungsrichtung der Störung von der Tamburinmembran zum Mitschwingen angeregt wird. Schallwellen in Luft sind also Längswellen. Ein anschauliches Modell der Schallwelle liefert uns die Ausbreitung einer Längswelle in einer Schraubenfeder. Werden an einem Ende einige Windungen periodisch zusammengeschoben und dann losgelassen, wandert eine Folge von Verdichtungen durch die Feder. Zwischen den Verdichtungen sind die Windungen weiter auseinander als im Ruhezustand. Diesen größeren Abstand der Windungen kann man als Verdünnung auffassen. Dementsprechend erfolgt die Ausbreitung einer Schallwelle (→ **S. 102, B1**).

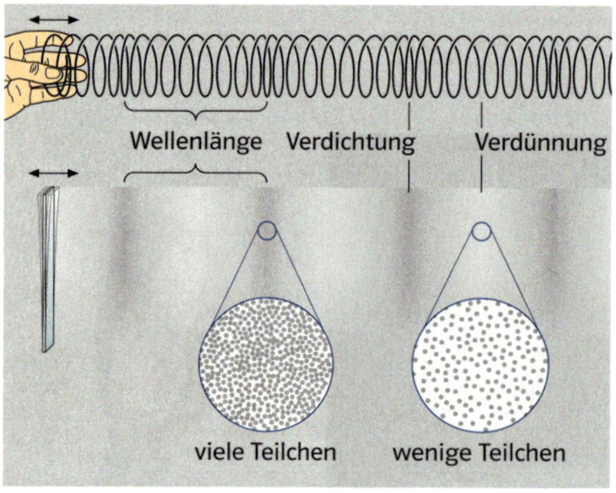

B1 Modell für die Schallausbreitung in Luft

Gummi	150
Luft	340
Alkohol	1180
Wasserstoff	1330
Wasser	1480
Silber	2640
Eis	3300
Glas	5100
Eisen	5170

B2 Schallgeschwindigkeit in m/s bei 20 °C

Wie die sich fortpflanzenden Stauchungen und Dehnungen in der Schraubenfeder werden die Luftmoleküle durch die Schallwelle zum Hin- und Herschwingen angeregt. Schall ist also eine wandernde Folge von Dichte- bzw. Druckschwankungen der Luft.

● **Schallwellen in Gasen sind Längswellen, die aus einer Folge von Verdichtungen und Verdünnungen des Mediums bestehen.**

Wie alle Wellen wird auch Schall von geeigneten Flächen und Objekten reflektiert, worauf der Echo-Effekt beruht (→ **S. 103**).

Die Schallgeschwindigkeit Der Versuch **V4** ergibt eine Ausbreitungsgeschwindigkeit des Schalls bei Zimmertemperatur in Luft von rund 0,34 km/s und im Metallstab von rund 5,0 km/s. Offensichtlich breiten sich Schallwellen in Metallen wesentlich schneller aus als in Luft. Auch in Wasser ist die Schallgeschwindigkeit höher (→ **B2**). Das liegt an der stärkeren Kopplung der Teilchen durch die Bindungen zwischen ihnen und ihrem geringeren Abstand bei höherer Dichte. Während in Gasen eine Kopplung und damit Energietransport nur durch Stöße der Teilchen möglich ist, bestehen in Festkörpern starke Bindungen.

Außerdem hängt die Schallgeschwindigkeit von der Temperatur des Mediums ab, das heißt von der mittleren Bewegungsenergie der Teilchen.

Vergleicht man die Ausbreitungsgeschwindigkeit der Schallwellen in Luft und Wasserstoffgas bzw. in Alkohol und Wasser, erkennt man, dass auch die Masse der mitschwingenden Teilchen eine Rolle spielt.

■ **A1** Nenne Gründe für die unterschiedliche Schallgeschwindigkeit in Silber und Eisen.

Physik überall

Lautstärke und Lautstärkewahrnehmung

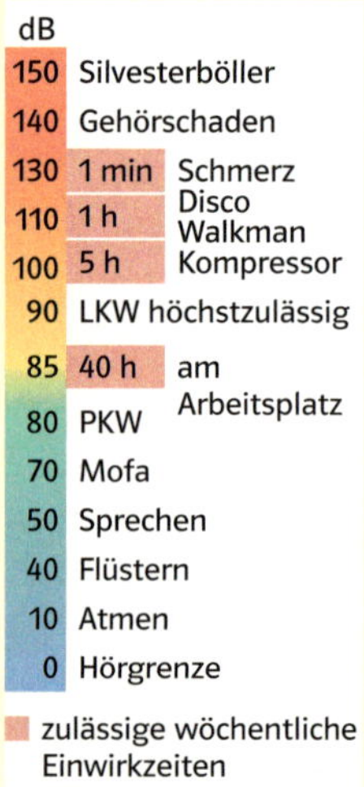

B3 Schallpegel und zulässige wöchentliche Einwirkzeiten

Die durch Schall übertragene Energie empfinden wir als Lautstärke. Unser Empfindlichkeitsbereich dafür ist sehr groß, er reicht über 13 Zehnerpotenzen. Wir hören eine Schallleistung pro Fläche von $10^{-12}\,\text{W/m}^2$ an der unteren Hörschwelle bis $10\,\text{W/m}^2$ an der Schmerzgrenze. Zur Vereinfachung hat man den Schallpegel in Dezibel (dB) eingeführt. Die untere Hörgrenze entspricht 0 dB, die Schmerzgrenze 130 dB. Eine Erhöhung des Schallpegels um 10 dB bedeutet also eine Verzehnfachung der aufgenommenen Leistung. **B3** zeigt die Pegel alltäglicher Schallquellen. Unser Hörempfinden richtet sich allerdings nicht nach den physikalisch gemessenen Schallpegelwerten. Eine Verzehnfachung der Schallleistung wird nur als doppelt so laut empfunden! Diese Relation gilt übrigens auch für andere Sinneswahrnehmungen.

Unsere Lautstärkewahrnehmung ist von der Frequenz abhängig. Am besten hören wir im Bereich von 500 Hz bis 5 kHz. **B4** zeigt die Kurven gleicher Lautstärkeempfindung bezogen auf einen 1,0-kHz-Ton. Um einen 20-Hz-Ton so laut zu hören wie einen 1-kHz-Ton mit 60 dB, müssen 100 dB, das heißt die 10^4-fache Energie, aufgenommen werden. Das wird in der Einheit dB(A) berücksichtigt. (A) bedeutet, dass es sich um eine unserer Hörempfindlichkeit angepasste Skala handelt. Bei 1,0 kHz gilt: 60 dB = 60 dB(A).

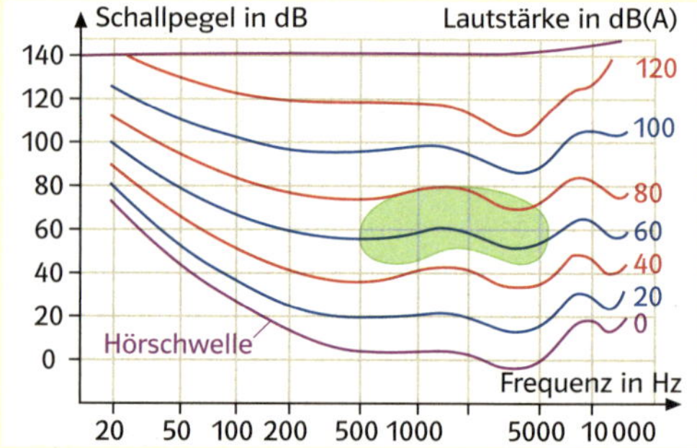

B4 Objektive (dB) und physiologische (dB(A)) Schallpegelskala mit Hauptsprachbereich

Schall und Information

Physik überall

Die Wirkungsweise des Ohres Menschen ohne Hörvermögen lernen nie richtig das Sprechen, weil ihnen eine wichtige Verständnis-, aber auch eine Orientierungsmöglichkeit fehlt. Für die Schallwahrnehmung ist das Ohr als Sinnesorgan, der Hörnerv und das Hörzentrum im Gehirn verantwortlich (→ **B2**). Das Außenohr mit der Hörmuschel leitet die Schallwellen zum Trommelfell, das durch die Energieübertragung in Schwingungen versetzt wird, die die Gehörknöchelchen des Mittelohrs zur Membran des Ovalen Fensters des Innenohres weiterleiten. Dabei findet eine 20-fache Verstärkung der Amplitude statt. Dort erregt die schwingende Membran eine Welle, die durch den flüssigkeitsgefüllten Schneckengang wandert. Dadurch werden in der Hörflüssigkeit die steifen Härchen der Hörsinneszellen verbogen (→ **B3**). Dies löst elektrische Signale aus, die ins Gehirn geleitet werden. Weil jede der 20 000 Sinneszellen nur in einem schmalen Frequenzbereich gut reagiert, können wir Tonhöhen sehr differenziert wahrnehmen. Kinder können Frequenzen von 16 Hz bis 20 kHz hören, 70-jährige nur noch bis 5 kHz.

Orientierung mit Ultraschall Viele Lebewesen nutzen wie wir Schallwellen zur Orientierung. Einige verwenden dazu Ultraschall mit Frequenzen von 20 bis 160 kHz. Fledermäuse senden Serien von Ultraschallpulsen aus und registrieren die Reflexionen (→ **B1**). Sie erhalten damit genaue Informationen über Struktur und Bewegungen der reflektierenden Gegenstände. So können sie sich im Dunkeln orientieren und Insekten im Flug orten und fangen.

Dieses Prinzip der Echopeilung nutzen auch Delfine und Schiffe (→ **B4**). Mit dem Echolot können Untiefen, Eisberge oder Fischschwärme über mehrere Tausend Meter erkannt werden.

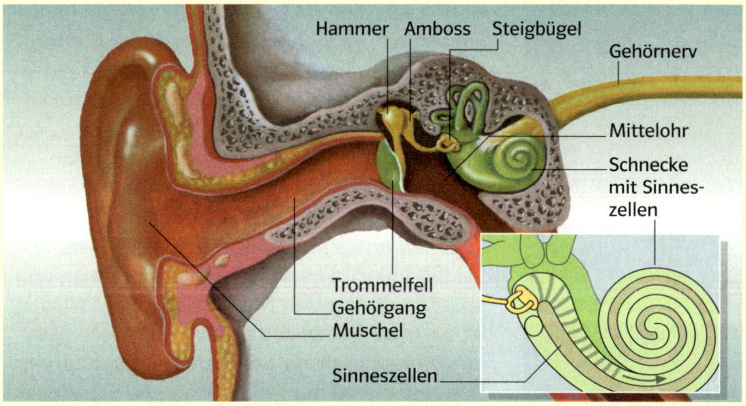

B2

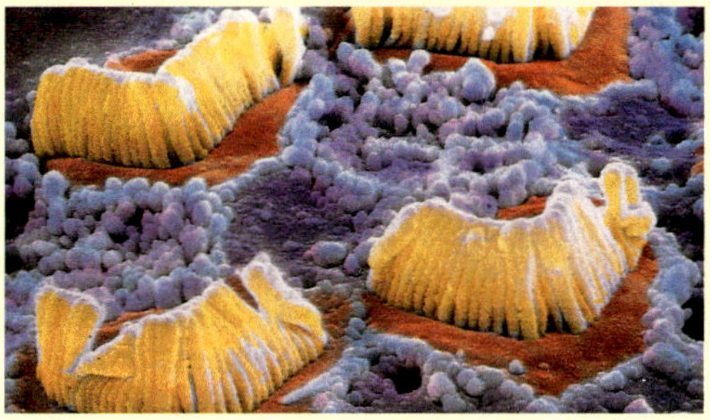

B3 Haarzellen

Beim Echolot wird Ultraschall verwendet, weil er technisch mit viel höherer Energie als normaler Schall erzeugt werden kann.

Ultraschalldiagnostik Ultraschallgeräte in der Medizin nutzen auch das pulsierte Echo-Verfahren. Die von den Gewebeschichten im Körper reflektierten Echos von Ultraschallpulsen werden mit Hilfe des Computers zu einem am Bildschirm sichtbaren Schnittbild verarbeitet. Vor allem bei Schwangerschaftsvorsorgeuntersuchungen wird Ultraschall eingesetzt, weil er ungefährlich ist (→ **B5**).

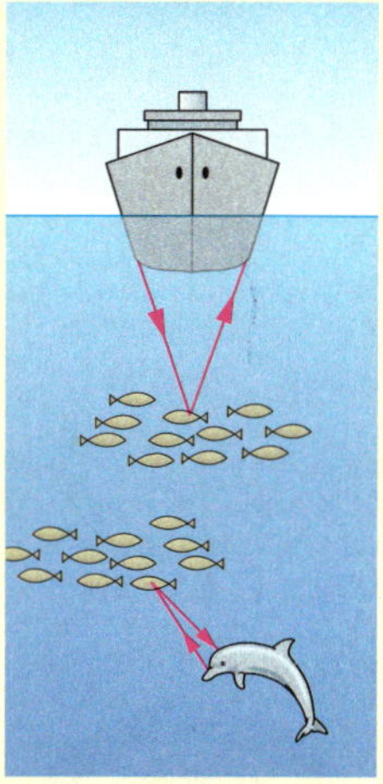

B4 Echopeilung

B1 Fledermaus

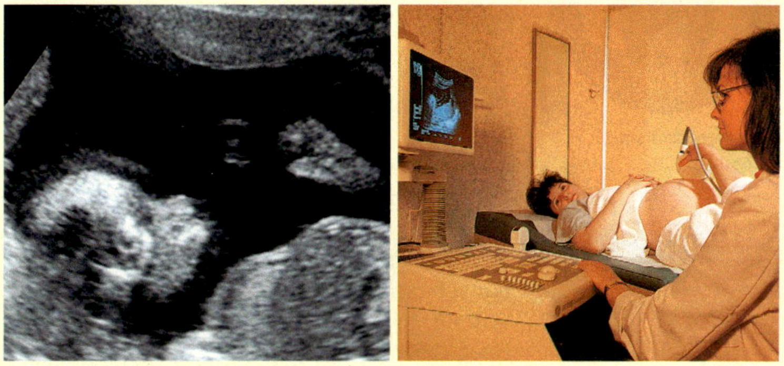

B5 Ultraschallbild eines menschlichen Fetus

Physik überall

Gefahren durch Lärm

B5 Intakte und durch hohe Lautstärke geschädigte Hörsinneszellen

Hohe Lautstärken über 90 dB(A) können je nach Einwirkzeit zu zeitweiligen oder dauerhaften Hörschäden führen. **B1** zeigt den Abbau einer Hörminderung nach 20 min Schallbelastung von 115 dB. Solche Lautstärken werden in Discotheken und bei Rockkonzerten in der Nähe der Lautsprecher leicht erreicht! Das ist besonders gefährlich, weil Discobesucher hohe Lautstärken kaum als störend empfinden. Leider ändert dies nichts an den teilweise erst später auftretenden Nebenwirkungen. Wichtig ist auch die Dauer des Schallereignisses. Erst ab 200 ms hören wir die „richtige" Lautstärke. Deswegen wird der gefährlich hohe Schallpegel von 150 dB bei Silvesterböller- oder Schussexplosionen, die nur 100 ms dauern, stark unterschätzt.

Ab 120 dB werden Sinneszellen im Innenohr irreparabel geschädigt (→ **B5**). Sind viele betroffen, kommt es zur Schwerhörigkeit. **B2** und **B3** zeigen die Hörfelder eines Guthörenden und eines Schwerhörigen. Besonders die Empfindlichkeit für höhere Frequenzen ist stark gesunken, auch der Sprachbereich ist eingeschränkt. Auch Dauergeräusche niedriger Lautstärke können Folgen haben. Besonders in Städten gibt es alleine durch den Verkehrslärm keine Ruhephasen mehr, die unser Hörorgan zur Erholung bräuchte, um den Energie- und Sauerstoffmangel durch den täglichen akustischen Stress auszugleichen. Um Lärmschäden einschätzen zu können, hat man eine Klassifizierung in Lärmstufen vereinbart (→ **B4**):

- **Stufe 1:** 35 – 65 dB, psychische Beeinträchtigungen, z. B. der Konzentrationsfähigkeit.
- **Stufe 2:** 65 – 85 dB, Störungen im Bereich des vegetativen Nervensystems (Nervosität, Herz- und Kreislaufbeschwerden, Verdauungsstörungen, Kopfschmerzen, Schlaflosigkeit, allgemeine Leistungsabnahme).
- **Stufe 3:** 85 – 120 dB, irreversible Lärmschwerhörigkeit bei Dauereinwirkung.
- **Stufe 4:** über 120 dB, unmittelbare Schädigung des Gehörorgans.

Schallereignisse weit über 130 dB sind nicht nur sehr schmerzhaft, sie sind lebensgefährlich: Ab 160 dB ($10^4\,W/m^2$!) verbrennt die Haut, 180 dB ($10^6\,W/m^2$!) wirken tödlich.

Gehörschäden sind endgültig!

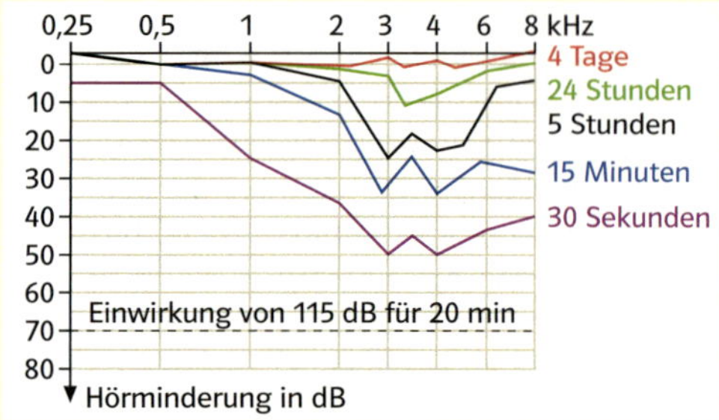

B1 Zeitlicher Verlauf des Abbaus der Hörminderung durch laute Musik

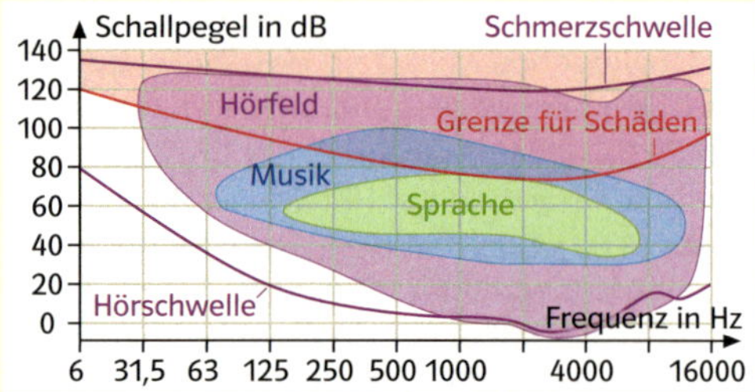

B2 Hörfeld eines guthörenden Menschen

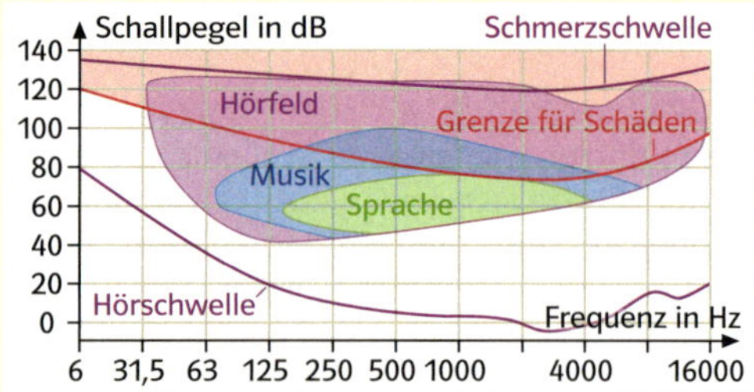

B3 Hörfeld eines Schwerhörigen

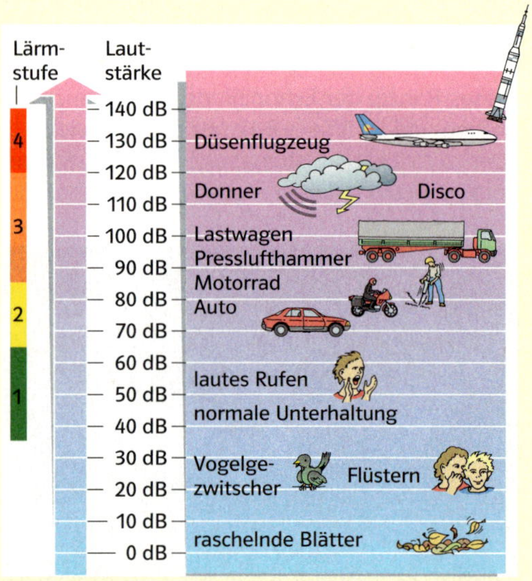

B4 Lärmstufen

Stehende Wellen

V1 Ein gespanntes Gummiband wird mit Hilfe eines Motors an einem Ende periodisch auf und ab bewegt. Bei bestimmten Frequenzen erkennt man Stellen, die nahezu in Ruhe bleiben. Dazwischen gibt es Stellen mit besonders heftigen Bewegungen (→**B2**).

V2 Bläst man über die Öffnungen von Flaschen, die unterschiedlich hoch mit Wasser gefüllt sind, so erhält man unterschiedliche Tonhöhen.

V3 Unter eine mit Sand bestreute Metallplatte wird ein Lautsprecher gestellt. Tanzende Sandkörner zeigen die Schwingung der Platte. Bei bestimmten Frequenzen bildet der Sand Muster, sogenannte Chladni'sche Figuren (→**B1**).

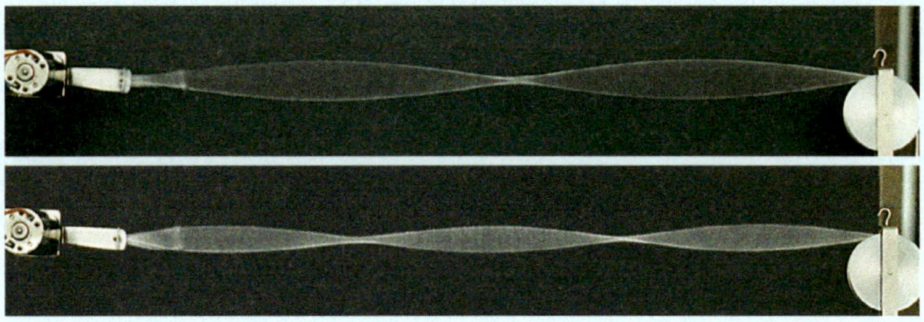

B2 Auf einem eingespannten Gummiband wandern die Auslenkungen nicht mehr.

V4 In einer Glasröhre, die von einer Seite mit einem Lautsprecher beschallt wird, befindet sich Korkpulver. Bei bestimmten Frequenzen des Lautsprechers bildet das Korkpulver Anhäufungen (Kundt'sche Staubfiguren, →**B3**).

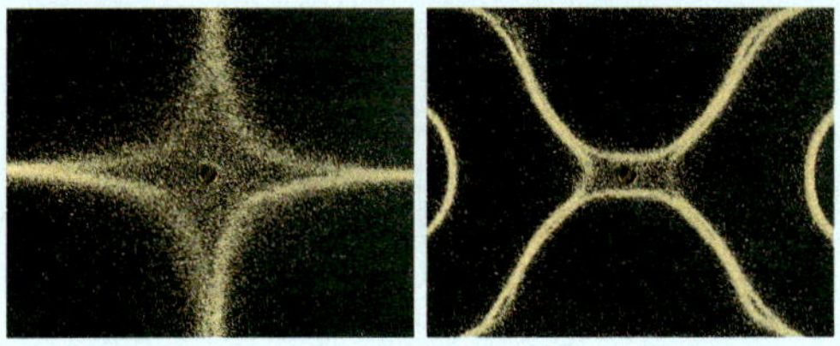

B1 Chladni'sche Figuren für zwei verschiedene Frequenzen.

B3 Kundt'sche Staubfiguren

Überlagerung gegenläufiger Wellen Schall- oder Seilwellen überlagern sich auch, wenn sie entgegengesetzte Ausbreitungsrichtungen haben. **B4** beschreibt das Prinzip der Überlagerung an zwei gleichen, gegenläufigen Wellen:

- Die Amplituden (maximalen Auslenkungen) sind an jedem Ort zeitlich konstant.
- Es gibt Stellen, an denen die Amplituden stets Null sind. Sie heißen **Knoten**.
- Es gibt Stellen mit stets maximaler Amplitude, sie heißen **Bäuche**.
- Die Entfernung zwischen benachbarten Knoten und Bäuchen beträgt $\lambda/2$.
- Zwischen zwei benachbarten Knoten schwingen alle Oszillatoren im Gleichtakt. Vor und nach einem Knoten schwingen die Oszillatoren im Gegentakt.

Das Interferenzergebnis heißt **stehende Welle**.

● **Bei der Überlagerung gleicher, gegenläufiger Wellen ergeben sich stehende Wellen mit Knoten und Bäuchen.**

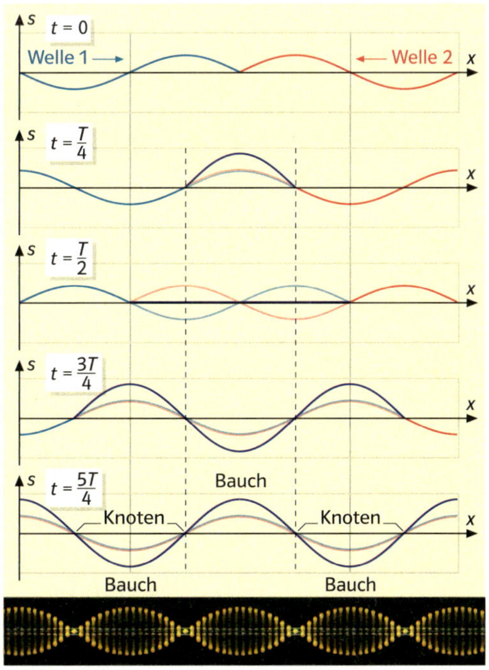

B4 Momentdarstellungen zur Ausbildung stehender Wellen

Wird von gleichen Wellen gesprochen, so sind Wellen gleicher Amplitude und Frequenz bzw. Wellenlänge gemeint.

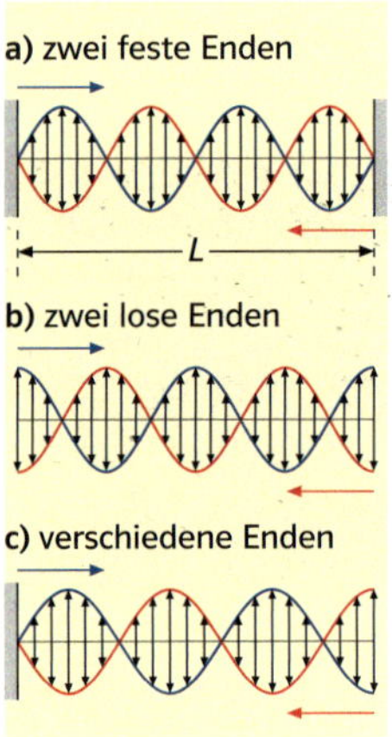

B1 Stehende Wellen durch Reflexion

Eingesperrte Wellen Ein an beiden Enden eingesperrtes Gummiband wird an einem Ende periodisch so ausgelenkt, dass eine harmonische Welle entsteht. Sie wird am anderen Ende reflektiert. Auf dem Gummiband breiten sich zwei gegenläufige Wellen gleicher Frequenz und annähernd gleicher Amplitude aus. Bei ganz bestimmten Wellenlängen bildet sich eine stehende Welle aus.

B1 zeigt stehende Wellen. Bei der Reflexion am festen Ende kann sich dort nur ein Knoten, beim losen Ende nur ein Bauch ausbilden. Der Abstand zwischen zwei benachbarten Knoten bzw. Bäuchen beträgt in jedem Fall $\lambda/2$.

Auf einem Gummiband der Länge L mit zwei festen Enden kann sich eine stehende Welle nur ausbilden, wenn L ein ganzzahliges Vielfaches der halben Wellenlänge beträgt. Bei zwei losen Enden vertauschen Bäuche und Knoten gegenüber festen Enden ihre Positionen (→ **B1a** und **B1b**).

● **Bei stehenden Wellen infolge gleichartiger Reflexion am Rand gilt:**

$$\lambda_k = \frac{2L}{k} \quad \text{mit} \quad k = 1, 2, 3, \ldots$$

Entsprechend erhält man für die Reflexion an einem losen und einem festen Ende (→ **B1c**):

● **Bei stehenden Wellen infolge verschiedenartiger Reflexion am Rand gilt:**

$$\lambda_k = \frac{4L}{2k-1} \quad \text{mit} \quad k = 1, 2, 3, \ldots$$

Die stehende Welle mit der größtmöglichen Wellenlänge ($k = 1$) nennt man **Grundwelle**, die anderen **Oberwellen**. Jeder Wellenlänge kann über $c = \lambda \cdot f$ eine bestimmte Frequenz zugeordnet werden. Die Frequenzen von Grund- und Oberwellen sind die Eigenfrequenzen der Anordnung.

● **Die Frequenzen von Grund- und Oberwellen werden Eigenfrequenzen genannt. Sie sind typisch für das schwingungsfähige System, in dem sie auftreten.**

Ähnliche Überlegungen gelten auch für zweidimensionale stehende Wellen, die durch Schall auf einer Metallplatte erzeugt werden. Die Knoten bilden Linien auf der schwingenden Platte. Auf der Platte befindlicher Sand sammelt sich auf diesen Knotenlinien und bildet Chladni'sche Figuren (→ **B1** vorherige Seite).

Physik überall

Resonanz in der Musik

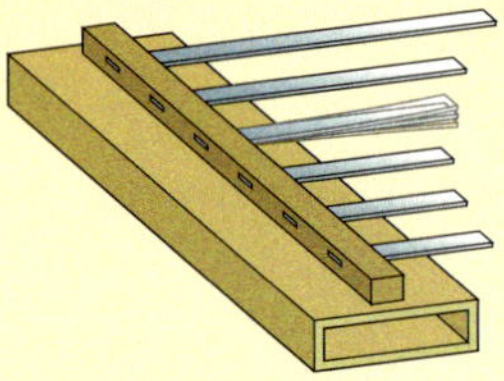

B2 Schwingung von Blattfedern

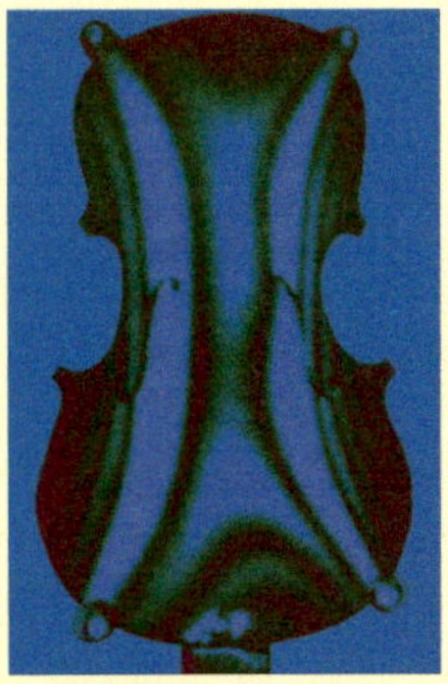

B3 Sichtbar gemachte Schwingungen eines Geigenkörpers

Ein zum Schwingen gebrachter und dann sich selbst überlassener Körper schwingt mit einer für ihn typischen Frequenz, der sogenannten **Eigenfrequenz**, weiter. Werden Körper mit ihrer Eigenfrequenz zum Mitschwingen angeregt, so gelingt dies besonders gut. Verschieden lange Blattfedern zeigen dies (→ **B2**). Sie werden durch einen Lautsprecher zum Mitschwingen gezwungen. Je nach Frequenz der Schwingung des Lautsprechers nimmt die Amplitude einer der Blattfedern besonders stark zu. Wir sprechen von **Resonanz**.

Stimmgabeln mit unterschiedlichen Frequenzen haben unterschiedlich große Holzkästen, sogenannte **Resonanzkästen**. Durch den Resonanzkasten wird der Ton der Stimmgabel lauter, da der Resonanzkasten und die darin enthaltene Luft mit der gleichen Frequenz schwingen wie die Stimmgabel.

Bei **Saiteninstrumenten** wie der Gitarre oder Geige erzeugen gespannte Saiten Töne, wenn sie durch Anzupfen oder seitliches Anstreichen mit einem Bogen in Schwingung versetzt werden. Das Schwingen einer solchen Saite ist jedoch sehr leise. Deshalb werden Klangkörper aus Holz gefertigt, über die die Saiten gespannt werden. Die schwingende Saite zwingt den Körper und die darin enthaltene Luft zum Mitschwingen (→ **B3**). Der Ton klingt lauter.

Der **Klangkörper** eines Musikinstrumentes soll natürlich alle Töne gleichermaßen verstärken, die auf dem Instrument gespielt werden können. Deshalb handelt es sich nicht um Resonanz! Es ist also falsch, den Klangkörper als Resonanzkasten zu bezeichnen.

Natürlich hat ein Klangkörper auch eine Eigenfrequenz. Diese Frequenz muss aber tiefer oder höher liegen als die Frequenzen aller Töne, die auf dem Instrument gespielt werden können. Sonst könnte Folgendes geschehen: Der Musiker spielt einen Ton, dessen Frequenz mit der Eigenfrequenz des Klangkörpers übereinstimmt. Durch Resonanz würde dieser Ton viel lauter als alle anderen Töne klingen, was beim Musizieren sehr störend wäre.

Klangerzeugung bei Musikinstrumenten

Physik überall

Seit Urzeiten bemühen sich Menschen, Töne und Klänge so zu erzeugen, dass sie angenehm anzuhören sind. In den verschiedenen Kulturkreisen wurden dafür verschiedene Musikinstrumente entwickelt, die sich in drei Arten unterteilen: Saiteninstrumente, Blasinstrumente und Instrumente mit Membranen.

Alle Instrumente regen die sie umgebende Luft zu Schwingungen an. Dadurch entsteht Schall, der zum Ohr des Zuhörers übertragen wird. Die jeweiligen Töne sind durch die Frequenz ihrer Grundschwingung gekennzeichnet. Doch selbst bei gleicher Frequenz der Grundschwingung klingt dieselbe Tonhöhe bei verschiedenen Instrumenten unterschiedlich. Woran liegt das? Das Prinzip der Tonerzeugung sei am einfachsten Saiteninstrument, dem Monochord, erklärt (→ **B2**). Die Luft wird durch eine schwingende Saite angeregt. Die Frequenz dieser schwingenden Saite ist bestimmend für die Tonhöhe. Die Saite schwingt stets in Form einer stehenden Welle mit ortsfesten Knoten an den Saitenenden (→ **B4**). Es gibt mehrere stehende Wellen, die diese Anforderung erfüllen. Die Grundschwingung hat nur zwei Knoten an den Saitenenden. Die erste Oberschwingung hat drei Knoten, die zweite Oberschwingung vier Knoten und so weiter. Es gilt für die Saitenlänge: $l = n \cdot \lambda/2$ mit $n = 1, 2, 3, \ldots$

Über die variable Saitenlänge l kann die Wellenlänge und damit die Tonhöhe der Grundschwingung geändert werden (→ **B1**). Zum Klang eines Musikinstrumentes trägt aber nicht nur die Grundschwingung ($n = 1$) bei. Die Oberschwingungen ($n = 2, 3, 4, \ldots$) sind bei jedem Musikinstrument unterschiedlich stark ausgeprägt und überlagern sich mit der Grundschwingung. Dies führt beim gleichen Ton zu unterschiedlichen Schwingungsbildern (→ **B3**). Dadurch entsteht der individuelle Klang jedes Musikinstrumentes.

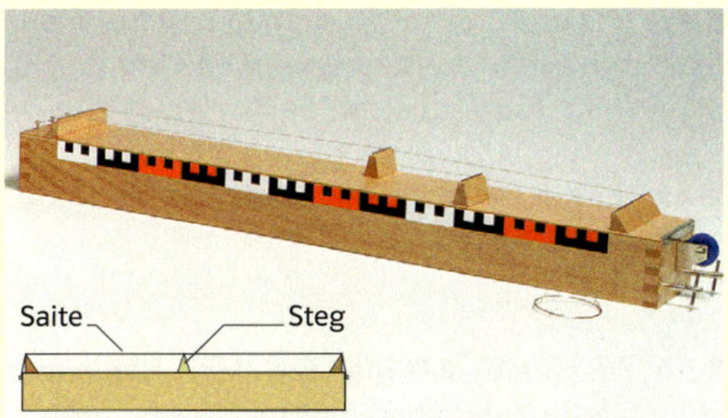

B2 Monochord

B1 Gitarristen ändern die Tonhöhe durch Verkürzung der Saitenlänge.

Beim Hören von Tönen, Tonfolgen oder Akkorden begibt man sich auf ein Gebiet, das zwar physikalisch beschrieben werden kann, bei dem es aber nicht mehr möglich ist, ästhetisches Empfinden aus physikalischen Größen herzuleiten. Unser Kulturkreis ist durch ein Tonempfinden geprägt, das mit zwölf Tönen in einem Frequenzbereich von f_0 bis $2f_0$ eine Oktave abdeckt. Dieses System geht in seinen Grundzügen auf die Pythagoräer zurück. Durch Versuche mit dem Monochord fanden sie heraus, dass ein durch Zupfen erzeugter Ton bei der halben Saitenlänge mit dem Grundton bei voller Saitenlänge besonders gut zusammenklingt. Der neue Ton ist die Oktave zum Grundton und besitzt die doppelte Frequenz. Weitere Zwischentöne entstehen durch andere Teilungen. Eine mit 2/3 der Grundlänge schwingende Saite ergibt in Bezug auf den Grundton eine Quinte.

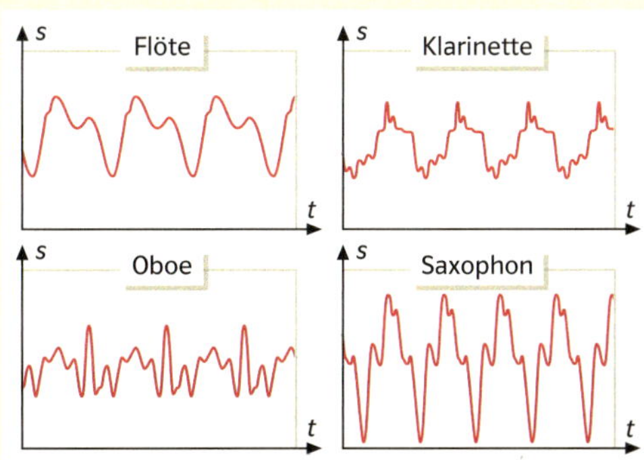

B3 Schwingungsbilder des gleichen Tones bei verschiedenen Musikinstrumenten

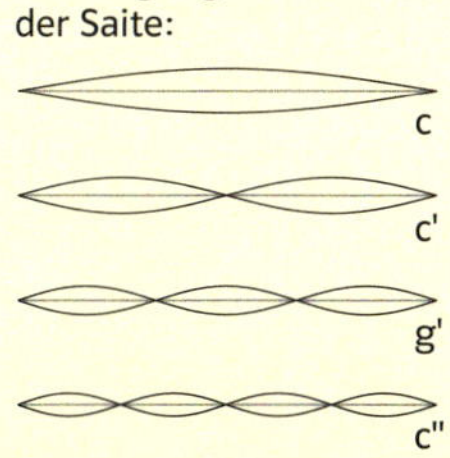

B4 Grundschwingung und Oberschwingungen bei den Saiten eines Monochords

Werkstatt

Klanganalyse

Der akustische Fingerabdruck eines Klangs

Bei verschiedenen Musikinstrumenten klingt dieselbe Tonhöhe unterschiedlich. Das liegt daran, dass zum Klang eines Tones nicht nur die Grundschwingung beiträgt, sondern auch verschiedene Oberschwingungen. Je nach Musikinstrument ist der Anteil dieser Oberschwingungen größer oder kleiner (→ **B1** und **B2**). Dies ergibt ein charakteristisches Klangbild.

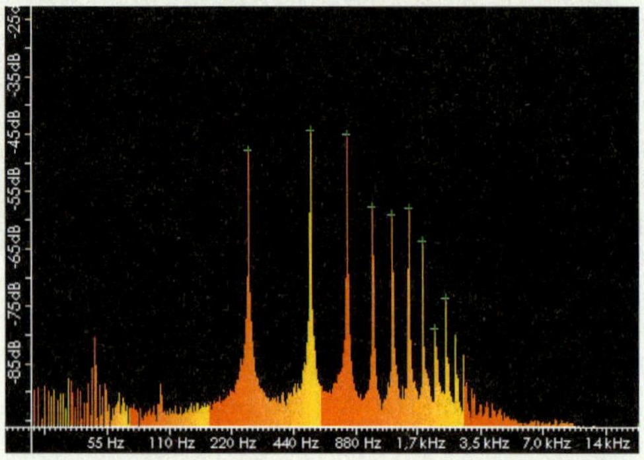

B1 Klangbild einer Flöte bei 264 Hz (c')

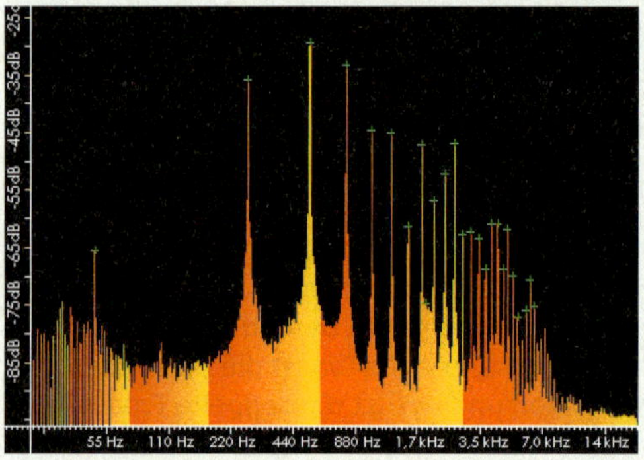

B2 Klangbild einer Geige bei 264 Hz (c')

Mit Computerprogrammen für Klanganalyse kann man einen Klang in seine Grund- und Oberschwingungen zerlegen. Filtert man nun einige Oberschwingungen heraus, kann der Klang gezielt verändert werden. Auf diese Weise kann auch störendes Rauschen entfernt werden. Das Verfahren der Klanganalyse kann man auch zur Stimmerkennung nutzen. Stimmerkennung kann zur Identifikation von Personen bei Zugangskontrollen genutzt werden. Sie funktioniert wie ein Fingerabdruck. Die Stimme zählt zu den biometrischen Erkennungsmerkmalen einer Person. Besonders gut lassen sich Klangunterschiede in **Sonogrammen** darstellen (→ **B3** und **B4**). Dabei wird der zeitliche Verlauf (waagerechte Achse) eines Klangs in seine Frequenzanteile zerlegt. Die jeweilige Lautstärke der Frequenzanteile wird farbcodiert dargestellt. Die Farbcodierung ist so eingerichtet, dass nur die Spitzen farblich hervortreten, Frequenzen mit sehr hoher Amplitude erscheinen rot, schwächere in Abstufungen gelb, grün und blau.

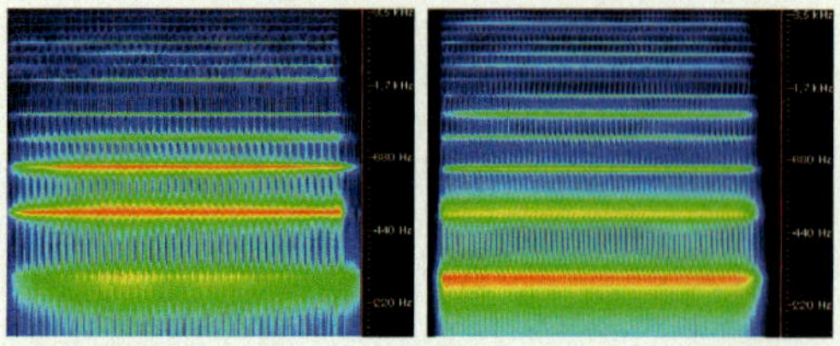

B3 Sonogramm einer Geige (links) und eines Saxofons (rechts) für den Ton c'.

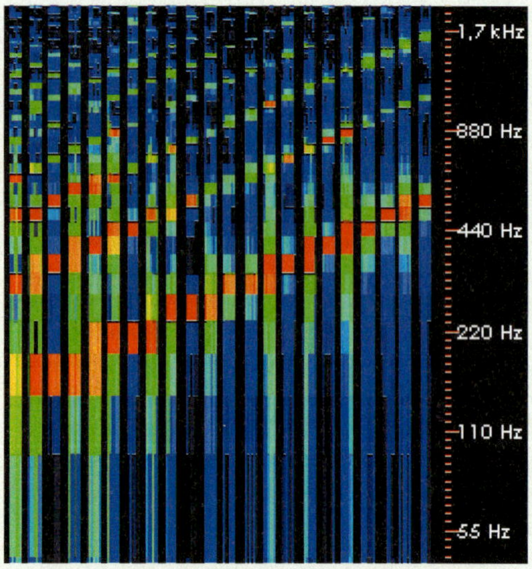

B4 Zeitlicher Verlauf eines Klangs im Sonogramm

Stimmenidentifikation

A1 Nehmt mit einem Mikrofon die Stimme eurer Klassenkameraden auf. Worauf muss man bei der Aufnahme achten?

A2 Analysiert die aufgenommenen Stimmmuster mit einem entsprechenden Computerprogramm und vergleicht die Klangbilder.

A3 Nehmt mit dem Mikrofon mehrmals dieselbe Person auf und vergleicht die Klangbilder.

A4 Beschreibt, wie man bei einer Stimmenidentifikation vorgehen müsste. Welche Probleme können auftreten?

Hologramme

Physik überall

Hologramme sind „eingefrorene“ Lichtwellen, die bei Beleuchtung ein echtes dreidimensionales Abbild des ursprünglichen Gegenstandes wiedergeben. 1948 beschrieb Dennis Gabor dieses Verfahren bereits theoretisch. Doch es sollte fünfzehn Jahre bis zur experimentellen Umsetzung dauern, da erst nach der Erfindung des Lasers (→**S. 85ff.**) geeignete Lichtquellen zur Verfügung standen.

Aufnahme eines herkömmlichen Fotos Bei einer Fotografie wird mittels einer lichtabhängigen chemischen Reaktion die Information über die Amplitude der Lichtwellen (die Helligkeit), die von einem Objekt zu uns gelangen, gespeichert.

Mit diesem Verfahren verliert man aber die Hälfte der zur Verfügung stehenden Information. Die Fotografie kann Informationen über die Phase einer Welle nicht speichern.

Hologramme Mittels eines recht einfachen technischen Kunstgriffs vermögen Hologramme sowohl Informationen über die Amplitude als auch die Phase des Lichts zu speichern, das von einem Objekt zu uns gelangt (die sogenannte **Objektwelle**). Man überlagert die Objektwelle mit einer zweiten Welle, der **Referenzwelle**. Dies führt zu einem zeitlich konstanten Interferenzmuster.

Dieses Interferenzmuster wird nun fotografiert (→**B3a**). Die Fotografie des Interferenzmusters hat nun die gesamte Information der Objektwelle gespeichert. Durchstrahlt man ein Hologramm erneut mit der Referenzwelle (→**B3b**), so entstehen an den Helligkeitsminima des Interferenzmusters Elementarwellen.

Diese Elementarwellen überlagern sich und bilden eine Welle, die identische Eigenschaften aufweist wie die ursprüngliche Objektwelle. Die rekonstruierte Objektwelle zeigt den Gegenstand räumlich und perspektivisch. Bei Änderung der Blickrichtung sieht man ein verändertes Interferenzmuster und damit ein anderes Bild! Bei Weißlicht-Hologrammen, die man auch ohne Laser betrachten kann (→**B2**), treffen Objekt- und Referenzwelle von zwei entgegengesetzten Seiten auf den Film. Jede Fotoschicht des Films wirkt wie ein einzelnes Hologramm.

Anwendungen Hologramme begegnen uns in der Werbung und in der Kunst. Bei Kreditkarten, Geldscheinen und Personalausweisen werden sie als Echtheitszertifikat eingesetzt. Hologramme können auch zur Speicherung von Daten eingesetzt werden. Dies wird zum Beispiel in der Archäologie eingesetzt. Die holografische Aufnahme von Fundstücken erlaubt die Arbeit an verschiedenen Orten gleichzeitig.

Science Fiction In Science-Fiction-Filmen sind oft sehr unrealistische Weiterentwicklungen von Hologrammen zu sehen. Hier werden holografische Bilder von Gegenständen oder Personen mit Lasern in die Luft projiziert. So kommunizieren z. B. in „Star Wars“ die Jedi-Ritter per holografischer Projektion über galaktische Entfernungen hinweg. Am weitesten geht wohl die Vision der Holografie bei der Serie „Star Trek“. Hier werden in sogenannten Holosuiten computergenerierte Hologramme mit Kraftfeldern kombiniert. Dadurch entsteht die Illusion greifbarer Gegenstände und realer Personen.

B1 Hologrammauschnitt

B2 Weißlicht-Hologramm auf Geldschein

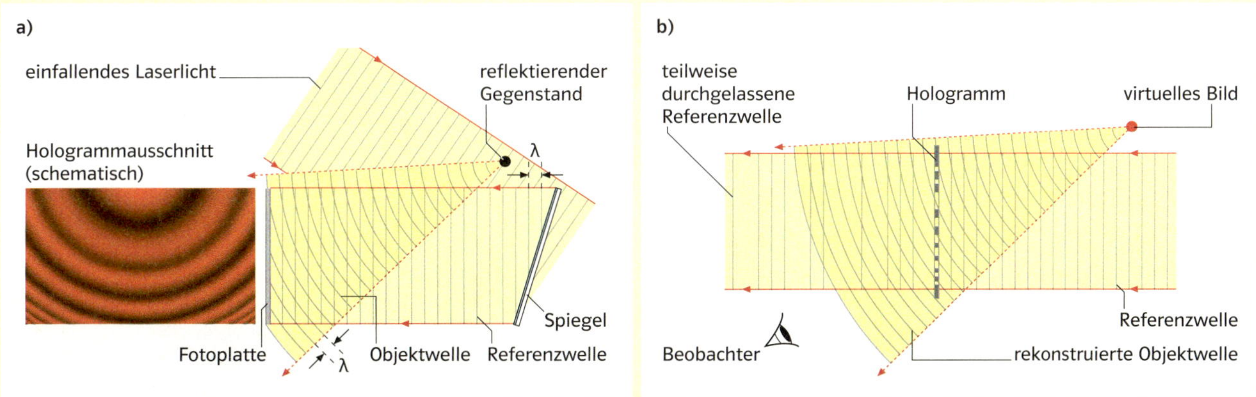

B3 Aufnahme eines Hologramms (a); Wiedergabe eines Hologramms (b)

Physik überall

Elektromagnetische Wellen im Alltag

B1 GPS-Satellit

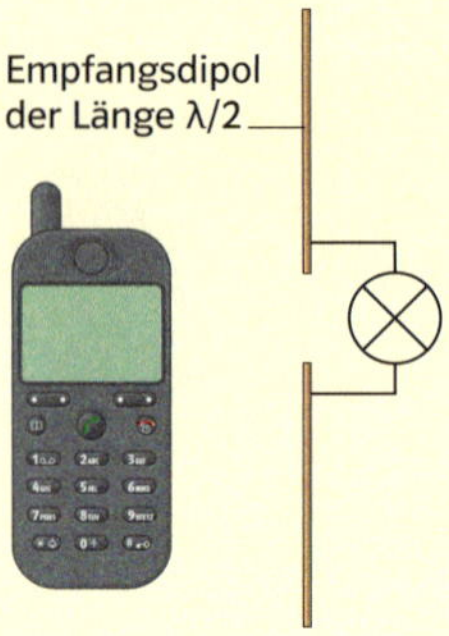

B2 Handy und Empfangsantenne

Kommunikation und Orientierung Immer und praktisch überall weltweit telefonieren können, spannende Sportereignisse zuhause in Echtzeit mitverfolgen, problemlos sich in fremden Städten zurecht zu finden — ohne die Nutzung elektromagnetischer Wellen mit ausgefeilter Technik wäre dies unmöglich.

Über 2 Milliarden Menschen nutzen das Handy, viele Hundert Millionen genießen Live-Übertragungen in Radio und Fernsehen und die Satelliten-Navigation GPS (**G**lobal **P**ositioning **S**ystem, → **B1**) wird nicht mehr nur von Militärs, Weltumseglern und Polarforschern genutzt, sie hilft auch Familien beim Sonntagsausflug. Die vom Handy abgestrahlte Energie kann mit einem empfindlichen Lämpchen (1,5 V/12 mA) sichtbar gemacht werden, das in der Mitte eines etwa 12 cm langen, unterbrochenen Drahtes angebracht ist (→ **B2**). Das Lämpchen leuchtet in der Nähe des Handys auf, wenn das Gerät sendet.

Radar (**Ra**dio **D**etecting **a**nd **R**anging) Die Positionsbestimmung mittels elektromagnetischer Wellen mit Frequenzen um 10^8 Hz nutzt die Reflexion der Wellen durch Gegenstände. Aus der gemessenen Laufzeit für den Hin- und Rückweg und der bekannten Ausbreitungsgeschwindigkeit kann die Entfernung vom Sender ermittelt werden. Eine rotierende Antenne sendet kurze Impulse aus und empfängt die Reflexionen wieder, allerdings stark abgeschwächt. Diese Signale werden auf einem Bildschirm mit unterlegter Karte dargestellt. Der Ort der reflektierenden Objekte und ihre Bewegung kann so sichtbar gemacht werden, z. B. bei Geschwindigkeitskontrollen oder bei der Überwachung des Flugverkehrs (→ **B3**). Wegen des unterschiedlichen Reflexionsvermögens verschiedener Materialoberflächen können die vom Radarstrahl erfassten Objekte auch identifiziert werden.

B3 Radarantenne (a); Radarmonitor (b)

Mikrowellenherd Beim Mikrowellenherd wird die durch die Welle transportierte Energie genutzt. Ein sog. Magnetron erzeugt durch schnelle Schwingungen von freien Elektronen in einer Vakuumröhre Mikrowellen der Frequenz 2,54 GHz, die gebündelt durch eine Röhre zum Gargut geleitet werden.

Rotierende Reflektoren verteilen die Wellen im Garraum. Direkt oder über Reflexionen an den Innenseiten des Herdes wird das Gargut erwärmt (→ **B4**). Voraussetzung für eine schnelle Erwärmung sind Dipolmoleküle, wie zum Beispiel Wasser, oder Ionen, die durch das hochfrequente elektrische Feld der Welle zum Mitschwingen angeregt werden. Dadurch erhöht sich die innere Energie wasserhaltiger Objekte. In Gefäßen aus Porzellan, Kunststoff und Glas sind keine Dipole vorhanden, die die Energie der Wellen absorbieren.

B4 Aufbau eines Mikrowellenherdes

In einem besonders präparierten Mikrowellenherd kann man z. B. stehende Wellen erzeugen und mittels Marshmallows nachweisen. An den Orten der Wellenbäuche dehnen sie sich aus, weil sich das Wasser in den Poren der Marshmallows erwärmt, an den Wellenknoten nicht (→ **B5**).

B5 Marshmallows zeigen stehende Wellen

Das Spektrum elektromagnetischer Wellen

Physik überall

Betrachtet man das durch ein Prisma erzeugte Farbspektrum einer Bogenlampe auf sehr weißem, glatten Papier, dann erkennt man auch noch neben dem blau-violetten Bereich hellblaues Leuchten. Weißes Papier, Textilien, sogar Zahnpasta enthalten Stoffe, die das für uns unsichtbare, ultraviolette Licht (UV) in blaues Licht umwandeln. In der Disco ergibt dies durch Schwarzlicht-Lampen (UV-Strahler!) eindrucksvolle Effekte. Misst man die von der Lampe in kleinen Wellenlängenbereichen abgestrahlte Energie mit dem Strahlungsmessgerät, stellt man auch außerhalb des roten Bereichs Strahlungsenergie fest (→ **B1**). Hier handelt es sich um infrarote Strahlung (IR).

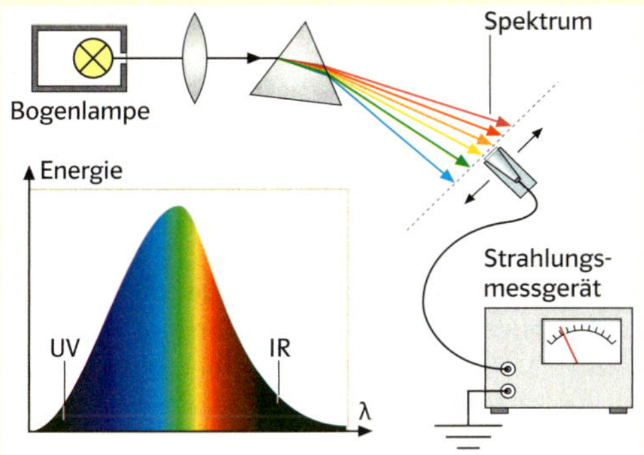

B1 Energiemessung im Spektrum

Sowohl sichtbares Licht als auch UV- und IR-Strahlung entstehen im 4000 K heißen Lichtbogen der Lampe. Dabei wird innere Energie in Strahlungsenergie umgewandelt. Auch andersartig erzeugte Strahlung wie Radiowellen oder Röntgenstrahlung zeigt in Experimenten die gleichen Eigenschaften wie Licht. Es sind Querwellen, die sich mit Lichtgeschwindigkeit im Vakuum ausbreiten, sogenannte elektromagnetische Wellen. **B2** zeigt den erforschten Bereich dieser Strahlung, ihr Wellenlängen- bzw. Frequenzbereich erstreckt sich über 20 Zehnerpotenzen! Radio- und Mikrowellen werden durch elektromagnetische Schwingungen in Stromkreisen erzeugt und über Antennen abgestrahlt und empfangen. Werden geladene Teilchen, z. B. Elektronen, in elektrischen und magnetischen Feldern beschleunigt, strahlen sie elektromagnetische Wellen ab, sogenannte Synchrotron-Strahlung. Durch die Abbremsung schneller Elektronen an Metallen entsteht Röntgenstrahlung und durch Energieabgabe beim radioaktiven Zerfall γ-Strahlung.

Bereich	Bezeichnung	Frequenz in Hz = 1/s	Wellenlänge in m	Erzeugung (Herkunft)
Radiowellen		$3 \cdot 10^{3}$	10^{5}	
	Langwellen (LW)	$3 \cdot 10^{4}$	10^{4}	
		$3 \cdot 10^{5}$	10^{3}	**Synchrotron-Strahlung**
	Mittelwellen (MW)	$3 \cdot 10^{6}$	10^{2}	beschleunigte, geladene Teilchen in Feldern
	Kurzwellen (KW)	$3 \cdot 10^{7}$	10^{1}	Mobilfunk, Radiosender
	Ultrakurzwellen (UKW)	$3 \cdot 10^{8}$	1	
Mikrowellen	Dezimeterwellen (Radar)	$3 \cdot 10^{9}$	10^{-1}	**Elektrischer Schwingkreis**
	Zentimeterwellen	$3 \cdot 10^{10}$	10^{-2}	
	Mikrowellen	$3 \cdot 10^{11}$	10^{-3}	Mikrowellenofen
Lichtartige Strahlung	fernes Infrarot	$3 \cdot 10^{12}$	10^{-4}	Weltall ($T \approx 2{,}7$ K); Herdplatte; **Wärmestrahlung**
	nahes Infrarot	$3 \cdot 10^{13}$	10^{-5}	
		$3 \cdot 10^{14}$	10^{-6}	Sonne ($T \approx 6000$ K)
	sichtbares Licht			
	Ultraviolett	$3 \cdot 10^{15}$	10^{-7}	Weiße Zwerge ($T \approx 27000$ K)
		$3 \cdot 10^{16}$	10^{-8}	
Röntgenstrahlung	weiche Röntgenstrahlung	$3 \cdot 10^{17}$	10^{-9}	Röntgenröhren Bremsstrahlung
	harte Röntgenstrahlung	$3 \cdot 10^{18}$	10^{-10}	
		$3 \cdot 10^{19}$	10^{-11}	**Strahlung bei Kernreaktionen**; Kernzerfall
Kosmische Strahlung	γ-Strahlung	$3 \cdot 10^{20}$	10^{-12}	Erzeugung und Vernichtung von Elementarteilchen
	Höhenstrahlung	$3 \cdot 10^{21}$	10^{-13}	Zerstrahlung von Materie in Sternen
		$3 \cdot 10^{22}$	10^{-14}	
		$3 \cdot 10^{23}$	10^{-15}	

B2 Bereiche elektromagnetischer Wellen im Spektrum

Physik überall

Spukhafte Fernwirkung (1)

Unschärferelation von Werner Heisenberg
Das Phänomen der Beugung von Elektronen (→ S.79) zwingt uns dazu, das Konzept von zwei gleichzeitig beliebig genau messbaren Größen (etwa Ort und Impuls) aufzugeben.

Quantenobjekte besitzen also Eigenschaften (z. B. Ort und Impuls), die unter keinen Umständen gleichzeitig beliebig genau gemessen werden können!

B1 Beamen in „Raumschiff Enterprise"

Verschränkung Verschränkte „Teilchen" sind Quantenobjekte, die unter allen Umständen identische (oder genau entgegengesetzte) Eigenschaften besitzen. Anschaulich kann man sich ein solches Quantenobjekt wie eineiige Zwillinge (→ **B2**) vorstellen. Kennt man die Eigenschaften eines Zwillings, kennt man damit auch die Eigenschaften des zweiten Zwillings. Nach Einsteins Vorstellung ließe sich über verschränkte Teilchen die Unschärferelation überlisten: Man misst an Teilchen 1 die eine, an Teilchen 2 die andere Größe. Weil jeweils nur eine Größe gemessen wird, kann man das mit beliebiger Genauigkeit durchführen. Man hätte dann aber für beide Teilchen die volle Information.

Entsprechende reale Experimente zeigen jedoch: die Unschärferelation lässt sich nicht überlisten. Im Moment der Ortsmessung an Teilchen 1 wird auch das verschränkte zweite Teilchen beeinflusst. Eine anschließende Impulsmessung an Teilchen 2 ist stets ungenau! Einstein sprach von **„spukhafter Fernwirkung"**, denn eine Informationsübermittlung zwischen beiden Teilchen hätte mit Überlichtgeschwindigkeit erfolgen müssen. Dies steht vereinfacht betrachtet im Widerspruch zu zentralen Erkenntnissen der Relativitätstheorie. Verschränkte Quantenobjekte bilden jedoch als Paar ein neues Quantenobjekt. Manipulationen an einem Teilchen wirken sich daher ohne Verzögerung auf das andere Teilchen aus.

Quantenteleportation Das „Beamen" wurde durch die Fernsehserie „Star Trek" berühmt: Captain Kirk und seine Mannschaft lösen sich auf der Enterprise auf und erscheinen in diesem Moment wieder an ihrem Zielort. Auf diese Weise können Objekte oder Personen ohne Zeitverlust von einem Ort zum anderen „teleportiert" werden (→ **B1**).

Wie könnte das Beamen ablaufen? Da der Transport ohne Zeitverlust erfolgt, müsste sich der gebeamte Gegenstand mit unendlich großer Geschwindigkeit bewegen. Dies verbietet die Relativitätstheorie. Stattdessen muss die vollständige Information über seine gesamten Bestandteile übertragen werden.

Dies wäre die Angabe von Ort und Impuls aller Teilchen, aus denen der Gegenstand besteht. In der Praxis ist es schwierig, diese Information für einen realen Gegenstand zu ermitteln,

B2 Eineiige Zwillinge

der typischerweise aus mehr als 10^{27} Teilchen besteht. Es gibt aber noch ein viel grundlegenderes Problem. Aufgrund der Unschärferelation ist es absolut unmöglich, alle nötigen Informationen exakt zu erhalten.

Die Star-Trek-Autoren lösten dieses Problem auf kreative Art und Weise: Die Enterprise erhielt „Heisenberg-Kompensatoren", die die Unschärferelation außer Kraft setzten. Als man den technischen Berater von Star Trek danach fragte, wie Heisenberg-Kompensatoren funktionieren, antwortete er nur: „Sehr gut, danke".

Wissenschaftler können sich leider nicht dieses Tricks bedienen. Die Quantenmechanik lässt jedoch für das „Beamen" eine Hintertüre offen, die **Quantenteleportation**. Bei der Quantenteleportation, die von Anton Zeilinger 1997 erstmals mit Photonen durchgeführt wurde, werden Informationen ohne Zeitverzögerung durch miteinander verschränkte Quantenobjekte übertragen.

Ein Teilchen X soll zum beliebig weit entfernten Ort B teleportiert werden, d. h., ein Teilchen mit bestimmten Eigenschaften soll bei A verschwinden und ein Teilchen mit identischen Eigenschaften soll bei B wieder auftauchen. Man sagt, das Teilchen wird „von Alice zu Bob" teleportiert. Dazu benötigt man drei Teilchen, zwei verschränkte Teilchen A und B (der **Quantenkanal**) und das Originalteilchen X, das teleportiert werden soll. Alice erhält das Teilchen A, Bob das Teilchen B (→ **B3**).

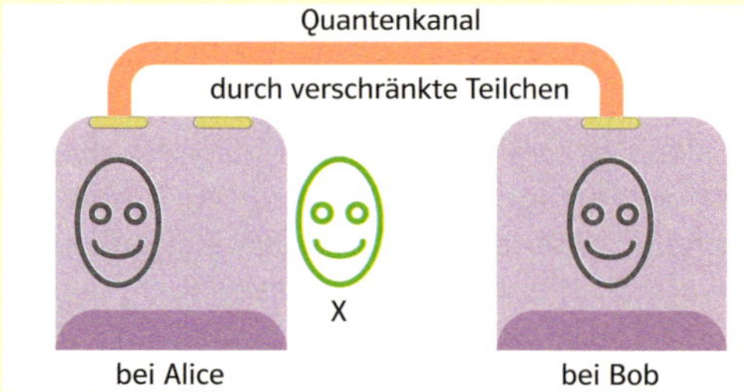

B3 Erzeugung des Quantenkanals

Spukhafte Fernwirkung (2)

Alice verschränkt nun in einem zweiten Schritt Teilchen A und X. Die Eigenschaften von X werden dabei auf Teilchen A und durch den Quantenkanal damit auch auf Bobs Teilchen B übertragen. Allerdings können bei der Verschränkung vier verschiedene Resultate auftreten, da verschränkte Teilchen identische oder entgegengesetzte Eigenschaften haben können (→**B1**). Bobs Teilchen wird demnach verschiedene Zustände annehmen können.

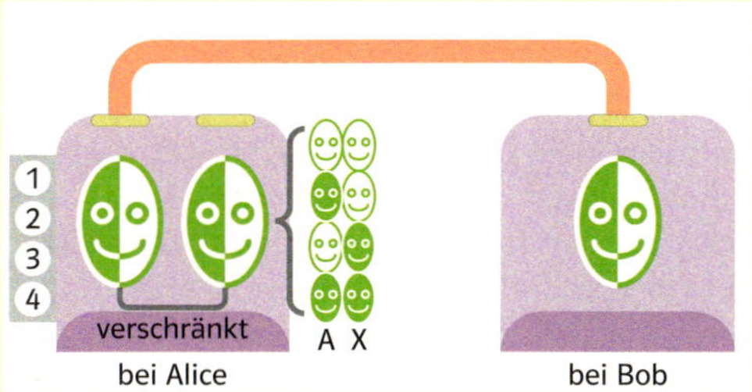

B1 Verschränkung von X und A

Alice sendet nun Bob über einen klassischen Informationskanal (z. B. Telefon), welcher der vier möglichen Zustände sich tatsächlich bei A und X ergeben hat (→**B2**).

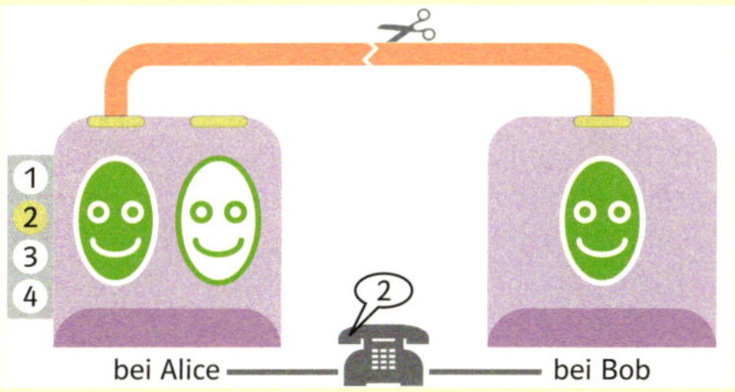

B2 Teleportation

Damit kann Bob sein Teilchen B so manipulieren, dass es den Zustand hat, den das Original X ursprünglich hatte (→**B3**). Mit Quantenkanal und klassischem Informationskanal kann man somit die Eigenschaften des Originals übermitteln, ohne sie einzeln bestimmen zu müssen.

B3 Abgeschlossene Teleportation

Quantenbits und Quantencomputer Basierend auf dem Konzept der Quantenteleportation lassen sich unter anderem auch komplett neuartige Computer, sogenannte **Quantencomputer**, konstruieren. Diese Computer arbeiten mit **Quantenbits** (Qubits). Das Qubit spielt dabei die analoge Rolle zum klassischen Bit bei herkömmlichen Computern: Es dient als kleinstmögliche Speichereinheit.

Ein Qubit ist ein beliebig manipulierbares Quantenobjekt, das bei einer Messung nur zwei unterscheidbare Ergebnisse liefert, beispielsweise bei Photonen vertikale und horizontale Polarisation (→**B5** bis **B7**). Da es sich um ein Quantenobjekt handelt, kann es auch in einer beliebigen Überlagerung dieser Polarisationen vorkommen, etwa als diagonal polarisiertes Licht. Qubits können dadurch mehr Information tragen als klassische Bits (→**B4**). Über mehrfache Verschränkung von Quantenobjekten kann mit diesen Qubits gerechnet werden. Die Verarbeitung der in den Qubits enthaltenen Information im Computer kann parallel erfolgen und ist daher sehr schnell.

Nicht unterschlagen werden sollte jedoch, dass es noch einige Probleme bei der praktischen Verwirklichung von Computern auf Qubit-Basis gibt. So ist das Auslesen der Information problembehaftet. Auch die Wechselwirkung der Qubits mit ihrer Umgebung stellt ein großes Problem dar. Qubits können unbeabsichtigt durch das Auslesen anderer Qubits verändert werden. Temperatureinflüsse können Qubits ebenfalls verfälschen. Daher werden zukünftige Quantencomputer vermutlich nur bei sehr niedrigen Temperaturen arbeiten können.

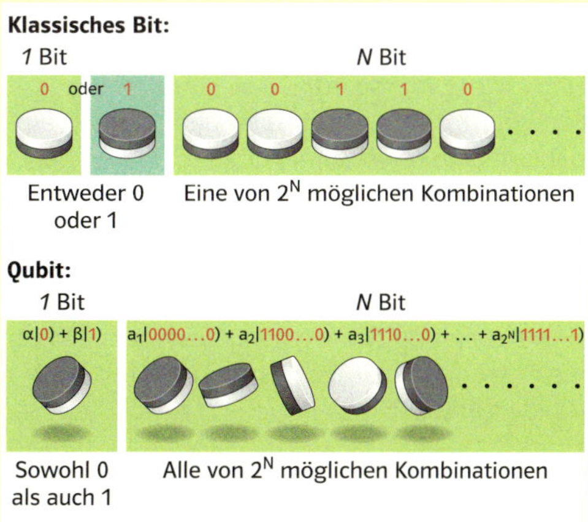

B4 Klassische Bits und Qubits

Physik überall

Polarisation

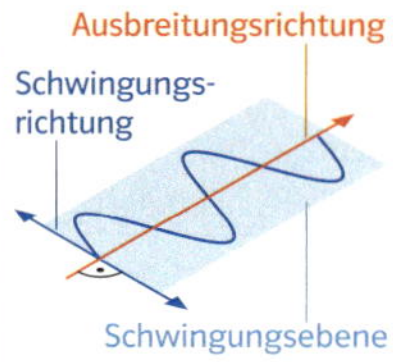

B5 Polarisation ist eine Eigenschaft von Photonen. Jedes dieser Photonen ist im Wellenmodell durch eine bestimmte Schwingungsebene charakterisiert.

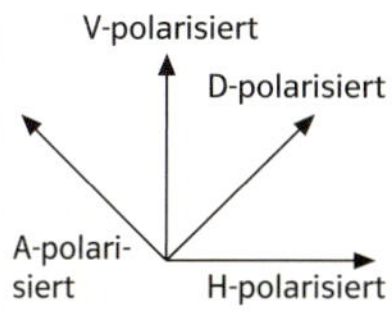

B6 Diese Schwingungsebenen (Polarisationsrichtungen) können vertikal, horizontal, diagonal und anti-diagonal ausgerichtet sein.

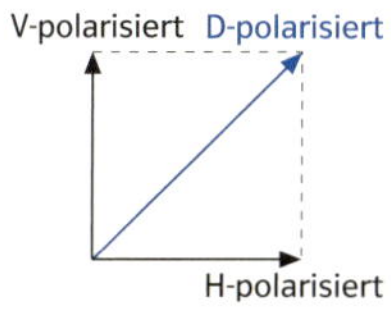

B7 Diagonal polarisiertes Licht lässt sich als Überlagerung von vertikal polarisiertem Licht und horizontal polarisiertem Licht beschreiben.

Physik überall

Quantenkryptografie – Absolut sichere Geheimnisse

B3 Verschlüsselung einer Nachricht

B4 Entschlüsselung einer Nachricht

diagonales Detektorschema

rektilineares Detektorschema

B5 Bobs Detektoren

Schon seit Jahrhunderten tobt ein weitgehend von der Öffentlichkeit unbeachteter Kampf um die Verschlüsselung von Informationen (**Kryptografie**) und deren Entschlüsselung (**Kryptoanalyse**). Im Augenblick liegt der Vorteil auf der Seite der Kryptografen: Das zur Zeit fortschrittlichste Verschlüsselungsverfahren RSA, das auf der Primfaktorzerlegung sehr großer Zahlen beruht, kann nach aktuellem Stand der Computertechnik nicht geknackt werden. Und zwar aus rein praktischen Gründen: Der Zeitaufwand, eine einzige Nachricht zu entschlüsseln, beliefe sich auf mehrere Jahrzehnte, wenn man weltweit alle Rechnerresourcen verwenden würde.

Doch durch die Entwicklung sehr leistungsfähiger Quantencomputer (→ **S. 113**), könnte man eine mittels RSA codierte Nachricht innerhalb weniger Minuten entschlüsseln. Ein absolut sicheres Verschlüsselungsverfahren wird nun benötigt. Dazu bietet sich die seit 1918 bekannte Vernam-Chiffre an (→ **B1**). Sie funktioniert wie folgt: Es wird ein binärer Zufallsschlüssel erstellt, der ein einziges Mal verwendet werden darf (**one-time pad**). Nur Sender (Alice) und Empfänger (Bob) besitzen diesen Schlüssel, der genauso lang sein muss wie der Klartext. Dann wird der Klartext in einen Binärcode übersetzt. Alice addiert nun den Zufallsschlüssel zum binären Klartext und übermittelt das Ergebnis. Bob kann mittels des Schlüssels den Originaltext wieder erlangen.

Klartext	P	H	Y	S	I	K
Ascii-Code	80	72	89	83	73	75
Binär	1010000	1001000	1011001	1010011	1001001	1001011
Zufallszahl	1100100	0011010	0100010	0111001	1100001	0010010
Addition	0110100	1010010	1111011	1101010	0101000	1011001
Ascii-Code	52	82	123	106	40	89
Geheimtext	4	R	{	j	(	Y

B1 Vernam-Chiffre

Für Dritte (Eve, von engl. eavesdropping = Lauschen), die den Text abfangen, handelt es sich um eine reine Zufallsfolge ohne den geringsten Informationsgehalt. Dieses absolut sichere Verfahren wird in der Praxis kaum angewendet. Es würde einen enormen Aufwand bedeuten, die nötige Anzahl von Schlüsseln zu erstellen und zu verteilen. Außerdem besteht die Gefahr, dass ein Schlüssel in die falschen Hände gerät.

Für dieses Problem stellt die Quantenkryptografie eine Lösung bereit. Sie erlaubt die Erzeugung und abhörsichere Übermittlung eines beliebig langen Zufallsschlüssels auf relativ einfache Art und Weise. Dazu benötigt man polarisierte Photonen (→ **S. 113**). Es wird folgende Vereinbarung getroffen: Photonen mit senkrechter oder diagonaler Polarisation stehen für eine Eins, Photonen mit waagerechter oder antidiagonaler Polarisation stehen für eine Null. Alice sendet eine zufällige Folge von polarisierten Photonen an Bob. Bob muss nun herausfinden, ob die Photonen in waagrechter, senkrechter, diagonaler oder antidiagonaler Polarisation vorliegen. Dazu besitzt er zwei verschiedene Detektoren (→ **B5**).

Der diagonale Detektor eignet sich zur Unterscheidung von diagonal und antidiagonal polarisiertem Licht, der rektilineare Detektor zur Unterscheidung von senkrecht und waagerecht polarisiertem Licht. Wird für ein Photon der falsche Detektor verwendet, gibt es ein zufälliges Messergebnis. Es ist im Folgenden unbrauchbar. Da Bob nicht weiß, welche Art von Photonen ihm Alice übermittelt, misst er zufällig mal mit dem einen und mal mit dem anderen Detektor. In etwa 50 % der Fälle verwendet er dabei zufällig den passenden Detektor. Im Anschluss zu dieser Messung teilt Alice Bob über einen offenen Kanal mit, welchen Detektor er jeweils hätte verwenden müssen, ohne jedoch dabei das Messergebnis preiszugeben. Die unbrauchbaren Messergebnisse werden verworfen, der Rest bildet den binären Zufallsschlüssel, der nur Bob und Alice bekannt ist (→ **B2**).

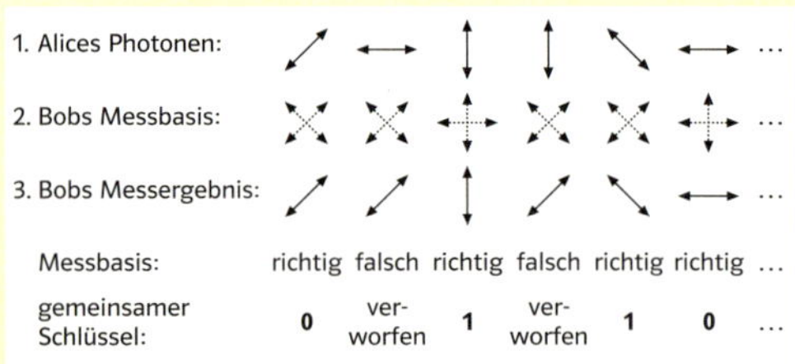

B2 Zufallsfolge von Alice und Bob

Dieses Verfahren ist absolut abhörsicher. Sollte Eve das Photon von Alice abfangen, muss sie, um an die Information zu gelangen, eine Messung durchführen. Dies führt nach den Gesetzen der Quantenmechanik zwangsläufig dazu, dass Eve das Photon durch die Messung verändert. Bob wird nun teilweise falsche Messwerte erhalten. Wenn nun Alice und Bob einen Teil ihres Zufallsschlüssels vergleichen, werden sie dies bemerken und Eve ist „aufgeflogen".

Physik überall

Quantenträumerei eines Diebs

Ein Juwelendieb erfährt, dass äußerst wertvolle Diamanten im Tresor einer Großbank liegen, allerdings aus Sicherheitsgründen mit gleich aussehenden wertlosen Glassteinen zusammen. Nur der Besitzer weiß, wo die echten Steine liegen. Für andere sind die Diamanten nur mit Hilfe von Lichtstrahlen einer bestimmten Wellenlänge zu identifizieren, die sie absorbieren, während falsche Steine dieses Licht reflektieren. Allerdings trübt die Lichtabsorption die Edelsteine und macht sie wertlos, sodass sich ihr Diebstahl nicht lohnt. Zum Glück gibt es Quantenphysiker, die unserem Dieb ein handliches Gerät bauen, mit dem er zumindest einige der echten Steine identifizieren kann, ohne sie tatsächlich zu bestrahlen. Es handelt sich um ein „**Mach-Zehnder-Interferometer**" aus einer Photonenquelle Q, zwei halbdurchlässigen Spiegeln H_1 und H_2, zwei Vollspiegeln S_1, S_2 und zwei Photonendetektoren D_1 und D_2. Die Quelle Q sendet nacheinander einzelne Photonen aus. Diese gelangen wegen H_1 auf S_1 oder S_2, von dort nach H_2 und dann entweder in D_1 oder nach D_2 (→**B1**). Im Wellenbild wird die Lichtwelle durch H_1 in zwei Anteile aufgespalten, die in H_2 wieder vereinigt werden. Durch die Reflexion an den Spiegeln ergeben sich die Wege für die beiden Anteile genau so, dass am zweiten halbdurchlässigen Spiegel Interferenz auftritt: nur in D_1 wird Licht registriert, für den Weg nach D_2 löscht sich die Welle aus (→**B1**). Verdeckt man den Spiegel S_2 (→**B2**), ist keine Interferenz mehr möglich und D_1 und D_2 registrieren abwechselnd Photonen. Allerdings wird durchschnittlich nur jedes zweite Photon registriert, das von Q emittiert wird, das andere wird ja von der Abdeckung absorbiert. Ersetzt man S_2 durch einen Diamanten, gibt es zwei Möglichkeiten: Wenn es sich um einen falschen handelt, der sich wie ein Spiegel verhält, tritt Interferenz auf und nur D_1 spricht an (→**B3**). Befindet sich ein echter Stein an der Stelle von S_2, ist keine Interferenz mehr möglich (analog zu **B2**). Durchschnittlich wird nun jedes zweite Mal D_2 ansprechen und man muss den Diamanten schnell wegnehmen (→**B4**). Spricht D_1 an, kann man nicht entscheiden, ob es sich um einen echten oder falschen handelt. So wird nur jeder zweite echte Diamant identifiziert. Allerdings nimmt die Hälfte der von Q emittierten Photonen den Weg über S_2 bzw. die Edelsteine und macht diese wertlos. Insgesamt wird also nur bei jedem vierten echten Stein – statistisch betrachtet – D_2 ansprechen, zwei der Diamanten werden getrübt, einer wird nicht erkannt. Eine Ausbeute von 25 % reicht dem Räuber völlig! (Tatsächlich ist es in der seltsamen Welt der Quantenobjekte möglich, ohne Wechselwirkung mit einem Objekt etwas über es zu erfahren. Dies widerspricht unserer Vernunft.)

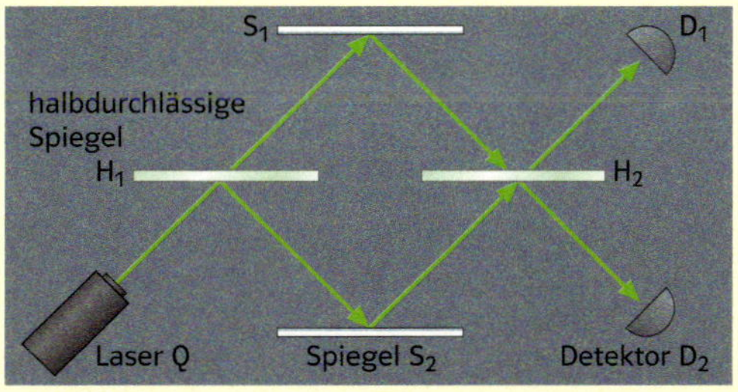

B1 Zwei ununterscheidbare Wege sind möglich: Interferenz.

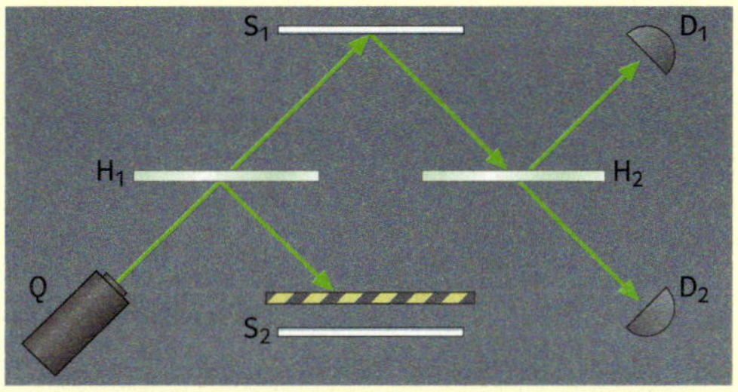

B2 Nur der Weg über S1 ist frei: Keine Interferenz.

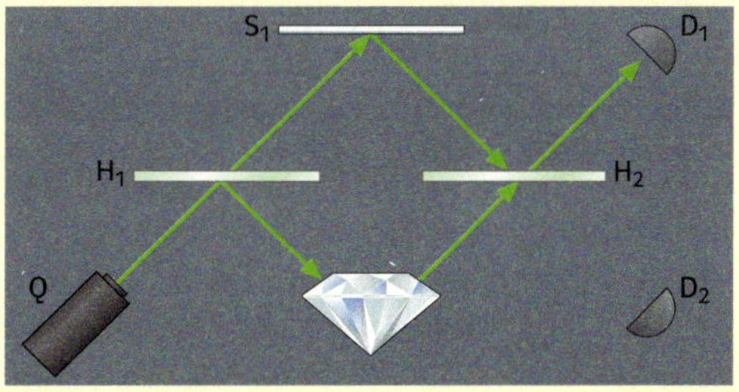

B3 Der falsche Diamant spiegelt: Jedes Photon interferiert.

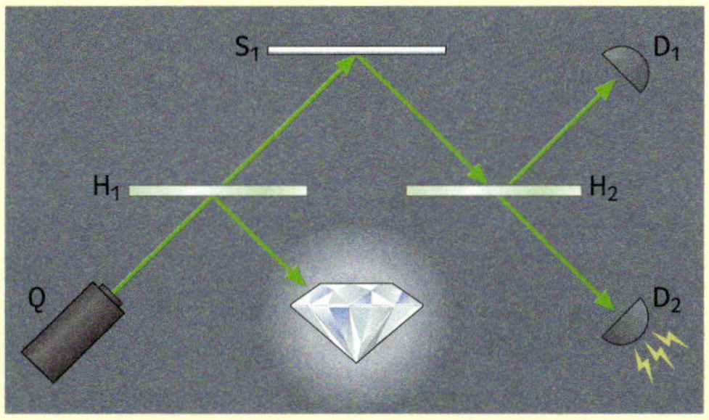

B4 Die Hälfte der Photonen nimmt den Weg: Interferenz, der Diamant wird erkannt.

Physik überall

Quanten schließen sich bei tiefen Temperaturen zusammen

Supraleitung Bei Temperaturen nahe dem absoluten Temperaturnullpunkt tritt bei fast allen Metallen und auch einigen anderen Materialien Supraleitung auf. Im supraleitenden Zustand verliert das Material seinen elektrischen Widerstand. Elektrische Ströme können ohne elektrische Spannung aufrecht erhalten werden. Mit der Supraleitung geht der Meißner-Ochsenfeld-Effekt einher: Magnetfelder werden aus dem Leiter verdrängt. Daher schweben Supraleiter in einem Magnetfeld (→ **B1**).

Anwendung findet dieses Phänomen z. B. in der **Magnetresonanztomografie**. Dies ist ein bildgebendes Verfahren zur Darstellung von Strukturen im Inneren des Körpers. Mit einer Magnetresonanztomografie kann man Schnittbilder des menschlichen Körpers erzeugen, die oft eine hervorragende Beurteilung der Organe und vieler Organveränderungen erlauben. Die Magnetresonanztomografie nutzt die Wechselwirkung magnetischer Felder mit dem menschlichen Gewebe zur Bildgebung (→ **B2**). Dafür werden äußerst starke Magnetfelder benötigt, für deren Erzeugung meist Supraleiter verwendet werden. Die Supraleitung wird durch die Verschränkung von Elektronen verursacht. Dabei bildet sich ein **makroskopischer Quantenzustand** aus. Normalerweise lassen sich quantenmechanische Effekte an Objekten alltäglicher Größe nicht wahrnehmen. Bei einem makroskopischen Quantenzustand ist dies anders.

Suprafluidität Eine suprafluide Flüssigkeit weist keine innere Reibung auf. Suprafluide Flüssigkeiten können daher am Rand eines offenen Behälters empor und aus ihm heraus kriechen (Onnes-Effekt, → **B4**). Helium und Lithium sind die einzigen elementaren Stoffe, bei denen dieses Phänomen bisher beobachtet wurde. Sie gehen in den suprafluiden Zustand über, wenn ihre Temperatur einen kritischen Wert unterschreitet. Bei Helium liegt diese Temperatur bei etwa 2 K. Suprafluidität tritt auf, wenn die Flüssigkeit eine Bose-Einstein-Kondensation durchläuft. Bose-Einstein-Kondensate entstehen durch Verschränkung mehrerer Atome zu einem einzigen Quantenobjekt. Alle Atome des Bose-Einstein-Kondensats besitzen identische Eigenschaften (→ **B3**). Dabei bildet sich ähnlich wie bei der Supraleitung ein makroskopischer Quantenzustand.

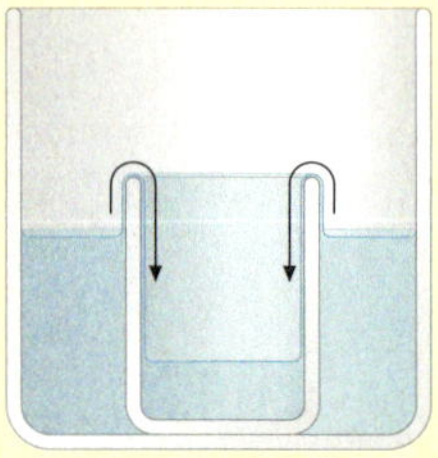
B4 Suprafluides Helium kriecht über Hindernisse.

B1 Meißner-Ochsenfeld-Effekt

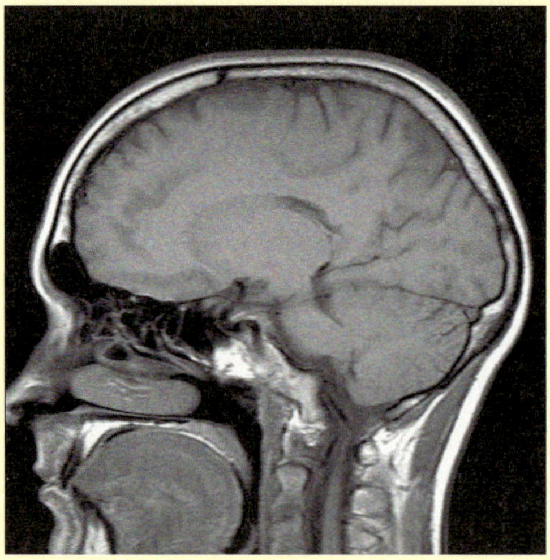
B2 Magnetresonanztomografische Aufnahme des menschlichen Schädels

B3 Bose-Einstein-Kondensat

Kompendium Grundwissen

Ph 10.1 Astronomische Weltbilder

Das geozentrische Weltbild **Aristoteles** (384 – 322 v. Chr.): Universum ist durch konzentrische Kugelschalen, die Sphären, unterteilt, deren äußerste die Fixsterne beherbergt (→ **B1**). **Ptolemäus** von Alexandria (85 – 160 n. Chr.): Anpassung des Modells an die Beobachtung durch Hilfskreise (Epizykeln).

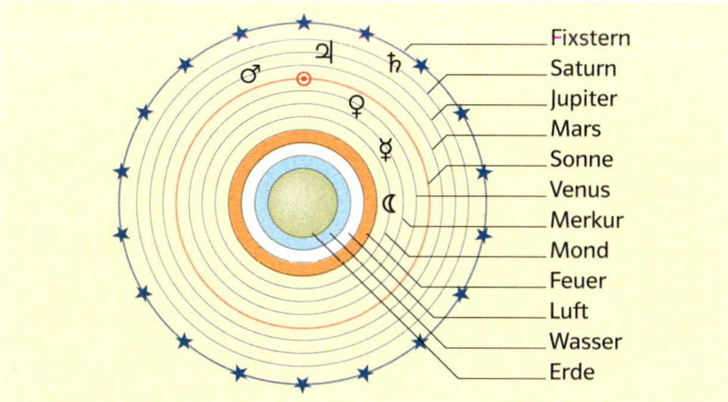

B1 Sphärenmodell des Aristoteles

Das heliozentrische Weltbild **Aristarch** von Samos (ca. 320 – 250 v. Chr.): Seine Annahme, die Sonne ruht und die Erde bewegt sich, gerät 1800 Jahre in Vergessenheit.

Nikolaus Kopernikus (1473 – 1543): „De revolutionibus orbium coelestium" (Über die himmlischen Kreisbewegungen, 1543): Heliozentrische Vorstellung erklärt die Planetenschleifen einfacher als das ptolemäische System. Weltmodell mit Erde ohne Sonderstellung im Kosmos, **kopernikanische Wende**.

Das Weltbild der Neuzeit **Galileo Galilei** (1564 – 1642) festigte das heliozentrische Weltbild mit dem 1608 erfundenen Fernrohr: Mondkrater, Sonnenflecken, Jupitermonde, Venusphasen. Erde nur ein Weltraumkörper unter vielen. Galileis Veröffentlichungen in der Volkssprache Italienisch. 1633 Inquisitionsprozess mit Hausarrest.

Johannes Kepler (1571 – 1630) kann mit Tycho Brahes Messungen der Marsbewegung das kopernikanische System erst bestätigen, nachdem er das Modell der gleichförmigen Kreisbewegungen aufgibt und Ellipsenbahnen einführt. Drei **Kepler'sche Gesetze** (→ **B2**):

- **1. Kepler'sches Gesetz: Die Bahnen der Planeten sind Ellipsen. Die Sonne steht in einem der zwei Brennpunkte.**

- **2. Kepler'sches Gesetz: Die Verbindungsstrecke von der Sonne zum Planeten überstreicht in gleichen Zeitspannen Flächen mit gleichem Flächeninhalt.**

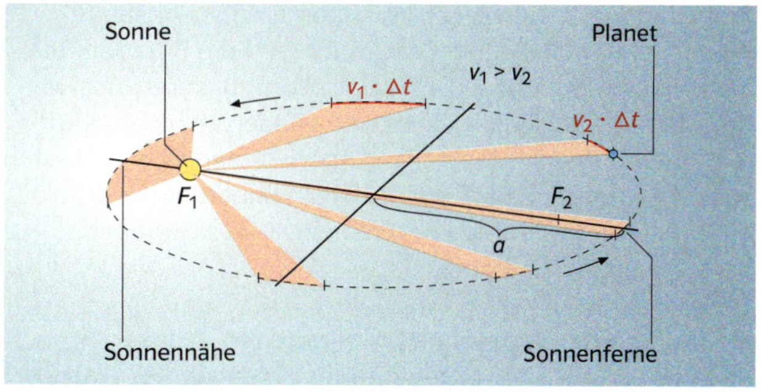

B2 Das 2. Kepler'sche Gesetz

- **3. Kepler'sches Gesetz: Die Quadrate der Umlaufzeiten zweier Planeten verhalten sich wie die dritten Potenzen der großen Halbachsen der Planetenbahnen.**

Einige Zeit später konnte der englische Physiker **Isaac Newton** (1643 – 1727) die Kepler'schen Gesetze durch die Gravitationstheorie erklären. Sie geht davon aus, dass sich alle Körper, egal ob irdische oder Himmelskörper, aufgrund ihrer Masse gegenseitig anziehen. Daraus ergaben sich die Kepler'schen Gesetze als Sonderfall der Newton'schen Gravitationstheorie.

Albert Einstein (1879 – 1955) entwickelte in seinen Relativitätstheorien ein neues Weltbild (Beeinflussung der Raumgeometrie selbst durch Masse). Bestätigung der Änderung des Raumes durch Masse über Beobachtung der „Ablenkung" von Lichtstrahlen weit entfernter Sterne in der Nähe der schweren, verdunkelten Sonne.

Moderne Kosmologie Wäre der Kosmos endlich und statisch, würde er aufgrund der Gravitationskräfte in sich zusammenstürzen. Wäre er unendlich und statisch, wäre an jeder Stelle des Himmels ein Stern zu sehen (Olbers'sches Paradoxon).

- **Das Universum ist endlich und dehnt sich aus. Dadurch vergrößern sich prinzipiell die Entfernungen zwischen den Galaxien.**

Urknalltheorie Das expandierende Universums ist aus einem Punkt hervorgegangen. Zu diesem Zeitpunkt hat es keinen Raum und keine Zeit gegeben, sondern es existierte nur dieser eine Punkt. Über diesen Zustand lässt sich nichts aussagen. Nach dem Urknall vor knapp 14 Milliarden Jahren dehnte sich das Weltall aus und kühlte sich dabei ab. Nach 300 000 Jahren: Durchsichtigkeit (Kosmische Hintergrundstrahlung!), Atombildung. Nach 100 Millionen Jahren: Erste Sterne. Nach 1 Milliarde Jahre: Erste Galaxien-Vorläufer (Protogalaxien). Alter der Erde: 4,5 Milliarden Jahre.

Struktur des Weltalls Die Struktur des Weltalls ist durch die Verteilung der Masse bestimmt. Im Lauf der Zeit hat die Gravitationskraft die als „kosmischen Staub" vorhandene Materie vorwiegend zu Planeten und Sternen verdichtet.

Die meisten Sterne wiederum bilden größere Ansammlungen, die Galaxien. Die Gravitation und die Rotation bestimmen deren Form, z. B. die Spiralform unserer Galaxie, der Milchstraße. Die Galaxien sind wiederum nicht gleichmäßig im Universum verteilt, sondern lassen sich zu Haufen zusammenfassen, diese wiederum zu Superhaufen. Die Superhaufen finden sich zu einer netz- oder wabenähnlichen Struktur zusammen.

● **Die Materie (Sterne und Sternsysteme) in unserem Kosmos verteilt sich wabenähnlich. Innerhalb der Waben herrschen kleinere haufenähnliche Strukturen vor.**

Ph 10.2 Die Mechanik Newtons

Die Mechanik von Newton Isaac Newton (1643 – 1727) gehört zu den bedeutendsten Naturwissenschaftlern aller Zeiten. Sein Werk umfasst wesentliche Beiträge zur Optik, der Himmelsmechanik (Gravitationsgesetz), der Chemie und auch zur Mathematik (Infinitesimalrechnung) sowie zur Dynamik mit den drei Grundgesetzen der Bewegung.

1. Axiom: „Jeder Körper beharrt in seinem Zustand der Ruhe oder der gleichförmigen geradlinigen Bewegung, wenn er nicht durch einwirkende Kräfte gezwungen wird, seinen Zustand zu ändern" (**Trägheitssatz**). Die Trägheit eines Körpers hängt von seiner Masse ab.

2. Axiom: Bewegungsänderungen, d. h. Beschleunigungen, sind die Folge von Wechselwirkungen zwischen Körpern. Die Wechselwirkungen werden durch Kräfte beschrieben. „Die Beschleunigung ist bei konstanter Masse proportional zum Betrag der wirkenden Kraft und erfolgt in ihre Richtung." Es gilt $\vec{F} = m \cdot \vec{a}$ (**Grundgleichung der Mechanik**).

3. Axiom: Ein an einem Baum hängender Apfel ruht. Dabei wirken trotzdem zwei Kräfte, die Gewichtskraft und die Kraft des Astes. Sie sind entgegengesetzt gleich und führen zur Gesamtkraft null. „Die Wirkungen zweier Körper auf einander sind stets gleich und von entgegengesetzter Richtung." Wenn ein Körper A auf einen Körper B die Kraft $\vec{F}_A$ ausübt, so übt B auf A die Kraft $\vec{F}_B = -\vec{F}_A$ aus („**actio** = **reactio**").

Numerische Verfahren Bei den meisten Bewegungen, die man beobachten kann, ist die Beschleunigung nicht konstant, sondern ändert sich im Laufe der Zeit. Um Bewegungen mit z. B. nicht konstanter Beschleunigung genau zu erfassen, muss zu jedem Zeitpunkt t die Beschleunigung $a(t)$ bekannt sein; man erhält die Beschleunigung a als Funktion der Zeit t (mathematische Funktionsschreibweise $f(x)$, hier somit $a(t)$). Bewegungsgleichungen helfen hier nicht weiter, wenn man aus der bekannten Beschleunigung die Geschwindigkeit bzw. den Ort zu einer bestimmten Zeit berechnen will, da diese Gleichungen nur für Bewegungen mit konstanter Beschleunigung gelten. Um trotzdem für verschiedene Zeiten Geschwindigkeit und Ort (zumindest näherungsweise) ermitteln zu können, unterteilt man die gesamte Bewegung in kleine Zeitintervalle Δt, die alle gleich lang sind. Nun betrachtet man die Bewegung in dem Zeitraum von t bis $t + \Delta t$.

Wenn das Zeitintervall Δt sehr klein gewählt wird, so kann man davon ausgehen, dass die Beschleunigung a in diesem Zeitraum in etwa konstant bleibt. Die Geschwindigkeit $v(t + \Delta t)$ am Ende dieses Intervalls kann man dann aus der Geschwindigkeit $v(t)$ zu Beginn berechnen nach der Gleichung

$$v(t + \Delta t) = v(t) + a \cdot \Delta t$$

Den neuen Ort $s(t + \Delta t)$ erhält man aus dem Ort $s(t)$ zu Beginn des Zeitintervalls mit der Gleichung

$$s(t + \Delta t) = s(t) + v(t + \Delta t) \cdot \Delta t$$

(Annahme: Die Geschwindigkeit bleibt in dem kleinen Zeitraum Δt näherungsweise konstant). Anstelle des neu berechneten Wertes $v(t + \Delta t)$ könnte man auch $v(t)$ nehmen; in der Praxis erhält man mit den Werten von $v(t + \Delta t)$ bessere Näherungswerte.

Beginnend mit den Startwerten s_0 und v_0 berechnet man mit immer derselben Berechnungsvorschrift (**Methode der kleinen Schritte**) die Orte und Geschwindigkeiten für alle aufeinanderfolgenden Zeitintervalle.

Fall ohne Luftwiderstand Beginnt eine freie Fallbewegung zum Zeitpunkt $t = 0$ am Ort $s = 0$, so gilt:

$$s = \frac{1}{2} \cdot g \cdot t^2 \quad \text{und} \quad v = g \cdot t = \sqrt{2g \cdot s}$$

Die Fallbeschleunigung g hängt von der geografischen Breite des Ortes und von der Höhe ab. Auf Meereshöhe hat sie in Deutschland den Wert $g = 9{,}81\,\text{m/s}^2$.

Schwingung Bewegungsabläufe, bei denen sich die Richtung immer wieder umkehrt und die sich nach einer bestimmten Zeit wiederholen, nennt man **Schwingungen.** Schwingungsfähige Systeme heißen **Oszillatoren.**

B1 zeigt die Aufzeichnung einer Federschwingung, die nach längerer Zeit zur Ruhe kommt. Der Ort, in dem sich der

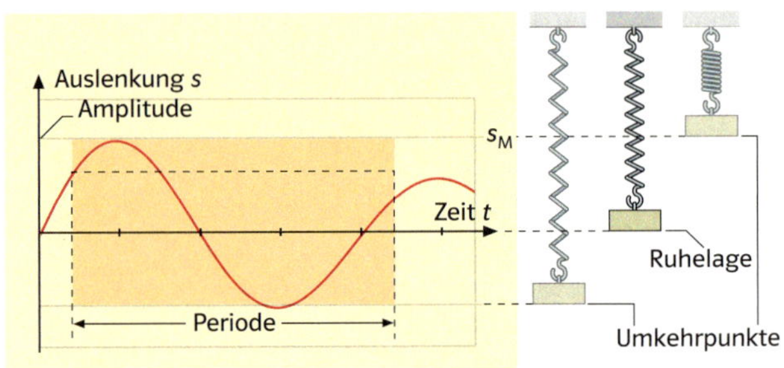

B1 Aufzeichnung einer Federschwingung

Körper dann befindet, heißt **Ruhelage.** Vorher erfolgte die Schwingung zwischen zwei Umkehrpunkten. Die momentane Entfernung von der Ruhelage heißt **Auslenkung** oder **Elongation** s. Ihr Maximalwert heißt **Amplitude** s_M.

Schwingungen mit abnehmender Amplitude nennt man **gedämpfte Schwingungen**. Bei einer ungedämpften Schwingung befindet sich das schwingende System nach einer gewissen Zeit wieder genau in der Ausgangssituation; ab da beginnt der Bewegungsablauf wieder von vorne (**periodische Bewegung**). Die Zeitdauer für einen Bewegungsabschnitt nennt man **Perioden-** oder **Schwingungsdauer** T. Der Kehrwert der Schwingungsdauer T ist die **Frequenz** f; sie gibt an, wie viele dieser sich wiederholenden Bewegungsabläufe in einer Zeiteinheit (meist in einer Sekunde) stattfinden. Damit besteht folgende Beziehung:

$f = \frac{1}{T}$ bzw. $T = \frac{1}{f}$ (Einheit: 1 Hertz (Hz); 1 Hz = 1/s)

Harmonische Schwingung Die beschleunigende Kraft ist hier proportional zur Auslenkung; dieser Zusammenhang wird als **lineares Kraftgesetz** bezeichnet. Unterliegt die Bewegung eines schwingungsfähigen Systems einem linearen Kraftgesetz, so spricht man von einem **harmonischen Oszillator**, die zugehörige Bewegung nennt man **harmonische Schwingung.** Das t-s-Diagramm wird durch eine Sinusfunktion beschrieben.

Bewegung und Richtung Größen wie Energie, Masse oder Temperatur, die durch ihren Betrag eindeutig charakterisiert sind, heißen **skalare** Größen.

● **Größen, die durch die Angabe eines Betrages nicht vollständig charakterisiert sind, sondern auch von der Richtung abhängen, werden durch Vektoren mit Betrag und Richtung eindeutig beschrieben.**

Schreibweise z. B. $\vec{v}$ für den **Vektor** der Geschwindigkeit. Für den Betrag: $|\vec{v}|$ oder kürzer v (ohne Pfeil). In Zeichnungen werden Vektoren durch Pfeile dargestellt. Die Länge des Pfeiles gibt den Betrag der Größe in einem bestimmten Maßstab wieder.

Gleiche Richtung, unterschiedlicher Betrag: | Gleicher Betrag, unterschiedliche Richtung: | Gleiche Richtung und gleicher Betrag:

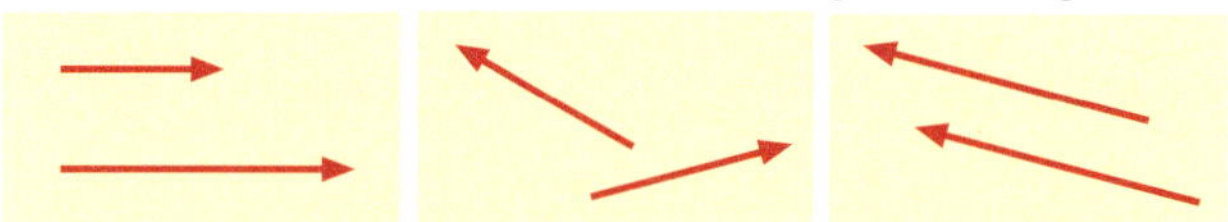

Impuls „Schwung" oder „Wucht" in der Alltagssprache wird in der Physik durch die Größe **Impuls** p beschrieben. Je größer Masse oder Geschwindigkeit (oder beide) sind, desto größer ist der Impuls eines Körpers. Man legt fest:

● **Der Impuls eines Körpers ist das Produkt aus seiner Masse und seiner Geschwindigkeit:** $p = m \cdot v$

Die Einheit für den Impuls ist $1\,\text{kg} \cdot \frac{\text{m}}{\text{s}}$.

● **Die Kraft ist der Quotient aus der Impulsänderung und der Zeitspanne, in der diese Änderung erfolgt:**

$$F = \frac{\Delta p}{\Delta t}$$

Impulserhaltung Für die Impulse zweier z. B. durch Stoß wechselwirkender Körper, die Impuls austauschen, gilt:

$p_1 + p_2 = p'_1 + p'_2 = p_{ges}$ = konstant

Die Summe der Impulse beider Körper $p_{ges} = p_1 + p_2 = p'_1 + p'_2$ die als Gesamtimpuls bezeichnet wird, ist zu jedem Zeitpunkt vor und nach dem Stoß gleich groß (**Impulserhaltungssatz**).

● **Der Impuls ist eine Erhaltungsgröße.**
Der Gesamtimpuls in einem abgeschlossenem System bleibt bei jeder Wechselwirkung konstant: $p_{ges} = p'_{ges}$

Der waagerechte Wurf Die waagerechte Bewegung und der freie Fall nach unten laufen unabhängig voneinander ab (**Superposition).** Die Überlagerung der beiden Bewegungen ergibt als Bahnkurve eine Parabelhälfte.
In x-Richtung gelten die Bewegungsgleichungen für die gleichförmige Bewegung. In y-Richtung fällt der Körper nach den Gesetzen des freien Falls.

Es ergibt sich $s_y = \frac{1}{2} \cdot g \cdot \frac{s_x^2}{v_0^2}$

Wegen $s_y \sim s_x{}^2$ ist dies die Gleichung einer Parabel, der sogenannten **Wurfparabel.**

Kreisbewegung Bewegt sich ein Körper auf einer kreisförmigen Bahn, so spricht man von einer **Kreisbewegung.** Um die Kreisbewegung eines Körpers beschreiben zu können, werden folgende Größen benötigt.

Die **Umlaufdauer** T gibt an, wie lange ein Körper für einen vollen Umlauf benötigt, die Einheit ist 1 s.

Die (Dreh-) **Frequenz** f gibt an, wie viele Umläufe ein Körper in einer Sekunde ausführt. Ihre Einheit ist 1 Hz oder 1/s. Die Drehfrequenz ist der Kehrwert der Umlaufdauer, es gilt:

$f = \frac{1}{T}$ bzw. $T = \frac{1}{f}$

Die **Bahngeschwindigkeit** gibt an, welche tatsächliche Weglänge ein Körper auf seiner Kreisbahn in einer bestimmten Zeit zurücklegt.

Sie entspricht dem Begriff „Geschwindigkeit", den wir aus geradlinigen Bewegungen kennen, mit dem Unterschied, dass der Weg eben keine gerade Strecke ist, sondern ein Abschnitt der Kreisbahn.

Die Einheit der Bahngeschwindigkeit ist 1 m/s.

Wenn sich der Betrag der Geschwindigkeit auf einer bestimmten Kreisbahn mit dem Radius r während der Bewegung nicht ändert, ergibt sich der Betrag der Bahngeschwindigkeit aus dem Umfang $2\pi \cdot r$ und der Dauer T eines Umlaufs

$$v = \frac{\Delta s}{\Delta t} = \frac{2\pi \cdot r}{T} = \frac{2\pi}{T} \cdot r$$

Der Faktor $2\pi/T$ ist unabhängig vom Radius und daher für alle Karussellfahrer gleich. 2π beschreibt den Winkel von 360° für einen vollen Umlauf im Bogenmaß.

Die Winkelgeschwindigkeit Zieht man von jedem Karussellfahrer eine Schnur zum Kreismittelpunkt, so überstreicht sie in einer Zeitspanne Δt einen Winkel $\Delta \varphi$. Man definiert: Der Quotient

$$\omega = \frac{\Delta \varphi}{\Delta t}$$ heißt **Winkelgeschwindigkeit.**

Wird $\Delta \varphi$ im Bogenmaß gemessen, so hat ω die Einheit 1/s. Wenn ω konstant ist, gilt $\omega = 2\pi/T = 2\pi \cdot f$. Dabei ist die Frequenz f der Quotient aus der Anzahl der Umläufe und der dafür benötigten Zeitdauer.

Für die Bahngeschwindigkeit gilt also $v = \omega \cdot r$.

Die Zentripetalkraft Eine Astronautin nähert sich einem Satelliten. Wenn sie ihn umrunden will, muss sie ihre kleine Handrakete so richten, dass eine Kraft in Richtung des Satelliten entsteht, eine zum Mittelpunkt gerichtete **Zentripetalkraft F_Z** (→ **B1, B2**).

Auch der Satellit selbst umkreist die Erde annähernd auf einer Kreisbahn, da deren Gravitationskraft ihn von seiner geraden Trägheitsbahn ablenkt und ihn auf eine Kreisbahn zwingt.

Da sich bei diesen Bewegungen permanent die Richtung ändert, handelt es sich um beschleunigte Bewegungen.

Aus dem 2. Newton'schen Axiom ergibt sich $F_Z \sim m$ (m ist dabei die Masse des auf dem Kreis umlaufenden Körpers). Messungen zeigen außerdem $F_Z \sim r$ und $F_Z \sim \omega^2$.
Insgesamt ergibt sich aus Messungen

$$F_Z = m \cdot \omega^2 \cdot r = m \cdot v^2/r \quad (\text{mit } v = \omega \cdot r)$$

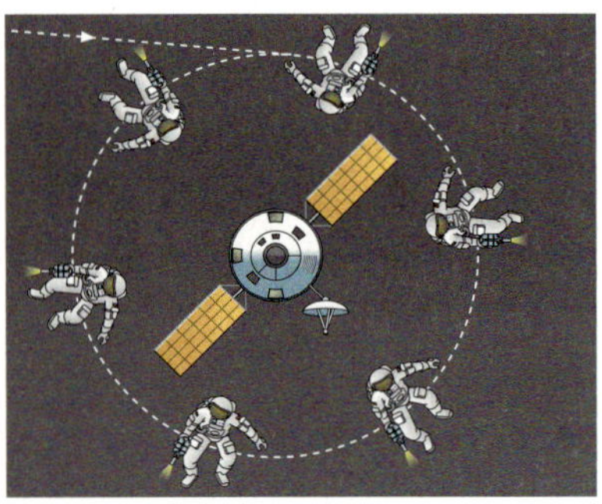

B1 Astronautin umkreist Satellit

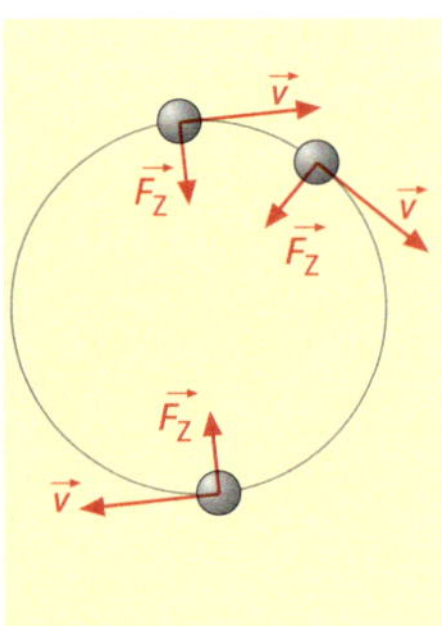

B2

Die Zentripetalkraft ist stets senkrecht zur jeweiligen Geschwindigkeit zum Kreismittelpunkt gerichtet. Sie bewirkt eine **Zentripetalbeschleunigung a_Z** mit der gleichen Richtung und dem Betrag $a_Z = \omega^2 \cdot r = v^2/r$.

Das Gravitationsgesetz Ein Körper übt mittels der Gravitation eine anziehende Kraft auf einen anderen Körper aus und umgekehrt. Diese Kräfte wirken ohne Medium.

● **Zwei beliebige Körper mit den Massen m_1 und m_2 üben im Abstand r gleich große, entgegengesetzt gerichtete Gravitationskräfte aufeinander aus. Für deren Betrag gilt:**

$$F = \gamma \cdot \frac{m_1 \cdot m_2}{r^2} \quad \text{mit} \quad \gamma = 6{,}67 \cdot 10^{-11} \, \frac{\text{m}^3}{\text{kg} \cdot \text{s}^2}$$

Dabei ist r der Abstand der Mittelpunkte beider Körper. Die **Gravitationskonstante** γ ist eine universelle Konstante; sie hängt nicht von den Massen der beiden Körper ab.

Planetenbewegung Aus der Bedingung, dass die Zentripetalkraft gleich der Gravitationskraft ist, ergibt sich:

$$m_P \cdot \omega^2 \cdot r = \gamma \cdot m_P \cdot \frac{m_S}{r^2}$$

Dabei sind m_P und m_S die Massen von Planet und Sonne, ω die Winkelgeschwindigkeit des Planeten, r der Radius der Kreisbahn und γ die Gravitationskonstante. Ersetzt man die Winkelgeschwindigkeit durch $2\pi/T$, wobei T die Umlaufsdauer des Planeten ist, so erhält man die Gleichung

$$\frac{T^2}{r^3} = \frac{4\pi^2}{\gamma \cdot m_S}$$

Die Konstante auf der rechten Seite gilt allgemein für alle Objekte, die durch die von der Sonne ausgeübte Gravitationskraft auf eine Bahn um die Sonne gezwungen werden.

Kausalität, Determinismus und Chaos Im Zustand 1 eines Systems werden Anfangsbedingungen festgelegt, bei einem Ballwurf z. B. Geschwindigkeit und Richtung.

Nach den Wurfgesetzen kommt der Ball in Zustand 2 an einer bestimmten Stelle an und man erwartet, dass bei Wiederholung unter gleichen Bedingungen die gleiche Stelle getroffen wird, also dass kleine Änderungen der Anfangsbedingungen nur kleine Auswirkungen auf die weitere Entwicklung haben.

● **Ähnliche Ursachen haben ähnliche Wirkungen (starke Kausalität).**

Eine Kugel, die über drei in Form eines gleichseitigen Dreiecks angeordneten gleichartigen Magnetpolen pendelt, kommt immer bei einem der Magnete zur Ruhe. Es ist nicht vorhersagbar, bei welchem das der Fall ist. In der Mitte zwischen zwei Magnetpolen führen kleinste Unterschiede zu einer Entscheidung für die eine oder andere Richtung.

Gleiche Ursachen haben gleiche Wirkungen, aber kleinste Abweichungen führen zu völlig anderen Folgen (schwache Kausalität).

Auch Vorgänge mit schwacher Kausalität unterliegen bekannten physikalischen Gesetzen. Dennoch ist eine Vorhersage nicht möglich, wenn im Verlauf eines Vorganges häufig Entscheidungssituationen mit sehr unterschiedlichen Ergebnissen auftreten, wobei die Entscheidung sehr empfindlich von den Anfangsbedingungen und den Einflüssen während des Vorgangs abhängt. Solche Vorgänge nennt man **chaotische Vorgänge**. Da im Prinzip Gesetzmäßigkeiten gelten, spricht man vom **deterministischen Chaos**.

Beim deterministischen Chaos sind langfristige Vorhersagen nicht möglich.

Inertialsysteme und Relativität Beobachtungen und physikalische Messgrößen sind von den **Bezugssystemen**, in denen sich Beobachter und Objekt befinden, abhängig. Bewegen sich Beobachter und Objekt mit konstanter Geschwindigkeit gegeneinander, besteht bei der gesetzmäßigen Beschreibung von Bewegungsabläufen kein Unterschied, auch wenn sich die gemessenen Werte einiger Größen unterscheiden.

Solche Bezugssysteme heißen **Inertialsysteme**, wenn sich Körper, auf die keine Kräfte wirken, in ihnen infolge ihrer Trägheit (lat. inertia) mit konstanter Geschwindigkeit geradlinig weiter bewegen. Ein beschleunigtes Bezugssystem ist kein Inertialsystem.

Relativitätsprinzip: Alle Inertialsysteme sind bezüglich physikalischer Gesetze gleichberechtigt.

Besonderheit von Lichtsignalen Beobachtete Geschwindigkeiten hängen im Allgemeinen davon ab, in welchem Bezugssystem sie gemessen werden. Dies ist bei Licht nicht so, wie bestimmte Versuche zeigen. **Albert Einstein** (1879–1955) hat diese Beobachtungen in seiner speziellen Relativitätstheorie von 1905 als **Postulat** festgelegt:

Konstanz der Lichtgeschwindigkeit: Die Lichtgeschwindigkeit c im Vakuum ist unabhängig von der Bewegung der Quelle und vom Inertialsystem, in dem sie gemessen wird.

Es ist $c = 299\,792\,458\,\text{m/s}$; dieser Wert ist heute Grundlage unserer Längenmessung. Dass die Lichtgeschwindigkeit unabhängig von der Bewegung des Systems, in dem sie gemessen wird, immer gleich ist, bedingt, dass sich Zeit und auch Länge, mit denen die Geschwindigkeit bestimmt wird, mit der Bewegung des Systems ändern müssen.

Bewegte Uhren gehen gegenüber ruhenden Uhren nach und gemessene Längen verkürzen sich (Zeitdilatation und Längenkontraktion).

Ph 10.3 Einblick in die Quantenphysik

Von der Schwingung zur Welle Ruckartige Querbewegungen an einem Seilende übertragen sich wegen des Zusammenhalts der einzelnen Seilstücke auf benachbarte Seilstücke und pflanzen sich so fort. Das Seil insgesamt, der **Wellenträger**, wird nicht verschoben.

Eine Störung, die sich in einem Stoff mit einer bestimmten Geschwindigkeit ausbreitet, heißt Welle.

Durch die Hin- und Herbewegung der einzelnen Teile des Wellenträgers und ihre Kopplung aneinander durch elastische Kräfte wird Spann- und Bewegungsenergie in die Ausbreitungsrichtung der Welle transportiert. Die transportierte Energie wird durch die Störung am Ursprungsort dem Wellenträger, dem sogenannten **Medium**, zugeführt.

Wellen transportieren Energie. Ein Stofftransport findet nicht statt. Das Medium ist der Wellen- und damit der Energieträger.

Longitudinal- und Transversalwellen In einer langgestreckten Schraubenfeder kann man auf zwei Arten fortlaufende Störungen hervorrufen (→ **B1**). Durch eine Bewegung senkrecht zur Ausbreitungsrichtung bewegen sich auch die Teile des Wellenträgers fortlaufend so. Man spricht von einer **Querwelle** (auch **Transversalwelle**). Wasserwellen sind solche Querwellen.
Eine **Längswelle** (oder **Longitudinalwelle**) entsteht, wenn sich die Störung in Richtung der Ausbreitungsrichtung vollzieht und sich auch die Teile des Mediums so bewegen. Dies ist zum Beispiel bei Luftschwingungen der Fall, die von einer Lautsprechermembran erzeugt werden („Schall"). Die von der Welle erfassten Luftmoleküle schwingen vor und zurück.

Periodische Wellen Periodische Anregungen erzeugen Wellen, in denen die jeweils gleichsinnig schwingenden Teilchen gleiche Abstände voneinander haben.

Bei einer periodischen Welle kennzeichnet die Frequenz *f* die zeitliche Wiederholung gleichartiger Zustände, die Wellenlänge λ ihren kleinsten räumlichen Abstand.

Wird durch eine harmonische Schwingung eine Welle erzeugt, z. B. durch eine entsprechende Bewegung an einem

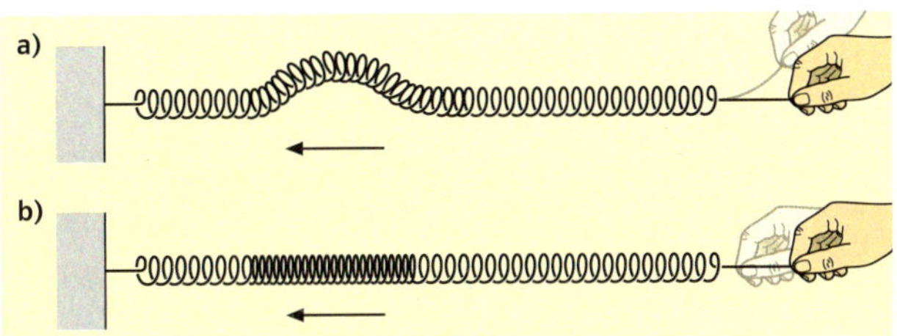

B1 Querwelle (a) und Längswelle (b)

Seilende, dann lässt sich das räumliche Muster der Welle zu jedem Zeitpunkt durch eine **Sinusfunktion** beschreiben. Man spricht von **harmonischen Wellen**.

● **Die Ausbreitungsgeschwindigkeit einer harmonischen Welle beträgt $c = \lambda \cdot f$.**

Interferenz Breiten sich auf Wasser Wellen im gleichen Bereich aus, durchdringen sie sich und laufen danach so weiter, als seien die jeweils anderen nicht vorhanden gewesen.

● **Verschiedene Wellen breiten sich im selben Bereich unabhängig voneinander aus.**

Am Ort der Begegnung überlagern sich die Wellen (→ **B1**). Im Überlagerungsbereich wird jeder Punkt von beiden Wellen erfasst. Treffen am selben Ort gerade die Wellenberge aufeinander, ergänzen sie sich zu einem höheren Wellenberg (→ **B1** rot markiert). An Orten, wo der Wellenberg der einen und das Wellental der anderen Welle aufeinandertreffen, löschen sich die Wellen gegenseitig aus (→ **B1**, grün markiert). Solche Überlagerungen heißen **Interferenz**. Bei synchron erregten Wellen ergibt sich ein charakteristisches Interferenzmuster, das vom Abstand der Wellenzentren und von der Wellenlänge abhängt.

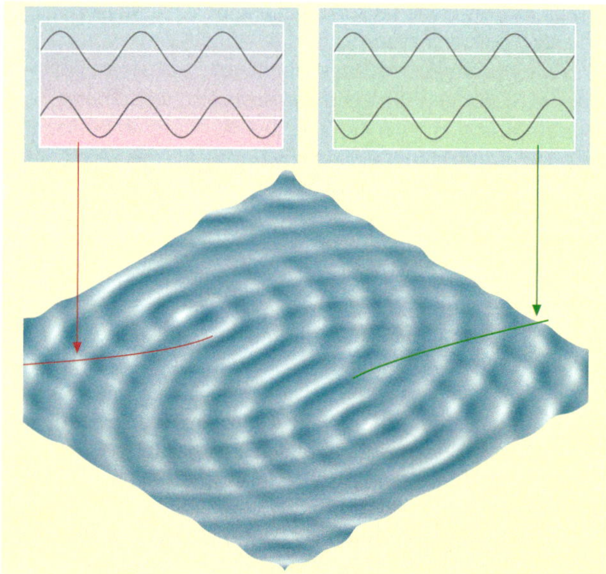

B1 Konstruktive und destruktive Interferenz bei kreisförmigen Wasserwellen

● **Bei Interferenz addieren sich die Auslenkungen der Einzelwellen. Es entstehen Orte, wo sich die Wellen verstärken und andere, wo sie sich gegenseitig schwächen.**

Am stärksten ist die Interferenz, wenn Wellenlänge und Amplitude sich überlagernder Wellen übereinstimmen. Kommt es bei einer Überlagerung zur Verstärkung, spricht man von **konstruktiver Interferenz**. Dort wo sich die Wellen gegenseitig schwächen oder auslöschen, spricht man von **destruktiver Interferenz**.

Wellen im Schattenraum Gerade Wasserwellen, die ein im Verhältnis zu ihrer Wellenlänge kleines Hindernis passieren, können in den Raum hinter dem Hindernis (Schattenraum) eindringen. Dabei breiten sich die Wellen hinter dem Hindernis nicht mehr geradlinig aus. Dasselbe kann bei kleinen Öffnungen beobachtet werden (→ **B2**).

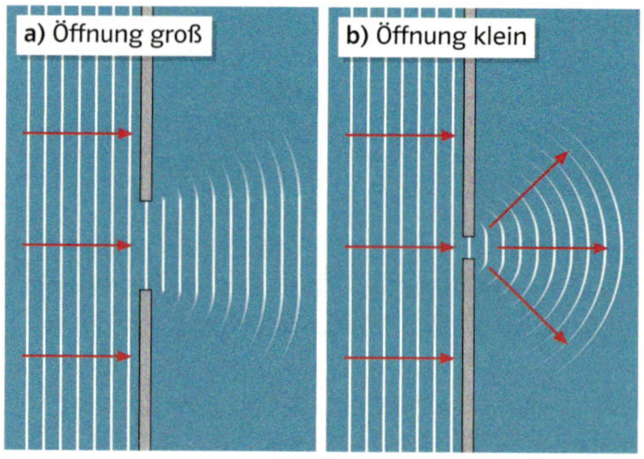

B2 Wasserwellen hinter einer Öffnung

● **Die Abweichung jeder Wellenfortpflanzung von der geradlinigen Ausbreitung wird als Beugung bezeichnet.**

Wellen mit niedriger Frequenz werden stärker gebeugt als Wellen mit höherer Frequenz.

Das Strahlenmodell des Lichtes zeigt Grenzen Schickt man Laserlicht durch einen feinen Doppelspalt, so erscheint auf einem Schirm hinter dem Spalt ein charakteristisches Hell-Dunkel-Muster (→ **B3**). Passiert Licht eine kleine Öffnung, vermag es in den Schattenraum einzudringen. Mit dem Strahlenmodell des Lichtes lassen sich diese Erscheinungen nicht erklären. Die Vorstellung, Licht breite sich wie eine Wasserwelle aus, lässt hingegen eine Erklärung zu.

Licht kann interferieren Das Hell-Dunkel-Muster hinter einem Doppelspalt erklärt sich durch Interferenzeffekte. Beide Spalte sind Ausgangspunkte von je einer Elementarwelle mit gleicher Wellenlänge, Amplitude und Phase. Bei ihrer Ausbreitung überlagern sich die Elementarwellen.

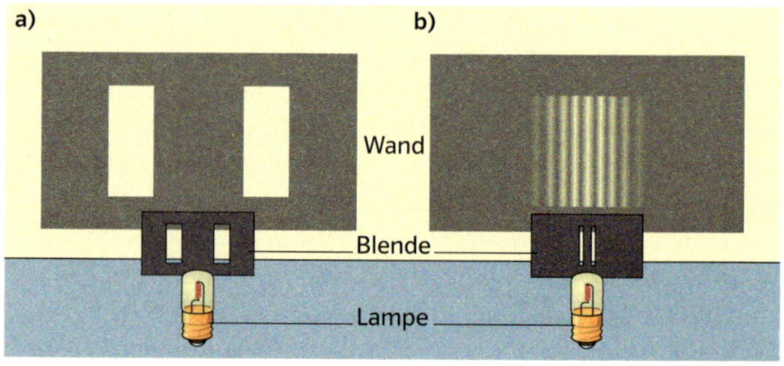

B3 Licht trifft auf einen Doppelspalt.

● **Licht zeigt konstruktive und destruktive Interferenz. Dies lässt sich erklären, wenn wir Licht als Welle interpretieren.**

● **Interferenzerscheinungen sind nur zu beobachten, wenn Hindernisse und Öffnungen von der Größenordnung der Wellenlänge sind.**

Der Fotoeffekt Einfallendes Licht kann auf einer Zinkplatte Elektronen aus dem Metall auslösen und so einen elektrischen Strom auslösen. Dabei wird Lichtenergie unmittelbar in elektrische Energie umgesetzt, man spricht vom **Fotoeffekt**.

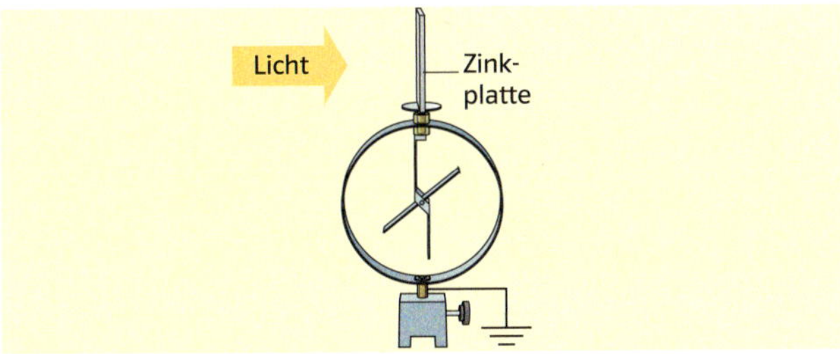

B1 Der Fotoeffekt

● **Der Fotoeffekt tritt nur ein, wenn die Frequenz des Lichtes oberhalb einer bestimmten Grenzfrequenz liegt.**

Unterhalb der Grenzfrequenz tritt der Fotoeffekt auch bei hoher Beleuchtungsstärke (also großer Amplitude) oder langer Belichtungszeit nicht auf. Oberhalb der Grenzfrequenz führt eine Erhöhung der Beleuchtungsstärke zu einer Erhöhung der Stromstärke. Auch bei einer sehr geringen Beleuchtungsstärke kann ein Effekt beobachtet werden.

Photonen Das Wellenmodell des Lichts alleine liefert keine zufriedenstellende Erklärung dieser Befunde. Daher verwendete Albert Einstein das folgende Teilchenmodell, um die Beobachtungen beim Fotoeffekt zu erklären.

● **Licht besteht aus einzelnen Energieportionen, den Photonen. Die Frequenz des Lichts im Wellenmodell entspricht der Energie der Photonen im Teilchenmodell.**

● **Die Beleuchtungsstärke ist durch die Anzahl der Photonen bestimmt.**

● **Beim Fotoeffekt überträgt ein Photon seine Energie vollständig auf ein Elektron. Erhält das Elektron dadurch genügend Energie, um die Metallplatte verlassen zu können, fließt Strom.**

Licht und Planck'sche Konstante Werden Fotozellen mit jeweils einfarbigem Licht verschiedener Frequenz bestrahlt, so wächst die beim Fotoeffekt auf ein ausgelöstes Elektron übertragene Energie ab einer bestimmten Grenzfrequenz linear mit der Frequenz des Lichtes.

● **Die durch Licht auf ein Elektron übertragene Energie ist gegeben durch: $E_L = h \cdot f$. Der Wert der Planck'schen Konstanten beträgt $h = 6{,}6 \cdot 10^{-34}\,\text{Js}$.**

Elektronen und Beugung Ein Elektronenstrahl erzeugt auf einem Leuchtschirm einen Leuchtfleck. Reguliert man den Durchmesser dieses Leuchtflecks mit einer Blende, so wird bei sehr kleinen Blendenöffnungen der Leuchtfleck trotz Verkleinerung der Blende größer! Führt man das Experiment mit Licht durch, kann der gleiche Effekt beobachtet werden: Man erklärt dies dort durch Beugung.

● **Elektronen zeigen in bestimmten Experimenten Beugungserscheinungen wie Licht. Elektronen zeigen dort Welleneigenschaften.**

Photonen und Masseteilchen als Quantenobjekte Bei **Quantenobjekten** treten physikalische Größen „gequantelt", d.h., nur in bestimmten **Portionen** auf. Gequantelte Größen legen für Quantenobjekte eine Teilchenvorstellung nahe. Bestimmte Versuche zeigen aber, dass dieselben Quantenobjekte Wellen- und Teilcheneigenschaften haben. In unserer makroskopischen Alltagswelt schließen sich jedoch Teilchen und Welle gegenseitig aus.

Komplementarität Quantenobjekte zeigen ein völlig anderes Verhalten als Objekte unserer Alltagserfahrung. Die Elektronenbeugung, die Interferenz von Licht und der Fotoeffekt liefern zusammengenommen das Ergebnis:

● **Komplementaritätsprinzip: Quantenobjekte wie Elektronen und Photonen haben sowohl einen Wellen- als auch einen Teilchencharakter. Welcher davon sich ausprägt, hängt von der Art des durchgeführten Experiments ab.**

● **Die Eigenschaften von Quantenobjekten werden durch eine Messung nicht festgestellt, sondern erst hergestellt.**

In einem Doppelspaltexperiment kann man die Intensität des Lichts schrittweise so stark verringern, dass sich im Mittel nur ein Photon zwischen Lichtquelle und Schirm befindet. Auf der Fotoplatte ergibt sich immer das gleiche Interferenzmuster, egal ob die Aufnahmen bei hoher Lichtintensität und kurzer Belichtungszeit oder bei sehr niedriger Intensität (nur ein Photon zwischen Lichtquelle und Fotoplatte) und langer Belichtungszeit durchgeführt wurden.

● **Das Interferenzmuster von Photonen auf einer Fotoplatte setzt sich aus einzelnen Schwärzungspunkten zusammen.**

Das Photon wird auf der Fotoplatte nicht als kontinuierliche Welle detektiert. Jeder Schwärzungspunkt zeigt das Auftreffen eines einzelnen, stets ganzen Photons an (Teilchenmodell). Bei kurzen Belichtungszeiten ist kein klares Muster erkennbar. Für ein einzelnes Photon lässt sich der Auftreffort auf der Fotoplatte nicht vorhersagen.

Grundregeln für das Experimentieren

Beim Experimentieren muss man besonders sorgfältig und vorsichtig sein. Lies dir zuerst die Versuchsbeschreibung durch. Beginne mit dem Experimentieren erst, wenn dir die auszuführenden Tätigkeiten klar sind. Führe die einzelnen Schritte eines Experiments immer in der richtigen Reihenfolge aus.

Melde es sofort dem Lehrer, wenn dir etwas unklar ist oder etwas Unerwartetes geschieht. Achte darauf, dass deine Versuchsaufbauten nicht umkippen können. Trage stets die notwendige Schutzkleidung. Informiere dich darüber, wo der Erste-Hilfe-Kasten und der Feuerlöscher stehen. Du solltest mit diesen Hilfsmitteln auch umgehen können.

Schutz vor Verbrennungen:
Versuch beendet – Brenner aus!

Schutz vor elektrischen Schlägen:
Nur Spannungen bis 24 V verwenden!

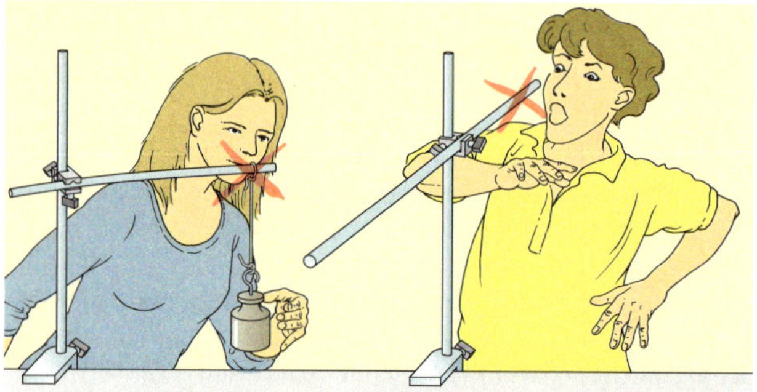

Schutz vor Verletzungen:
Versuche sorgfältig und überlegt aufbauen!

Schutz vor Vergiftung und Verätzung:
Chemikalien richtig aufbewahren und vorsichtig benutzen!

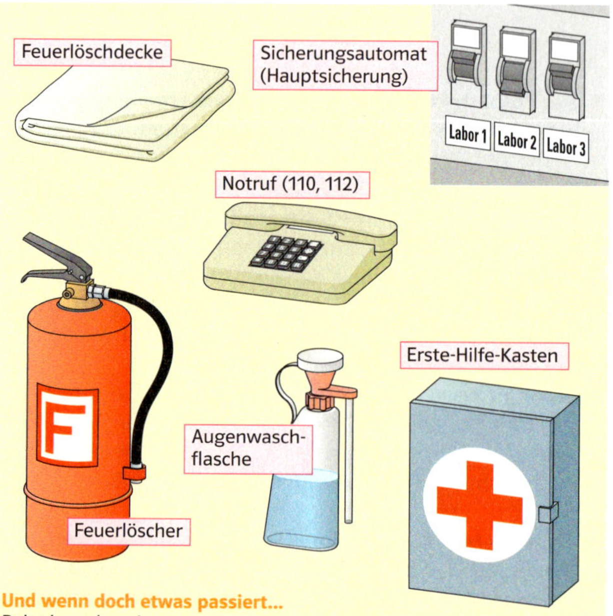

Und wenn doch etwas passiert...
Ruhe bewahren!
Sofort Lehrerin oder Lehrer informieren!
Hauptschalter bzw. Haupthahn sofort abdrehen!
Bei größeren Unfällen sofort Notruf: Feuerwehr 112
Polizei 110
Erste Hilfe leisten!

Die Gefahrensymbole:

Tabellen

Universelle physikalische Konstanten

Lichtgeschwindigkeit im Vakuum	$c_0 = 2{,}99792458 \cdot 10^8 \frac{\text{m}}{\text{s}}$
Gravitationskonstante	$\gamma = 6{,}67259 \cdot 10^{-11} \frac{\text{m}^3}{\text{kg} \cdot \text{s}^2}$
Elementarladung	$e = 1{,}60217733 \cdot 10^{-19}\,\text{C}$
elektrische Feldkonstante	$\varepsilon_0 = 8{,}854188 \cdot 10^{-12} \frac{\text{C}}{\text{V} \cdot \text{m}}$
magnetische Feldkonstante	$\mu_0 = 1{,}256637 \cdot 10^{-6} \frac{\text{V} \cdot \text{s}}{\text{A} \cdot \text{m}}$
Planck'sches Wirkungsquantum	$h = 6{,}6260755 \cdot 10^{-34}\,\text{Js}$ $h = 4{,}1356692 \cdot 10^{-15}\,\text{eVs}$
Avogadro'sche Konstante	$N_A = 6{,}0221367 \cdot 10^{23} \frac{1}{\text{mol}}$
Faraday'sche Konstante	$F = 9{,}6485309 \cdot 10^4 \frac{\text{C}}{\text{mol}}$
Stefan-Boltzmann'sche Konstante	$\sigma = 5{,}67051 \cdot 10^{-8} \frac{\text{W}}{\text{m}^2 \cdot \text{K}^4}$
Allgemeine Gaskonstante	$R = 8{,}314510 \frac{\text{J}}{\text{K} \cdot \text{mol}}$
Absoluter Nullpunkt (0 K)	$\vartheta = -273{,}15\,°\text{C}$
Molvolumen idealer Gase (bei 273,15 K, 1013,25 hPa)	$V_{m_0} = 22{,}4140 \frac{\text{dm}^3}{\text{mol}}$

Atomare Konstanten

	Zeichen	Ladung	Ruhemasse
Elektron	${}^{0}_{-1}\text{e}$	$-1{,}6022 \cdot 10^{-19}\,\text{C}$	$9{,}1093897 \cdot 10^{-31}\,\text{kg}$
Neutron	${}^{1}_{0}\text{n}$	0	$1{,}6749286 \cdot 10^{-27}\,\text{kg}$
Proton	${}^{1}_{1}\text{p}$	$+1{,}6022 \cdot 10^{-19}\,\text{C}$	$1{,}6726231 \cdot 10^{-27}\,\text{kg}$
Deuteron	${}^{2}_{1}\text{d}$	$+1{,}6022 \cdot 10^{-19}\,\text{C}$	$3{,}3444877 \cdot 10^{-27}\,\text{kg}$
α-Strahlung	${}^{4}_{2}\text{He}$	$+3{,}2044 \cdot 10^{-19}\,\text{C}$	$6{,}6446622 \cdot 10^{-27}\,\text{kg}$

Elektronvolt 1 eV = $1{,}60217733 \cdot 10^{-19}\,\text{J}$
Atomare Masseneinheit 1 u = 1/12 m (^{12}C) = $1{,}6605402 \cdot 10^{-27}\,\text{kg}$
Energie-Masse-Äquivalent 1 u = 931,49433 MeV/c^2

Astronomische Konstanten

Sonne	Masse Radius	$m_S = 1{,}989 \cdot 10^{30}\,\text{kg}$ $r_S = 6{,}96 \cdot 10^8\,\text{m}$
Mond	Masse Radius Abstand zur Erde (mittlerer) Umlaufzeit um Erde (synodisch[1])	$m_M = 7{,}349 \cdot 10^{22}\,\text{kg}$ $r_M = 1{,}738 \cdot 10^6\,\text{m}$ $= 3{,}844 \cdot 10^8\,\text{m}$ 1 Monat = 29,53051 d
Erde	Masse Radius Abstand zur Sonne (mittlerer) Umlaufzeit um Sonne (siderisch[2]) Normfallbeschleunigung Solarkonstante (über der Lufthülle)	$m_E = 5{,}974 \cdot 10^{24}\,\text{kg}$ $r_E = 6{,}378 \cdot 10^6\,\text{m}$ 1 AE = $1{,}4959787 \cdot 10^{11}\,\text{m}$ 1 Jahr = 1 a = 365,2564 d $g_n = 9{,}80665\,\text{m/s}^2$ $S = 1{,}368 \cdot 10^3\,\text{W/m}^2$

Astronomische Einheit
1 AE = $1{,}4959787 \cdot 10^{11}\,\text{m}$
Lichtjahr 1 LJ = 63275 AE ≈ $9{,}46 \cdot 10^{15}\,\text{m}$
Parsec 1 parsec = 3,26 LJ ≈ $3{,}09 \cdot 10^{16}\,\text{m}$

[1] synodisch: von Neumond zu Neumond
[2] siderisch: 360°-Umrundung der Sonne

Grundeinheiten

1 Meter (1 m) ist die Strecke, die Licht im Vakuum in 1/299792458 s durchläuft.

1 Kilogramm (1 kg) ist die Masse eines Prototyps (Urkilogramm) in Paris.

1 Sekunde (1 s) ist das 9192631770-fache der Dauer einer Periode der Strahlung, die das Caesiumisotop ${}^{133}_{55}\text{Cs}$ beim Wechsel zwischen zwei gewissen Energieniveaus aussendet.

1 Ampere (1 A) ist die Stromstärke, die zwischen zwei unendlich langen, parallelen Leitern im Abstand 1 m die Kraft von $2 \cdot 10^{-7}\,\text{N}$ hervorruft.

1 Kelvin (1 K) ist der 273,16te Teil der Temperatur des Tripelpunktes von Wasser (bei 0,01 °C und 6 hPa).

1 Mol (1 mol) ist die Stoffmenge, deren Teilchenzahl genauso groß ist, wie es Atome in 0,012 kg des Stoffes ${}^{12}_{6}\text{C}$ gibt.

Wichtige Größen und ihre Einheiten

Größe	Zeichen	Einheitenname	Zeichen	Festlegung
Länge	*s*, *l*	Meter	1 m	Lichtgeschwindigkeit c_0 mal Zeit
Fläche	*A*	Quadratmeter	1 m²	$1\,m^2 = 1\,m \cdot 1\,m$
Volumen	*V*	Kubikmeter	1 m³	$1\,m^3 = 1\,m \cdot 1\,m \cdot 1\,m$
Masse	*m*	Kilogramm	1 kg	Grundeinheit, festgelegt durch ein Normal
Dichte	ϱ		$1\,kg/m^3$; $1\,g/cm^3$	Masse durch Volumen
Stoffmenge	*n*	Mol	1 mol	Grundeinheit, festgelegt durch ein Normal
Zeit	*t*	Sekunde	1 s	Grundeinheit, festgelegt durch ein Normal
Geschwindigkeit	*v*		1 m/s; 1 km/h	Weglänge durch Zeitspanne
Frequenz	*f*	Hertz	1 Hz	1 Hz = 1 1/s; Anzahl Perioden durch Sekunde
Kraft	*F*	Newton	1 N	$1\,N = 1\,kg\,m/s^2$; Masse mal Beschleunigung
Druck	*p*	Pascal	1 Pa	$1\,Pa = 1\,N/m^2$; Kraft/Fläche
Arbeit	*W*	Joule, Wattsekunde	1 J, 1 Ws	Kraft mal Weg in Kraftrichtung
Energie	*E*	Joule, Wattsekunde	1 J, 1 Ws	$1\,J = 1\,Ws = 1\,N \cdot 1\,m$
Leistung	*P*	Watt	1 W	1 W = 1 J/s; Arbeit durch Zeit
Temperatur	ϑ	Grad Celsius	1 °C	festgelegte Skala } Temperaturunterschied:
	T	Kelvin	1 K	festgelegte Skala } 1 °C = 1 K
Ladung	*Q*	Coulomb	1 C	$1\,C = 1\,A \cdot 1\,s$; Stromstärke mal Zeit
Stromstärke	*I*	Ampere	1 A	Grundeinheit, festgelegt durch ein Normal
Spannung	*U*	Volt	1 V	1 V = 1 Ws/C; Arbeit durch Ladung
Widerstand	*R*	Ohm	1 Ω	1 Ω = 1 V/A; Spannung durch Stromstärke

Vorsilben für dezimale Vielfache und Teile von Einheiten

Vorsilbe	Exa (E)	Peta (P)	Tera (T)	Giga (G)	Mega (M)	Kilo (k)	Hekto (h)	Deka (da)
bedeutet	10^{18}	10^{15}	10^{12}	10^{9}	10^{6}	10^{3}	10^{2}	10^{1}
Vorsilbe	Dezi (d)	Zenti (c)	Milli (m)	Mikro (µ)	Nano (n)	Piko (p)	Femto (f)	Atto (a)
bedeutet	10^{-1}	10^{-2}	10^{-3}	10^{-6}	10^{-9}	10^{-12}	10^{-15}	10^{-18}

Spezielle Einheiten, ausländische Einheiten

1 geografische Meile	= 7420 m
1 Seemeile (sm)	= 1852 m
1 Knoten (kn) = 1 sm/h	= 0,5144 m/s
1 Faden	= 1,829 m
1 Registertonne	= 2,832 m³
1 internat. Karat	= 0,2051 g
1 Feinunze (troy ounce)	= 31,1035 g
1 inch (in, Zoll)	= 2,54 cm
1 foot (ft) = 12 in	= 30,48 cm
1 yard (yd) = 3 ft	= 91,44 cm
1 mile = 1760 yd	= 1609 m
1 acre	= 4 047 m²

		englisch	amerik.
1 pint (liq. pt.)	=	0,5683 l	0,4732 l
1 quart = 2 pints	=	1,1365 l	0,9464 l
1 gallon = 4 quarts	=	4,5460 l	3,7854 l
1 petroleum barrel	=	159,11 l	158,99 l
1 °Fahrenheit (°F)	=	5/9 °C; (0 °C ≙ 32 °F)	
		x °C = (9/5 x + 32) °F	
1 ounce (oz)	=		28,35 g
1 pound (lb) = 16 oz	=		453,60 g
1 quarter (qu) = 28 lbs	=		12,70 kg
1 short ton = 2 000 lbs	=		907,20 kg
1 long ton = 2 240 lbs	=		1016,00 kg

Veraltete Einheiten

Druck	
1 at	= 98 066,5 Pa
1 atm	= 101 325 Pa
1 Torr	= 133 Pa
Energie	
1 kcal	= 4 186,8 J
1 kpm	= 9,80665 J
Leistung	
1 PS	= 736 W
1 kcal/h	= 1,16 W
1 kp m/s	= 9,80665 W

Eigenschaften verschiedener Stoffe

ϱ = Dichte bei 20 °C, für Gase bei 0 °C und 1013 hPa;
γ = Volumenausdehnungszahl bei 20 °C;
c = spezifische Wärmekapazität, bei Gasen bei konstantem Druck;
s = spezifische Schmelzenergie;
α = Längenausdehnungszahl bei 18 °C;
v = Schallgeschwindigkeit in Gasen bei 0 °C;
ϑ_f = Schmelztemperatur;
ϑ_d = Siedetemperatur;
r = spezifische Verdampfungsenergie

Feste Stoffe	ϱ g/cm³	α 1/(10⁶ K)	c kJ/(kg · K)	ϑ_f °C	s kJ/kg	ϑ_d °C	r kJ/kg
Aluminium	2,70	23,8	0,896	660	404	2400	10539
Beton	2,2–2,5	11	0,879				
Blei	11,35	29,4	0,129	327	24,7	1750	871
Cobalt	8,8	12,6	0,419	1493	260	2880	4815
Eis (–4 °C)	0,92	37	2,09	0	334	100	2257
Eisen	7,86	11,59	0,452	1535	270	2800	6322
Glas	2,23	3,2	0,799	815			
Gold	19,3	14,2	0,129	1063	64,5	2660	1578
Graphit	2,25	19	0,711	3800		4400	
Iod	4,93	64,1	0,214	114	124	183	163
Kochsalz	2,16	48	0,854	808	519	1461	2789
Kupfer	8,93	16,8	0,385	1083	205	2582	4798
Messing (MS 7,2)	8,6	18,5	0,375	~320		1160	
Natrium	0,97	71	1,23	98	113	890	4600
Paraffin	0,8–0,9	150	2,51	50			
Platin	21,45	9,1	0,134	1769	111	4300	2470
Plexiglas	1,16	75	1,30	~110			
Porzellan	2,3	4	0,846	1670			
Quarzglas	2,20	5,6	0,712	1585			
Schwefel	2,06	56,5	0,720	113	50,2	445	293
Silber	10,5	19,3	0,237	961	105	2180	2361
Silicium	2,4	2,5	0,703	1423	166	2350	12561
Wolfram	19,27	4,5	0,142	3390	192	5500	4354
Zink	7,13	26,3	0,389	420	111	907	1754
Zinn	7,30	27	0,226	232	59,5	2680	2387
Flüssigkeiten	ϱ g/cm³	α 1/(10³ K)	c kJ/(kg · K)	ϑ_f °C	s kJ/kg	ϑ_d °C	r kJ/kg
Aceton	0,791	1,43	2,22	–95	82,1	56	519
Benzol	0,879	1,23	1,70	6	126	80	394
Ethanol	0,789	1,10	2,40	–114	105	78	854
Ether	0,714	1,62	2,26	–116		34,6	356
Glycerin	1,260	0,50	2,39	18	201	291	
Petroleum	0,847	0,96	2,14			150	
Quecksilber	13,546	0,181	0,138	–39	11,8	357	285
Schwefelsäure (rein)	1,834	0,22	1,42	10,4	109	338	
Wasser	0,998	0,21	4,19	0	334	100	2257
Gase	ϱ g/dm³	v m/s	c kJ/(kg · K)	ϑ_f °C	s kJ/kg	ϑ_d °C	r kJ/kg
Ammoniak	0,771	415	2,16	–77,7	332	–33,4	1374
Chlor	3,214	206	0,486	–101,5	90,4	–34,7	289
Helium	0,179	965	5,23	–273,2		–268,98	20,5
Kohlenstoffdioxid	1,977	266	0,837	–78,5	181	–57	574
Kohlenstoffmonooxid	1,25	337	1,05	–204	29,7	–191,5	216
Luft	1,293	332	1,005	–213		–193	
Propan	2,010	260	1,63	–187,7	80,0	–42,1	427
Sauerstoff	1,429	315	0,917	–219	13,8	–182,97	214
Stickstoff	1,251	334	1,04	–210,5	25,5	–195,8	201
Wasserstoff	0,0899	1286	14,32	–259,5	58,2	–252,8	448
Xenon	5,897	170	0,126	–111,8	17,6	–108,1	99,2

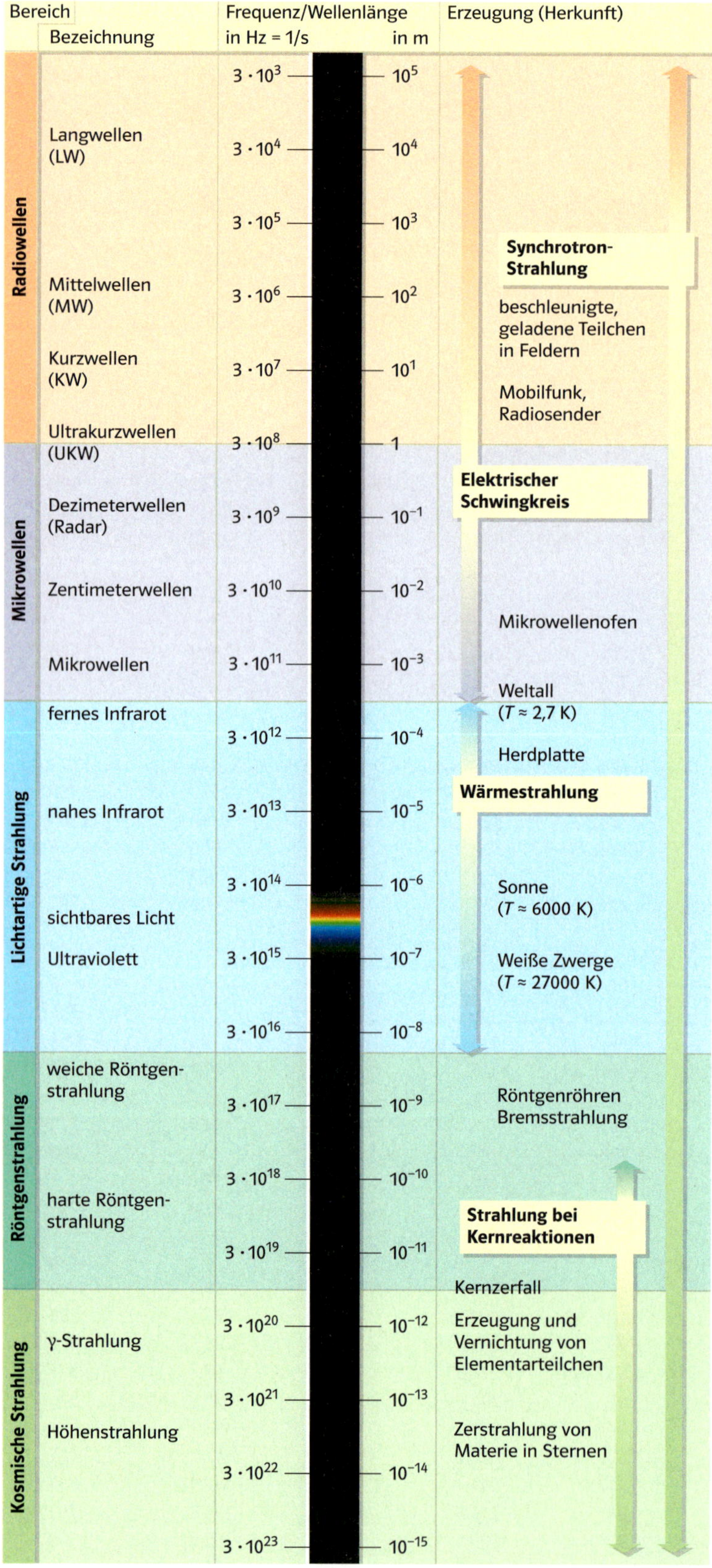

B1 Bereiche elektromagnetischer Wellen im Spektrum

Dichte von Gebrauchsstoffen
(bei 20 °C) in g/cm^3

Benzin	0,7
Beton	2,2 – 2,5
Erdgas L	0,00083
Gummi	0,9 – 1,1
Heizöl EL	0,86
Holz	0,1–0,7
Glas	2,23
Keramik	2,0
Kerzenwachs	0,9
Kohle	0,9 – 1,4
Papier	0,8 – 1,1
Messing (MS 7,2)	8,6
Plexiglas	1,16
Polystyrol (Styropor)	0,03
Polyvinylchlorid (PVC)	1,3
Polyethylen (PE)	0,95
Porzellan	2,3
Sand (trocken)	1,6 – 1,8
Stahl	7,6 – 7,8

Dichte und Wärmeleitzahl von Baustoffen

Baustoff	Dichte	Wärmeleitzahl
Ziegel	1400 kg/m^3	0,58 W/mK
Kalksandstein	1600 kg/m^3	0,79 W/mK
Beton	2400 kg/m^3	2,10 W/mK
Gasbeton	600 kg/m^3	0,19 W/mK
Mineralfaser	110 kg/m^3	0,041 W/mK
Hartschaum	30 kg/m^3	0,041 W/mK
Kork	160 kg/m^3	0,044 W/mK
Fichte	800 kg/m^3	0,20 W/mK

Transurane (Beispiel mit einem Isotop; Z = Kernladungszahl, A = Atommassenzahl, $T_{1/2}$ = Halbwertszeit)

Name		Z	A	$T_{1/2}$
Neptunium	Np	93	237	$2{,}1 \cdot 10^6$ a
Plutonium	Pu	94	244	$8 \cdot 10^7$ a
Americium	Am	95	243	$7{,}4 \cdot 10^3$ a
Curium	Cm	96	247	$1{,}6 \cdot 10^7$ a
Berkelium	Bk	97	247	1400 a
Californium	Cf	98	251	≈ 800 a
Einsteinium	Es	99	254	276 d
Fermium	Fm	100	257	100 d
Mendelivium	Md	101	258	55 d
Nobelium	No	102	259	59 min
Lawrencium	Lr	103	260	3 min
Rutherfordium	Rf	104	261	65 s
Dubnium	Db	105	262	40 s
Seaborgium	Sg	106	263	0,9 s
Bohrium	Bh	107	262	102 ms
Hassium	Hs	108	269	1,8 ms
Meitnerium	Mt	109	268	3,4 ms

Nuklide mit $Z = 110$ bis $Z = 118$ bereits entdeckt

Radioaktive Zerfallsreihen

Thorium-Reihe

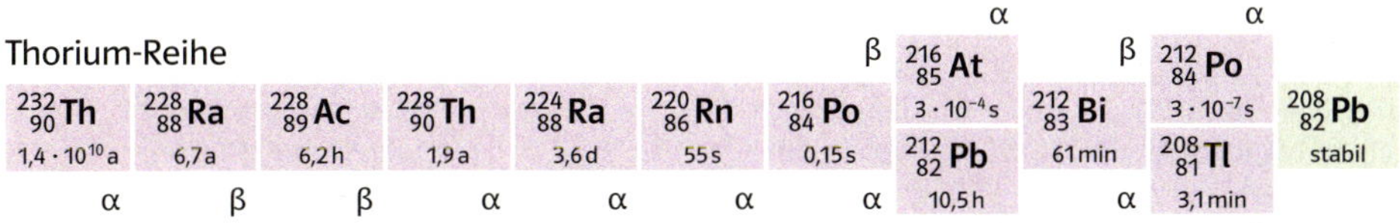

Uran-Radium-Reihe

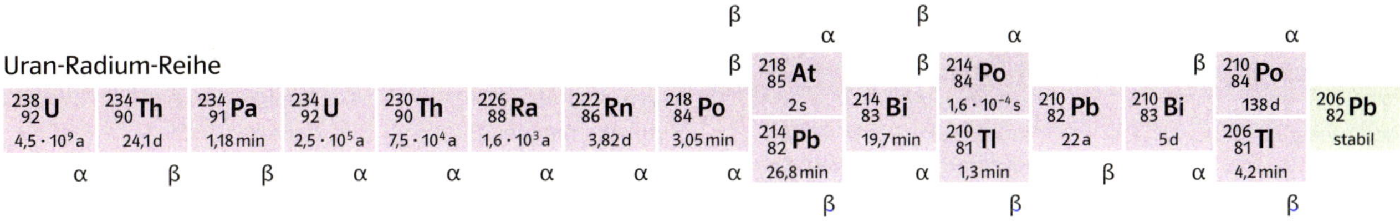

Uran-Actinium-Reihe

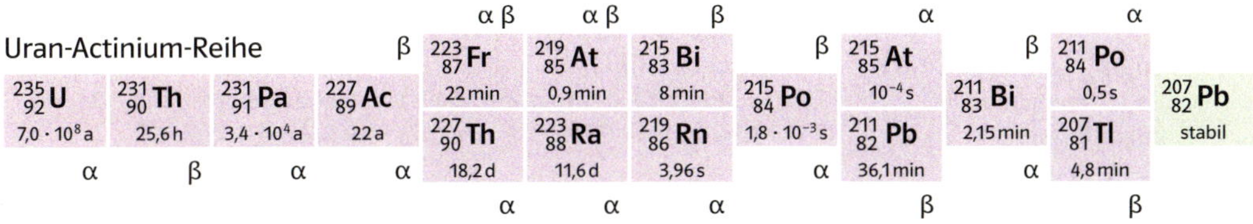

Plutonium-Neptunium-Reihe (künstlich)

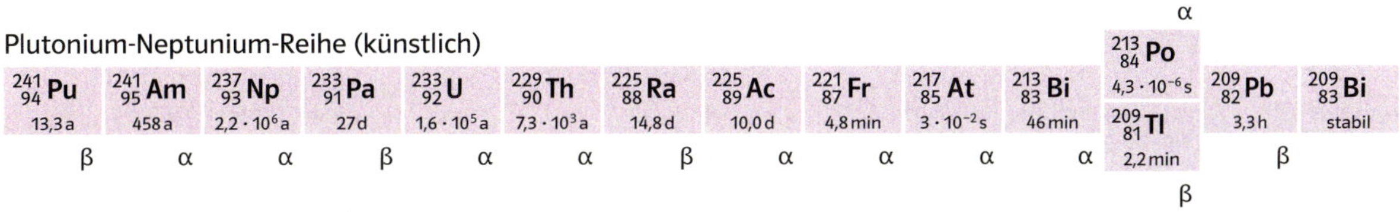

Ausgewählte Isotope Angegeben sind in Spalte **1** = Element, **2** = Kernladung, **3** = Massenzahl, **4** = Kernmasse in u, **5** = Halbwertszeit bzw. Häufigkeit im natürlichen Isotopengemisch ($1\,u = 1{,}66053837 \cdot 10^{-27}\,kg$)

1	2	3	4	5
H	1	1	1,0072765	stabil, 99,985 %
	1	2	2,0135534	stabil, 0,015 %
	1	3	3,0155004	β^-/12,346 a
He	2	3	3,014932	stabil, 0,00013 %
	2	4	4,001506	stabil, 99,99987 %
	2	6	6,017793	β^-/0,802 s
Li	3	6	6,013479	stabil, 7,4 %
	3	7	7,014358	stabil, 92,6 %
Be	4	9	9,009992	stabil, 100 %
B	5	10	10,010196	stabil, 20 %
	5	11	11,006562	stabil, 80 %
C	6	12	11,996708	stabil, 98,89 %
	6	13	13,000044	stabil, 1,11 %
	6	14	13,999948	β^-/5730 a
O	8	16	15,990526	stabil, 99,756 %
	8	17	16,994741	stabil, 0,039 %
	8	18	17,994771	stabil, 0,205 %
K	19	39	38,953287	stabil, 93,2 %
	19	40	39,953577	$\beta^-/1{,}2 \cdot 10^9$ a
	19	41	40,951407	stabil, 6,7 %
Fe	26	56	55,920676	stabil, 91,8 %
Kr	36	82	81,893731	stabil, 11,6 %
	36	83	82,891754	stabil, 11,5 %
	36	84	83,891754	stabil, 57,0 %
	36	85	84,910890	β^-/10,78 a
	36	86	85,890867	stabil, 17,3 %

1	2	3	4	5
I	53	123	122,877045	γ/13,3 h
	53	127	126,875396	stabil, 100 %
	53	131	130,877045	β^-/8,05 d
Ba	56	137	136,874780	stabil, 11,2 % *)
	56	138	137,874290	stabil, 71,9 %
	56	144	143,871420	β^-/11,9 s
Tl	81	206	205,932065	β^-/4,19 min
Pb	82	206	205,929471	stabil, 24,1 %
	82	207	206,930619	stabil, 22,1 %
	82	208	207,931516	stabil, 52,4 %
Po	84	210	209,936795	α/138,38 d
	84	218	217,962850	α/3,05 min
Rn	86	219	218,962302	α/3,96 s
	86	220	219,964222	α/55,4 s
	86	222	221,970352	α/3,824 d
Ra	88	224	223,971945	α/3,64 d
	88	226	225,977085	α/1620 a
	88	228	227,982865	β^-/5,75 a
U	92	233	232,989061	$\alpha/1{,}62 \cdot 10^5$ a
	92	234	233,990431	$\alpha/2{,}47 \cdot 10^5$ a
	92	235	234,99346	$\alpha/7{,}04 \cdot 10^8$ a
	92	236	235,995221	$\alpha/2{,}39 \cdot 10^7$ a
	92	237	236,998211	β^-/6,75 d
	92	238	238,000301	$\alpha/4{,}47 \cdot 10^9$ a
	92	239	239,003821	β^-/23,5 min
Pu	94	239	239,000534	$\alpha/2{,}439 \cdot 10^4$ a

*) angeregter Zustand $T_{1/2} = 2{,}55$ min

Stichwort- und Personenverzeichnis

Bildquellenverzeichnis:

Einband: U1.1 Klett-Archiv (Zuckerfabrik digital), Stuttgart; U4.1 Corbis (TempSport/Dimitri Lundt), Düsseldorf; U4.2 Allover (Max Dereta), Kleve;

3.1 Astrofoto, Sörth; – 3.2 Getty Images (Zoom Agence), München; – 3.3 iStockphoto (RF/Norman Eder), Calgary, Alberta; – 3.4 Süddeutscher Verlag (Scherl), München; – 3.5 AKG, Berlin; – 3.6 BPK, Berlin; – 3.7 Motor Presse International, Stuttgart; – 3.8 IBM Deutschland GmbH, Stuttgart; – 5.1 Astrofoto (Shigemi Numazawa); – 6.3 Klett-Archiv (Andreas Staiger); – 6.4 pictureservices RF (SDP), Mittenwald; , – 6.5 Corbis (Louie Psihoyos); – 7.1 Astrofoto; – 7.2 Mauritius (van Ravenswaay), Mittenwald; – 7.3 Andia.fr (Nasa / Liverani), Pacé; – 8.1 AKG; – 10.2 Astrofoto (NASA); – 11.3 Deutsches Museum, München; – 12.1 Getty Images (Aurora Creative/Craig Tuttle); – 13.3 Klett-Archiv (Georg Trendel); – 15.4 Mauritius; – 16.1 Picture-Alliance (ESA), Frankfurt; – 16.3 Astrofoto (ESA); – 16.4 M. Brotbeyhel, Augsburg 1532; – 16.5 Corbis (Charles & Josette Lenars); – 17.1 Klett-Archiv (Georg Trendel); – 17.4 Corbis (Louie Psihoyos); – 18.2 Carl Zeiss Jena GmbH, Jena; – 19.2 Picture-Alliance (dpa); – 19.5 iStockphoto (Jeff McDonald); – 20.1, 2, 3 Klett-Archiv (Christian Wolf); – 20.4 Mauritius (Rossenbach); – 21.1 Getty Images (Zoom Agence); – 21.2 Visum (Travel Ink), Hamburg; – 21.3 Frorider.ch, Hausen a. A.; – 21.4 Picture-Alliance (ZB/Hubert Link); – 23.2 Klett-Archiv (Manfred Grote); 26.1, 3, 5 Klett-Archiv; – 27.1, 2, 5 Klett-Archiv; – 30.1 Klett-Archiv (Zuckerfabrik Digital); – 31.2 Corbis (Edward Bock); – 34.7 Klett-Archiv; – 36.1 Klett-Archiv; – 36.2 Klett-Archiv (Florian Karsten); – 37.1 Dartfish Ltd., Fribourg 5; – 37.3 Helga Lade (David Hornback), Frankfurt; – 38.1 Klett-Archiv (Zuckerfabrik Digital); – 40.2 Sven Simon Fotoagentur, Mülheim an der Ruhr; – 40.3a, b Klett-Archiv (Alexander Mittag); – 41.3 Klett-Archiv (Horst Welker); – 42.3 Klett-Archiv (Horst Welker); – 43.2 MEV, Augsburg; – 44.1 Imageshop RF (Imageshop), Düsseldorf; – 44.2 Picture-Alliance (ZB/Matthias Hiekel); – 44.3 Dreamstime (Neil Wigmore), Brentwood, TN; – 44.4 Reuters (Pascal Rossignol), Berlin; – 44.5 Astrofoto; – 44.6 Mauritius (Photononstop); – 45.1 Getty Images/Bongarts, Hamburg; – 46.1 Angermayer (Hans Pfletschinger), Holzkirchen; – 46.2 Fördergemeinschaft Burg Burgthann e.V., Burgthann; – 47.1 iStockphoto (RF/Norman Eder); – 47.2 Getty Images (photonica/Jake Rajs); – 47.3 Getty Images/Bongarts (Kienzler); – 47.4 Klett-Archiv; – 48.2 imago sportfotodienst (Kosecki), Berlin; – 48.1a, b Klett-Archiv (Manfred Grote); – 50.2 f1 online digitale Bildagentur (Trigalou), Frankfurt; – 51.2, 3 Getty Images (Bongarts/Frank Peter); – 51.4 Deutsches Museum; – 52.4 Picture-Alliance (UPI); – 53.1 iStockphoto (RF/Bernd Klumpp); – 53.2 Picture-Alliance (dpa/epa anp Robert Vos); – 53.3 MEV; – 53.4 Klett-Archiv; – 55.1 Süddeutscher Verlag (Scherl); – 55.2 AKG; – 55.3 BPK; – 55.4 Klett-Archiv (Michael Wagner); – 55.5 iStockphoto (RF/Renee Lee); – 55.6 TOPICMedia (Volkmar Brockhaus), Ottobrunn; – 57.2 Institut für theoretische Astrophysik, Universität Tübingen; Max-Planck-Institut für biologische Kybernetik, Tübingen; – 59.4 Deutsches Museum; – 61.1 Kölnarena, Köln; – 61.2 Klett-Archiv (Walter Jordan); – 62.1 Klett-Archiv (Melanie Nerding); – 63.1 Motor Presse International, Stuttgart; – 63.2 AKG; – 63.3 Schindzielorz, Bernd, Hausen; – 64.1 Eisenbeiss, Hermann, Bad Kohlgrub; – 64.3a, b Klett-Archiv (Fritz Kühn); – 66.1 Focus, Hamburg; – 66.2 Corbis (TWPhoto); – 66.3 Wikimedia Foundation Inc. (PD / David Rydevik), St. Petersburg FL; – 67.1, 2, 3 Klett-Archiv (Zuckerfabrik Digital); – 69.1 Sennheiser, Wedemark; – 71.1 Gasteig München GmbH (Matthias Schönhofer), München; – 72.1 Angermayer; – 72.3 Klett-Archiv (Zuckerfabrik Digital); – 72.5 Sennheiser (Blue Studios GmbH), Wedemark; – 72.6 Klett-Archiv (Zuckerfabrik Digital); – 74.1 Eisenbeiss, Hermann, Bad Kohlgrub; – 74.2 Klett-Archiv (Jens Werlein); – 75.1 IBM Deutschland GmbH; – 75.3 Verein Deutscher Ingenieure, Düsseldorf; – 75.4 laif (REA), Köln; – 76.1 Klett-Archiv (Peter Wojke); – 77.3 Klett-Archiv (Berthold Freytag); – 77.4 AKG; – 77.5 ullstein bild (Interfoto Rauch), Berlin; – 79.2 Klett-Archiv (Wilhelm Bredthauer); – 79.3 Prof. Dr. C. Jönsson, Tübingen; – 80.2 Focus (Sinclair Stammers), Hamburg; – 80.4 Focus (EOS/Meckes/MPI); – 80.5 Prof. Dr. Wilhelm Barthlott, Nees-Institut für Biodiversität der Pflanze; – 81.2a, b Klett-Archiv; – 83.1, 2, 4, 6 – 9 FH Brandenburg, Fachbereich Technik (Michael Vollmer), Brandenburg an der Havel; – 84.3 Klett-Archiv; – 85.5 Mauritius; – 85.6 Helga Lade; – 86.1 Beuth Verlag GmbH, Wiedergegeben mit Erlaubnis des DIN Deutschen Instituts für Normung e.V.; – 86.5 MEV; – 87.1 Joker (Karl-Heinz Hick), Bonn; – 88.1 Prof. Dr. C. Jönsson; – 88.2 Klett-Archiv (Peter Wojke); – 90.1 Astrofoto (Nordic Optical Teles); – 91.1 Corbis (Roger Ressmeyer); – 91.2 Mauritius (Photri); – 91.3 Astrofoto (Bernd Koch); – 92.1 ullstein bild, Berlin; – 92.2, 3 ullstein bild (Granger Collection); – 96.1 f1 online digitale Bildagentur (Aflo); – 98.1 Univ. Hamburg/Inst. für Experimenta (Vorlesungssammlung), Hamburg; – 98.4 Klett-Archiv; – 99.2 creativ collection, Freiburg; – 99.5 IFA-BILDERTEAM GmbH (LDW), Ottobrunn; – 100.1 Daimler AG, Stuttgart; – 101.3 Klett-Archiv; – 103.3 Focus (SPL/Prof. P. Motta); – 103.4 Okapia (Stephen Dalton), Frankfurt; – 103.5a Kulka, Matthias (Matthias Kulka), Düsseldorf; – 103.5b Focus (SPL, Matt Meadows); – 104.2a und 2b aus Lärm und Gesundheit. Materialien für 5.-10.Klassen. Broschüre herausgegeben von der Bundeszentrale für gesundheitliche Aufklärung, Köln 1998, S. 19 Aufklärung, Köln 1998, S. 19; – 105.3 Luft, Matthias, Münster; – 105.1a, b Klett-Archiv (Zuckerfabrik Digital); – 105.2a, b Klett-Archiv (Peter Wessels); – 107.1 JupiterImages (photos.com), Tucson, AZ; – 107.2 CONATEX-DIDACTIC Lehrmittel GmbH, Neunkirchen; – 108.1, 2, 3a, 3b, 4 Klett-Archiv (Melanie Nerding); – 109.1 Phywe Systeme GmbH & Co. KG, Göttingen; – 109.2 Klett-Archiv (Dr. Bruno P. Kremer); – 110.1 NASA, Washington , D.C.; – 110.5 Klett-Archiv (Berthold Freytag); – 110.3a Helga Lade (Rainer Binder); – 110.3b Mauritius (Superstock); – 112.2 defd, Hamburg; – 112.2 iStockphoto (RF/Renee Lee); – 116.1 Nussbaumer, Peter, Perschling; – 116.2 medicalpicture GmbH (Dianino), Köln; – 116.3 Wiley-VCH Verlag, Weinheim, aus Evers, Die wundersame Welt der Atomis

Nicht in allen Fällen war es uns möglich, den uns bekannten Rechteinhaber ausfindig zu machen. Berechtigte Ansprüche werden selbstverständlich im Rahmen der üblichen Vereinbarungen abgegolten.

10 Physik (2, NTG 2 + Profil)

Astronomische Weltbilder Bei Jugendlichen dieser Altersstufe entwickelt sich zunehmend Interesse an philosophischen und weltanschaulichen Themen. Damit verbunden sind auch Fragen nach dem Aufbau und den Gesetzmäßigkeiten des Mikro- und Makrokosmos. Die Schüler der Jahrgangsstufe 10 erfahren, wie sich das Bild von der Natur aus den Vorstellungen in der Antike über das auf wenigen Prinzipien aufbauende System Newtons bis hin zur Quantenphysik entwickelt hat. Hierbei erkennen sie, dass zunehmend verfeinerte Untersuchungsmethoden zu Ergebnissen führen können, die mit den jeweils geltenden Vorstellungen und Theorien nicht in Einklang zu bringen sind und deshalb die Entwicklung neuer umfassenderer Modellvorstellungen erzwingen.

Die Schüler verstehen, dass physikalische Erkenntnisse nicht nur einen fundamentalen Wandel des Weltbilds bewirken, sondern auch durch ihre Auswirkungen auf Gesellschaft und Technik die Lebensbedingungen des Menschen mitbestimmen können. Sie erkennen dabei die ethische und gesellschaftliche Dimension der physikalischen Forschung und lernen, diese differenziert zu betrachten.

Anhand ausgewählter Vertiefungen können die Jugendlichen die Fachinhalte festigen und Fachmethoden weiterentwickeln. Im Rahmen von Referaten und einem etwa fünfstündigen Unterrichtsprojekt eignen sich die Schüler neben anderen Kompetenzen das Wissen aus einem der angegebenen Themenbereiche selbst an. Dabei erweitern sie ihre Fähigkeiten, Probleme allein oder im Team eigenverantwortlich zu behandeln und dabei auch wissenschaftliche Arbeitsmethoden zu benutzen.

Die Schüler des Naturwissenschaftlich-technologischen Gymnasiums haben im Profilbereich die Möglichkeit, sich mit weitergehenden Inhalten aus der Vorschlagsliste in Ph 10.4 vertraut zu machen und vertiefen damit ihre Kenntnisse und Fertigkeiten.

In der Jahrgangsstufe 10 erwerben die Schüler folgendes Grundwissen:
- Sie kennen wichtige Entwicklungsstufen des astronomischen Weltbilds.
- Sie können für verschiedene Bewegungsvorgänge die wirkenden Kräfte angeben, um damit die zugehörige Bewegungsgleichung aufzustellen und numerisch zu lösen.
- Sie kennen mathematische Beschreibungen für idealisierte Bewegungen und können sie auf Beispiele aus ihrer Erfahrungswelt übertragen.
- Sie kennen grundlegende Begriffe und Phänomene im Zusammenhang mit Wellen.
- Sie kennen grundlegende Aussagen der Quantenphysik und deren Auswirkungen auf das physikalische Weltbild.
- Sie kennen Denk- und Arbeitsweisen der klassischen und modernen Physik und sind sich des Modellcharakters physikalischer Aussagen und derer Grenzen bewusst.
- Sie können ein physikalisches Thema unter Berücksichtigung wissenschaftlicher Arbeitsmethoden (Experimentieren, Umgang mit Informationen, Präsentieren) selbständig behandeln.

Ph 10.1 Astronomische Weltbilder (ca. 8 Std.) Die Schüler gewinnen einen Einblick in wesentliche Entwicklungsstationen der Vorstellungen vom Aufbau unseres Planetensystems. Sie lernen auch historische Ansätze kennen, die sich später als korrekturbedürftig erwiesen haben, und solche, die sich zwar zunächst nicht durchsetzen konnten, die aber unserer heutigen Vorstellung weitgehend entsprechen.
Sie erfahren, dass Erkenntnisse der Physik zur Weiterentwicklung des astronomischen Weltbilds und schließlich zum modernen kosmologischen Weltbild geführt haben.

- Entwicklung des astronomischen Weltbilds von der Antike bis zu Kepler [→ L 10.1.3]
  - geozentrisches und heliozentrisches Weltbild vor dem jeweiligen geistesgeschichtlichen und gesellschaftlichen Hintergrund
  - Mitteilung der Kepler'schen Gesetze und Anwendung auf die Bewegungen von Himmelskörpern

- Aspekte der modernen Kosmologie
  - Überblick über Urknall, Expansion und Struktur des Universums

Ph 10.2 Die Mechanik Newtons (ca. 32 Std.) Die Grundlagen der Mechanik Newtons haben sich die Schüler bereits in den vorherigen Jahrgangsstufen erarbeitet, als sie sich im Rahmen der Kinematik und der Dynamik mit der Beschreibung und Deutung von Bewegungsabläufen beschäftigt haben. Sie erkennen nun den großen Fortschritt der kausal erklärenden Theorie Newtons gegenüber dem Vorgehen durch Galilei und Kepler, die für bestimmte Bewegungsabläufe zwar exakte Beschreibungen, aber keine verbindende Theorie angeben konnten. Die Jugendlichen lernen, wie sie eine Vielfalt von Bewegungen theoretisch und experimentell untersuchen können. Hierzu werden die Einflüsse auf einen Körper analysiert und die auf ihn wirkende Gesamtkraft sowie die Anfangsbedingungen formuliert. Sie erkennen, dass die aus der Gesamtkraft und dem 2. Newton'schen Gesetz sich ergebende Bewegungsgleichung gelöst werden muss, um Vorhersagen für die Bewegung zu ermöglichen. Die Schüler haben in der Jahrgangsstufe 9 für den Sonderfall der konstanten Kraft eine analytische Lösungsmethode kennengelernt. Nun werden sie mit einer einfachen numerischen Methode vertraut gemacht, die auch Lösungen für realistischere Bewegungsabläufe liefert. In erster Linie bestimmen sie die wirkenden Kräfte, interpretieren aus physikalischer Sicht kritisch die sich z. B. aus Simulationen ergebenden Ergebnisse und vergleichen diese mit entsprechenden experimentellen Daten. Bei der Anwendung des Impulserhaltungssatzes beschränken sie sich auf elementare, eindimensionale Probleme.

- Newtons Gesetze als Grundlage für die Erklärung von Bewegungsabläufen
- Eindimensionale Bewegungen
  - Einführung eines einfachen numerischen Verfahrens [→ Inf 9.1] zum Lösen der Bewegungsgleichung anhand eines geeigneten Beispiels
  - Überprüfung des Verfahrens anhand der bekannten Funktionen für Bewegungen unter konstanter Krafteinwirkung
  - Anwendung des numerischen Verfahrens auf die harmonische Schwingung und experimentelle Bestätigung
  - Anwendung des numerischen Verfahrens auf eine weitere, eindimensionale Bewegung mit nicht konstanter Krafteinwirkung

- Impuls als Erhaltungsgröße
- Impulserhaltungssatz
- Anwendung von Impuls- und Energieerhaltungssatz auf einfache Fälle

- Waagerechter Wurf
- Kreisbewegung mit konstanter Winkelgeschwindigkeit
- Winkelgeschwindigkeit, Zentripetalkraft [→ M 10.2]
- das Newton'sche Gravitationsgesetz
- Bewegungen unter Einwirkung der Gravitationskraft; Planetenbewegung

- Ausblick auf die Grenzen der Newton'schen Mechanik
- schwache und starke Kausalität
- Grundaussagen der speziellen Relativitätstheorie

Ph 10.3 Wellenlehre und Einblick in die Quantenphysik (ca. 16 Std.)
Die Schüler erarbeiten sich grundlegende Kenntnisse über Wellen und deren Ausbreitung. Experimente verdeutlichen den Wellen- und Teilchencharakter von Licht sowie von Masseteilchen und führen zu einer neuen Physik – der Quantenphysik. Die Jugendlichen gewinnen einen Einblick in grundlegende Inhalte und Denkweisen dieser Theorie. Dabei wird ihnen bewusst, dass ihre bisherige, von der klassischen Mechanik bestimmte Anschauung in manchen Fällen versagt und dass die Quantenphysik zwangsläufig zu einem fundamental anderen physikalischen Weltbild führt.

- Wellenphänomene in verschiedenen Bereichen der Physik
- Transversal- und Longitudinalwellen
- Interferenz zweier kreisförmiger Wellen, Beugung

- Wellencharakter und Teilchencharakter des Lichts
- qualitative Experimente zur Interferenz von Licht am Doppelspalt
- qualitativer Nachweis des Photoeffekts und dessen Deutung durch Photonen,
- Zusammenhang zwischen Lichtwellenlänge und Photonenenergie

- Teilchencharakter und Wellencharakter von Elektronen
- Demonstration der Elektronenbeugung im Experiment
- Diskussion des Doppelspaltexperiments mit Elektronen anhand einer Simulation

- Photonen und Masseteilchen als Quantenobjekte
- Aufgabe der klassischen Vorstellung von Ort und Geschwindigkeit eines Teilchens
- Unmöglichkeit der Vorhersage von Einzelereignissen
- Quantenphysik als Grundlage moderner Technologien (z. B. Laser)

Ph 10.4 Profilbereich am NTG Im Profilbereich vertiefen die Schüler des Naturwissenschaftlich-technologischen Gymnasiums anhand von Themen aus der unten aufgeführten Vorschlagsliste die in Ph 10.1 bis Ph 10.3 beschriebenen Inhalte. Die Auswahl der Themen orientiert sich an den Interessen der Schüler und bietet damit viele Anknüpfungspunkte an persönliche Erfahrungen. Die Jugendlichen verwenden aufwändigere experimentelle und mathematische Verfahren und erreichen damit auch ein höheres Abstraktionsniveau. An Beispielen aus der modernen Technologie wenden die Schüler die ihnen bekannte problemorientierte Vorgehensweise der Technik an. Schülerzentrierte Unterrichtsformen, wie z. B. arbeitsteiliger Gruppenunterricht, Schülerexperimente oder Projektunterricht, ermöglichen den Jugendlichen in verstärktem Maß, selbständig und selbstverantwortlich zu arbeiten. Das fördert nicht nur die Weiterentwicklung ihrer naturwissenschaftlichen Kompetenzen, sondern auch allgemeine Arbeitstechniken wie den Umgang mit Information, die Zusammenarbeit im Team und das Präsentieren der gewonnenen Ergebnisse. Die angegebenen Inhalte sind als Anregungen zu verstehen.

Probleme aus der Dynamik
- Videoanalyse von Bewegungsabläufen
- Physik und Sport [→ S 10.2]: optimaler Wurf, Sprung, usw.; Magnuseffekt bei Ballspielarten (Topspin)
- Flugphysik: Experimente mit dem Windkanal, Bau von Modellraketen, Vermessung der Flughöhe
- Kräfte in beschleunigten Bezugsystemen: Zentrifugalkraft, Corioliskraft, Wetterphänomene, Drift von Flüssen
- Physik auf dem Jahrmarkt: Messung von Geschwindigkeiten und Beschleunigungen bzw. Kräften bei Fahrgeschäften, Diskussion von Sicherheitsbestimmungen
- Nichtlineare Dynamik und Strukturbildung [→ Inf 10.3]: Sensitivität, Ordnung und Chaos, Bifurkationsszenario, Iteration und Rückkopplung, Selbstorganisation, Fraktale; Beispiele aus verschiedenen Bereichen der Naturwissenschaft

Physik am Computer
- Computermodellierung [→ Inf 10.3]: Verwendung eines Modellbildungssystems, Fehler durch numerische Verfahren
- Computersimulation eines komplexeren mechanischen Systems [→ Inf 10.3]: Zwei- oder Dreikörperproblem, Doppelpendel

Kosmologie
- Sternentwicklung, kosmische Größenordnungen

Wellen und Quanten in der Technik
- Anwendungen von elektromagnetischen Wellen: Funk- und Telekommunikation, Experimente mit dem Mikrowellenofen
- Resonanz: Experimente zu erzwungenen Schwingungen, Resonanzkatastrophe
- Akustik: Schallpegel, Untersuchungen an Instrumenten, Fourier-Analyse, Physik des Hörens
- Ausblick auf weiterführende Themen der Quantenphysik

Periodensystem der Elemente

(Hauptgruppen I–VIII/0) (Nebengruppen Ia–VIIIa)

* beim Elementsymbol: Alle Isotope dieses Elements sind radioaktiv.
Die Zahl oberhalb des Elementsymbols gibt die Atommasse in u an.
Die Zahl links unterhalb des Elementsymbols ist die Ordnungszahl.
Nach den Gesetzen der Quantenphysik können sich Elektronen im Atom nur aufhalten, wenn sie bestimmte Bedingungen erfüllen. Danach kann man sich vorstellen, dass sie in Schalen (von innen nach außen mit K, L, M, N, O, P bezeichnet) und Unterschalen (Zustände mit s, p, d, f bezeichnet) geordnet sind. Hier wird jeweils der Zustand mit der niedrigsten Gesamtenergie, der Grundzustand, wiedergegeben. Unterschalen, von denen aus Elektronen durch geringe Energiezufuhr den Grundzustand verlassen können, sind **farbig** hervorgehoben.

Periode 1

Perioden	I	VIII/0
1	1,0794 $_{1}$**H** Wasserstoff	4,0026 $_{2}$**He** Helium
K-Schale n = 1	1	2

Periode 2

Perioden	I	II	III	IV	V	VI	VII	VIII/0
2	6,941 $_{3}$**Li** Lithium	9,01218 $_{4}$**Be** Beryllium	10,811 $_{5}$**B** Bor	12,0107 $_{6}$**C** Kohlenstoff	14,0067 $_{7}$**N** Stickstoff	15,999 $_{8}$**O** Sauerstoff	18,998 $_{9}$**F** Fluor	20,180 $_{10}$**Ne** Neon
K-Schale n = 1	2	2	2	2	2	2	2	2
L-Schale n = 2	1	2	2 1	2 2	2 3	2 4	2 5	2 6

Periode 3

Perioden	I	II	III	IV	V	VI	VII	VIII/0
3	22,990 $_{11}$**Na** Natrium	24,305 $_{12}$**Mg** Magnesium	26,982 $_{13}$**Al** Aluminium	28,086 $_{14}$**Si** Silicium	30,974 $_{15}$**P** Phosphor	32,066 $_{16}$**S** Schwefel	35,453 $_{17}$**Cl** Chlor	39,948 $_{18}$**Ar** Argon
K-Schale n = 1	2	2	2	2	2	2	2	2
L-Schale n = 2	2 6	2 6	2 6	2 6	2 6	2 6	2 6	2 6
M-Schale n = 3	1	2	2 1	2 2	2 3	2 4	2 5	2 6

Periode 4

Perioden	I	II	IIIa	IVa	Va	VIa	VIIa	VIIIa	VIIIa	VIIIa	Ia	IIa	III	IV	V	VI	VII	VIII/0
4	39,098 $_{19}$**K** Kalium	40,078 $_{20}$**Ca** Calcium	44,956 $_{21}$**Sc** Scandium	47,867 $_{22}$**Ti** Titan	50,942 $_{23}$**V** Vanadium	51,996 $_{24}$**Cr** Chrom	54,381 $_{25}$**Mn** Mangan	55,845 $_{26}$**Fe** Eisen	58,933 $_{27}$**Co** Cobalt	58,693 $_{28}$**Ni** Nickel	65,546 $_{29}$**Cu** Kupfer	65,39 $_{30}$**Zn** Zink	69,723 $_{31}$**Ga** Gallium	72,61 $_{32}$**Ge** Germanium	74,922 $_{33}$**As** Arsen	78,96 $_{34}$**Se** Selen	79,904 $_{35}$**Br** Brom	83,80 $_{36}$**Kr** Krypton
K-Schale n = 1	2	2	2	2	2	2	2	2	2	2	2	2	2	2	2	2	2	2
L-Schale n = 2	2 6	2 6	2 6	2 6	2 6	2 6	2 6	2 6	2 6	2 6	2 6	2 6	2 6	2 6	2 6	2 6	2 6	2 6
M-Schale n = 3	2 6	2 6	2 6 1	2 6 2	2 6 3	2 6 5	2 6 5	2 6 6	2 6 7	2 6 8	2 6 10	2 6 10	2 6 10	2 6 10	2 6 10	2 6 10	2 6 10	2 6 10
N-Schale n = 4	1	2	2	2	2	1	2	2	2	2	1	2	2 1	2 2	2 3	2 4	2 5	2 6

Periode 5

Perioden	I	II	IIIa	IVa	Va	VIa	VIIa	VIIIa	VIIIa	VIIIa	Ia	IIa	III	IV	V	VI	VII	VIII/0
5	85,468 $_{37}$**Rb** Rubidium	87,62 $_{38}$**Sr** Strontium	88,906 $_{39}$**Y** Yttrium	91,224 $_{40}$**Zr** Zirconium	92,906 $_{41}$**Nb** Niob	95,94 $_{42}$**Mo** Molybdän	98,906 $_{43}$**Tc*** Technetium	101,07 $_{44}$**Ru** Ruthenium	102,906 $_{45}$**Rh** Rhodium	106,42 $_{46}$**Pd** Palladium	107,868 $_{47}$**Ag** Silber	112,411 $_{48}$**Cd** Cadmium	114,818 $_{49}$**In** Indium	118,71 $_{50}$**Sn** Zinn	121,760 $_{51}$**Sb** Antimon	127,60 $_{52}$**Te** Tellur	126,904 $_{53}$**I** Iod	131,29 $_{54}$**Xe** Xenon
K-Schale n = 1	2	2	2	2	2	2	2	2	2	2	2	2	2	2	2	2	2	2
L-Schale n = 2	2 6	2 6	2 6	2 6	2 6	2 6	2 6	2 6	2 6	2 6	2 6	2 6	2 6	2 6	2 6	2 6	2 6	2 6
M-Schale n = 3	2 6 10	2 6 10	2 6 10	2 6 10	2 6 10	2 6 10	2 6 10	2 6 10	2 6 10	2 6 10	2 6 10	2 6 10	2 6 10	2 6 10	2 6 10	2 6 10	2 6 10	2 6 10
N-Schale n = 4	2 6	2 6	2 6 1	2 6 2	2 6 4	2 6 5	2 6 5	2 6 7	2 6 8	2 6 10	2 6 10	2 6 10	2 6 10	2 6 10	2 6 10	2 6 10	2 6 10	2 6 10
O-Schale n = 5	1	2	2	2	1	1	2	1	1		1	2	2 1	2 2	2 3	2 4	2 5	2 6

Periode 6

Perioden	I	II	IIIa	IVa	Va	VIa	VIIa	VIIIa	VIIIa	VIIIa	Ia	IIa	III	IV	V	VI	VII	VIII/0
6	132,905 $_{55}$**Cs** Caesium	137,327 $_{56}$**Ba** Barium	138,906 $_{57}$**La** Lanthan	178,49 $_{72}$**Hf** Hafnium	180,948 $_{73}$**Ta** Tantal	183,84 $_{74}$**W** Wolfram	186,207 $_{75}$**Re** Rhenium	190,23 $_{76}$**Os** Osmium	192,217 $_{77}$**Ir** Iridium	195,078 $_{78}$**Pt** Platin	196,967 $_{79}$**Au** Gold	200,59 $_{80}$**Hg** Quecksilber	204,383 $_{81}$**Tl** Thallium	207,2 $_{82}$**Pb** Blei	208,980 $_{83}$**Bi** Bismut	209,0 $_{84}$**Po*** Polonium	210,0 $_{85}$**At*** Astat	222,0 $_{86}$**Rn*** Radon
K-Schale n = 1	2	2	2	2	2	2	2	2	2	2	2	2	2	2	2	2	2	2
L-Schale n = 2	2 6	2 6	2 6	2 6	2 6	2 6	2 6	2 6	2 6	2 6	2 6	2 6	2 6	2 6	2 6	2 6	2 6	2 6
M-Schale n = 3	2 6 10	2 6 10	2 6 10	2 6 10	2 6 10	2 6 10	2 6 10	2 6 10	2 6 10	2 6 10	2 6 10	2 6 10	2 6 10	2 6 10	2 6 10	2 6 10	2 6 10	2 6 10
N-Schale n = 4	2 6 10	2 6 10	2 6 10	2 6 10 14	2 6 10 14	2 6 10 14	2 6 10 14	2 6 10 14	2 6 10 14	2 6 10 14	2 6 10 14	2 6 10 14	2 6 10 14	2 6 10 14	2 6 10 14	2 6 10 14	2 6 10 14	2 6 10 14
O-Schale n = 5	2 6	2 6	2 6 1	2 6 2	2 6 3	2 6 4	2 6 5	2 6 6	2 6 7	2 6 9	2 6 10	2 6 10	2 6 10	2 6 10	2 6 10	2 6 10	2 6 10	2 6 10
P-Schale n = 6	1	2	2	2	2	2	2	2	2	1	1	2	2 1	2 2	2 3	2 4	2 5	2 6

Periode 7

Perioden	I	II	IIIa	IVa	Va	VIa	VIIa	VIIIa	VIIIa	VIIIa	Ia	IIa	III	IV	V	VI	VII	VIII/0
7	223,0 $_{87}$**Fr*** Francium	226,025 $_{88}$**Ra*** Radium	227,028 $_{89}$**Ac*** Actinium	261,109 $_{104}$**Rf*** Rutherfordium	262,114 $_{105}$**Db*** Dubnium	263,118 $_{106}$**Sg*** Seaborgium	262,123 $_{107}$**Bh*** Bohrium	269 $_{108}$**Hs*** Hassium	268 $_{109}$**Mt*** Meitnerium	273 $_{110}$**Ds*** Darmstadtium	272 $_{111}$**Rg*** Roentgenium	277 $_{112}$•• *	284 $_{113}$•• *	289 $_{114}$•• *	288 $_{115}$•• *	293 $_{116}$•• *		294 $_{118}$•• *
K-Schale n = 1	2	2	2	2	2	2	2	2	2	2	2	2						
L-Schale n = 2	2 6	2 6	2 6	2 6	2 6	2 6	2 6	2 6	2 6	2 6	2 6	2 6						
M-Schale n = 3	2 6 10	2 6 10	2 6 10	2 6 10	2 6 10	2 6 10	2 6 10	2 6 10	2 6 10	2 6 10	2 6 10	2 6 10						
N-Schale n = 4	2 6 10 14	2 6 10 14	2 6 10 14	2 6 10 14	2 6 10 14	2 6 10 14	2 6 10 14	2 6 10 14	2 6 10 14	2 6 10 14	2 6 10 14	2 6 10 14						
O-Schale n = 5	2 6 10	2 6 10	2 6 10	2 6 10 14	2 6 10 14	2 6 10 14	2 6 10 14	2 6 10 14	2 6 10 14	2 6 10 14	2 6 10 14	2 6 10 14						
P-Schale n = 6	2 6	2 6	2 6 1	2 6 2	2 6 3	2 6 4	2 6 5	2 6 6	2 6 7	2 6 9	2 6 10	2 6 10						
Q-Schale n = 7	1	2	2	2	2	2	2	2	2	1	1	2						
Zustand	s p d f	s p d f	s p d f	s p d f	s p d f	s p d f	s p d f	s p d f	s p d f	s p d f	s p d f	s p d f	s p d f	s p d f	s p d f	s p d f	s p d f	s p d f

→ Lanthanoide (57–71) füllen f-Zustand der N-Schale auf.
→ Actinoide* (89–103) füllen f-Zustand der O-Schale auf.

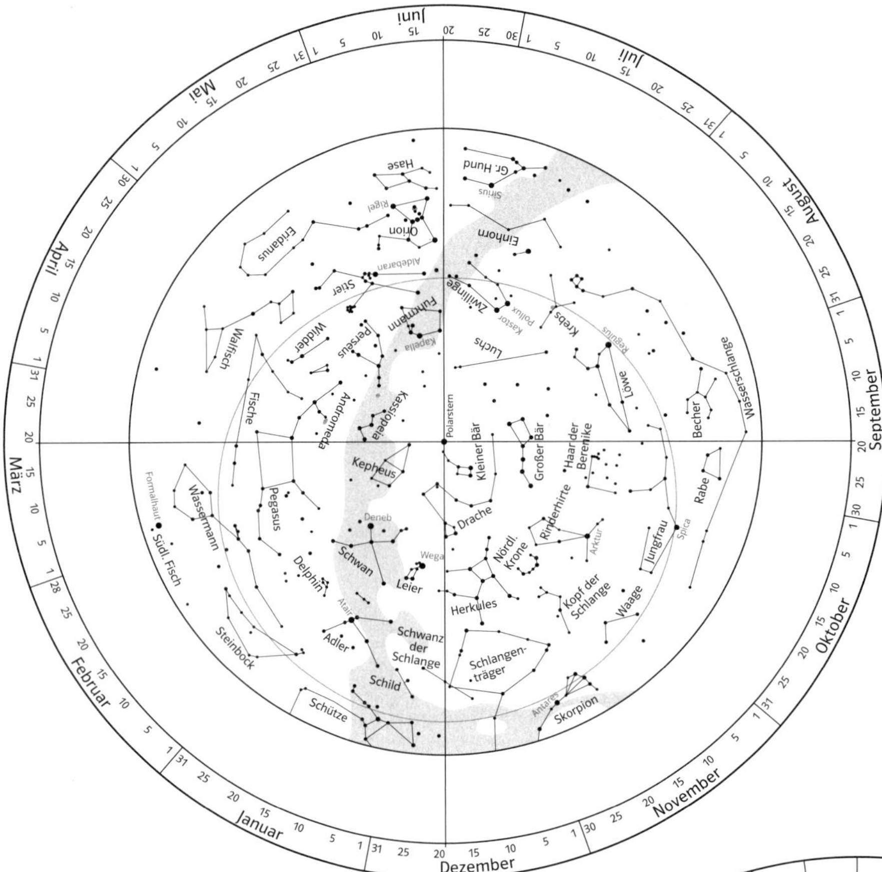

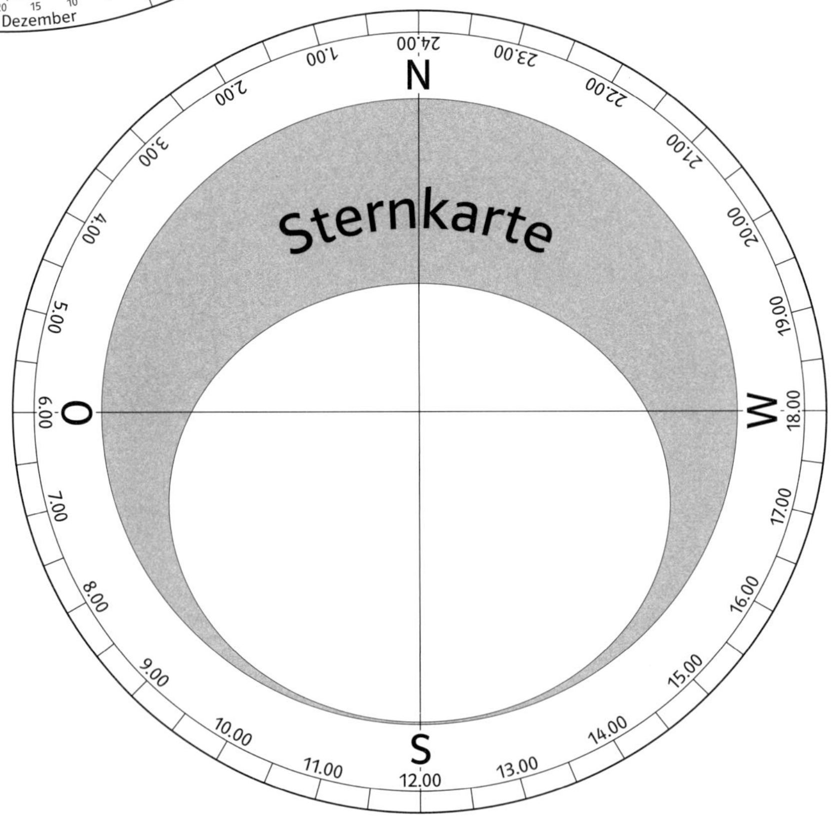

Sternkarte zum Selberbasteln

1. Grundscheibe vergößert kopieren und ausschneiden
2. Grundscheibenkopie auf zugeschnittene Pappe aufkleben
3. Deckscheibe mit gleicher Vergrößerung auf kopierbare Folie kopieren und zuschneiden
4. Beide Scheiben mit Versandtaschenklammer zusammenheften

Impulse Physik 10 Bayern – CD-ROM zum Schülerbuch

Internetadresse: www.klett.de

ISBN: 978-3-12-772456-1

Die CD-ROM beinhaltet ***Coach 6 Studio MV Student*** für Modellbildung und Videoanalyse mit zahlreichen Projekten und Beispielen, inklusive Videofilmen. Sie können die enthaltenen Projekte bearbeiten oder eigene Projekte erstellen.

Die Urheber und Mitwirkenden sowie ausführliche Informationen zu Installation und Handhabung der Programme bzw. der notwendigen Zusatzkomponenten entnehmen Sie bitte den zugehörigen Handbüchern auf der CD-ROM: „Coach6_Studio_MV.pdf" bzw. „Coach6_Studio_MV_Installation.pdf".

Für Anzeige und Ausdruck dieser PDF-Dateien benötigen Sie z. B. „Adobe (Acrobat) Reader" ab der Version 5.0.
Hierzu finden Sie eine Installationsdatei im Ordner „Adobe" auf der obersten Ebene der CD-ROM.

Hinweise zur Installation *Coach 6 Studio MV* ist ein PC-Programm und muss in jedem Fall mit Hilfe von „CMA Coach 6 Studio MV Student (Deutsch).exe" oder „CMA Coach 6 Studio MV Student (Deutsch).msi" installiert werden. Achtung! Hierzu benötigen Sie folgenden **Zugangscode**:

Name: **Klett**
Code: **9527xkkjmsd4g**

Der **Programmstart** erfolgt über die Verknüpfungen „Modellbildung" und „Videoanalyse" in der Programmgruppe „Start/Programme/CMA Coach 6 Studio MV".

Der Betrieb von ***Coach 6 Studio MV*** in einem **Netzwerk** ist aus lizenzrechtlichen und technischen Gründen nicht möglich. Bitte erwerben Sie gegen Schutzgebühr die notwendigen zusätzlichen Exemplare (Paketrabatte) für die Rechner Ihrer Schule oder Ihrer Schüler/innen unter der ISBN 978-3-12-772456-1 und führen Sie dann jeweils eine Einzelplatzinstallation durch. Eine netzwerkfähige Version von Coach mit erweiterter Ausstattung (Autorenfunktion, Messwerterfassung) sowie andere Varianten bzw. Erweiterungsmöglichkeiten erhalten Sie unter www.ntl.at.

Minimale Systemvoraussetzungen
PC: Windows 2000 (SP 4), Windows XP Home/Professional (SP 2), Windows Vista Home Premium; Pentium IV oder vergleichbarer AMD, 1 GHz;
512 MB RAM; Grafikkarte 24 bit; 1024 x 768 Pixel; 24-fach CD-ROM-Laufwerk; Windows-kompatible Soundkarte; aktueller Webbrowser (MS IE 6.0, Firefox); DirectX 9.0c

Technischer Support Bei technischen Problemen, die Sie auch mit Hilfe der Handbücher, der Datei „Liesmich.txt" oder unserer Online-Hilfe nicht lösen können, wenden Sie sich bitte unter Verwendung der auf der CD-ROM befindlichen Datei „Hotline.txt" an den technischen Support:

Online-Hilfe:
www.klett.de/support
E-Mail: support@klett.de
Telefon: 0180/5538878
(14 ct/Minute*; Mo bis Fr 9-12 u. 13-18 Uhr)
Fax: 0711 / 66 72-20 11
Post: Ernst Klett Verlag, Kundenservice:
Technische Hotline
Postfach 10 26 45
70022 Stuttgart

* eine Servicerufnummer der QSC AG

Hinweis für den Betrieb unter Windows Vista Bitte beachten Sie die notwendigen höheren Anforderungen an Prozessor bzw. Arbeitsspeicher und die Besonderheiten hinsichtlich Installation, Administration und Benutzerrechten.

Hinweis für den Betrieb unter Mac OS X Überprüfen Sie bitte die Möglichkeiten, die PC-Virtualisierungs- oder Emulationslösungen bieten.

Die CD mit der Software zu ***Impulse*** Physik 10
ist unter der ISBN 978-3-12-772456-1 auch separat erhältlich!